国家建筑标准设计图集　**15K606**

《建筑防烟排烟系统技术标准》图示

按《建筑防烟排烟系统技术标准》GB 51251-2017 编制

批准部门：中华人民共和国住房和城乡建设部
组织编制：中 国 建 筑 标 准 设 计 研 究 院

中国计划出版社

图书在版编目（CIP）数据

国家建筑标准设计图集.《建筑防烟排烟系统技术标准》图示：15K606/中国建筑标准设计研究院组织编制. —北京：中国计划出版社，2018.6
ISBN 978-7-5182-0873-9

Ⅰ.①国... Ⅱ.①中... Ⅲ.①建筑设计—中国—图集②房屋建筑设备—防烟—建筑设计—中国—图集 Ⅳ.①TU206②TU892-64

中国版本图书馆 CIP 数据核字（2018）第 131233 号

国家建筑标准设计图集
《建筑防烟排烟系统技术标准》图示
15K606
中国建筑标准设计研究院 组织编制
（邮政编码：100048 电话：010-68799100）
☆
中国计划出版社出版
（地址：北京市西城区木樨地北里甲 11 号国宏大厦 C 座 3 层）
北京强华印刷厂印刷

787mm×1092mm 1/16 13 印张 52 千字
2018 年 6 月第 1 版 2018 年 10 月第 5 次印刷
☆
ISBN 978-7-5182-0873-9
定价：113.00 元

住房城乡建设部关于批准《单层防水卷材屋面建筑构造(一)》等5项国家建筑标准设计的通知

建质函[2015]141号

各省、自治区住房城乡建设厅，直辖市建委（规委）及有关部门，新疆生产建设兵团建设局:

经审查，批准由中国京冶工程技术有限公司等9个单位编制的《单层防水卷材屋面建筑构造(一)》等5项标准设计为国家建筑标准设计，自2015年6月1日起实施。原《应急柴油发电机组安装》(00D202-2)、《集中型电源应急照明系统》(04D202-3)标准设计同时废止。

附件：国家建筑标准设计名称及编号表

中华人民共和国住房和城乡建设部

二〇一五年五月二十九日

“建质函[2015]141号”文批准的5项国家建筑标准设计图集号

序号	图集号	序号	图集号	序号	图集号	序号	图集号	序号	图集号
1	15J207-1	2	15K606	3	15D202-2	4	15D202-3	5	15D202-4

《〈建筑防烟排烟系统技术标准〉图示》编审名单

编制组负责人：张　兢　寿炜炜　束　庆　韩　峥

编制组成员：彭　琼　陈　逸　郦　业　尹　航　王建伟

审查组长：罗继杰

审查组成员：

沈　纹	原公安部消防局标准规范处	刘栋权	原中国中轻国际工程有限公司
倪照鹏	公安部天津消防研究所	徐稳龙	中国建筑设计研究院有限公司
赵克伟	中国建筑学会建筑防火综合技术分会	徐宏庆	北京市建筑设计研究院有限公司
廖曙江	重庆市公安消防总队防火部技术处	满孝新	中国中建设计集团有限公司
丁宏军	公安部沈阳消防研究所	杨志芳	北京维拓建筑设计有限公司
刘　凯	公安部沈阳消防研究所	张锡虎	原北京市建筑设计研究院有限公司

主审人：寿炜炜　王　炯　曾　杰

项目负责人：张　兢

项目技术负责人：寿炜炜

国标图热线电话：010-68799100　　发行电话：010-68318822

查阅标准图集相关信息请登录国家建筑标准设计网站 http://www.chinabuilding.com.cn

《建筑防烟排烟系统技术标准》图示

批准部门　中华人民共和国住房和城乡建设部　　批准文号　建质函[2015]141号

主编单位　公安部四川消防研究所
上海中森建筑与工程设计顾问有限公司
上海建筑设计研究院有限公司　　统一编号　GJBT-1332

实行日期　二〇一五年六月一日　　图 集 号　15K606

主编单位负责人

主编单位技术负责人

技术审定人

设计负责人

目　　录

目　录						图集号	15K606
审核	王炯	校对	陈逸	设计	张兢	页	1

目 录								图集号	15K606
审核	王炯	王炯	校对	陈逸	陈逸	设计	张兢	页	2

编　制　说　明

1　编制依据

1.1 住房城乡建设部建质函[2008]83号文“关于印发《2008年国家建筑标准设计编制工作计划》的通知”。

1.2 《建筑防烟排烟系统技术标准》GB 51251-2017及相关的建筑设计标准、规范。

当依据的标准规范进行修订或有新的标准规范出版实施时，本图集与现行工程建设标准不符的内容、限制或淘汰的技术或产品，视为无效。工程技术人员在参考使用时，应注意加以区分，并应对本图集相关内容进行复核后选用。

2　适用范围

本图集可供全国各地区从事建筑设计和建筑防烟排烟系统设计、施工、监理、验收及维护管理等人员使用，同时可供消防监督人员配合标准使用；也可供科研教学人员和在校学生参考使用。

3　编制原则

将《建筑防烟排烟系统技术标准》GB 51251-2017的主要条文通过图示、注释的形式表示出来，力求简明、准确地反映《建筑防烟排烟系统技术标准》GB 51251-2017的原意，以便于使用者更好地理解和执行《建筑防烟排烟系统技术标准》GB 51251-2017。

4　编制方式

4.1 本图集总体以国家标准《建筑防烟排烟系统技术标准》GB 51251-2017的条文为依据，按《建筑防烟排烟系统技术标准》GB 51251-2017条文的顺序编排图示内容。

4.2 图示表达

4.2.1 图集正文蓝底部分是对《建筑防烟排烟系统技术标准》GB 51251-2017原文（包括章节编号等）的直接引用。字体按标准编制的要求，强制性条文为**黑体**，普通条文为宋体。

4.2.2 白底部分为图示的内容，是对《建筑防烟排烟系统技术标准》GB 51251-2017条文的理解和注释，字体采用仿宋体。

4.3 “【图示X】”为本图集在《建筑防烟排烟系统技术标准》GB 51251-2017条文相应处加注的图示对应编号。

4.4 “〖注释〗”是编制单位对《建筑防烟排烟系统技术标准》GB 51251-2017条文所包含内容的理解，主要以标准的条文说明为依据，提示设计中应注意的问题。

4.5 编制内容的规定

4.5.1 鉴于标准中的“总则”、“术语和符号”部分言简意赅，本图集仅对其中的个别条款做图示。

4.5.2 本图集着重对“防烟系统设计”、“排烟系统设计”、

“系统控制”等章节逐条图示、注释表达。

4.5.3 本图集的附录部分包括以下内容:

附录一:防烟、排烟系统施工与调试说明;防烟、排烟系统验收与维护管理说明

附录一中,对标准中的系统施工、调试、验收以及维护管理等内容,以文字说明为主,并辅以少量的图示表达,其中文字说明的重点放在提示图集的读者:系统施工、调试、验收以及维护管理过程中,需要依据规范的哪些条款,做哪些检查,记录哪些内容等,这些检查记录工作应由哪一方来组织,哪一方来实施等。

附录二:典型场所排烟设计计算示例

其中列举了一些典型场所的排烟系统计算示例,如办公场所、大空间、多功能厅、酒店标准层以及中庭等,目的是帮助读者更直观、更透彻地理解标准,在工程设计中更好、更准确地运用、执行标准。

5 图集解释

5.1 本图集由公安部四川消防研究所负责具体解释工作。

5.2 实际工程中若对条文的理解有疑义,应与公安部四川消防研究所联系。

5.3 在建质函[2015]141号文中,本图集名称为《<建筑防烟排烟系统技术规范>图示》,因在国家标准报批过程中,适逢工程建设标准改革,标准更名为《建筑防烟排烟系统技术标准》,故图集更名为《<建筑防烟排烟系统技术标准>图示》。

1 总则

1.0.1 为了合理设计建筑防烟、排烟系统，保证施工质量，规范验收和维护管理，减少火灾危害，保护人身和财产安全，制定本标准。

1.0.2 本标准适用于新建、扩建和改建的工业与民用建筑的防烟、排烟系统的设计、施工、验收及维护管理。对于有特殊用途或特殊要求的工业与民用建筑，当专业标准有特别规定的，可从其规定。

1.0.3 建筑防烟、排烟系统的设计，应结合建筑的特性和火灾烟气的发展规律等因素，采取有效的技术措施，做到安全可靠、技术先进、经济合理。

1.0.4 建筑防烟、排烟系统的设备，应选用符合国家现行有关标准和有关准入制度的产品。

1.0.5 建筑防烟、排烟系统的设计、施工、验收及维护管理除执行本标准外，尚应符合国家现行有关标准的要求。

〖注释〗

1. 第1.0.1条是制定本标准的意义和目的。

在建筑物中存在着较多的可燃物，这些可燃物在燃烧过程中，会产生大量的热和有毒烟气，同时要消耗大量的氧气。烟气中含有的一氧化碳、二氧化碳、氟化氢、氯化氢等多种有毒有害成分，对人体伤害极大，致死率高；高温缺氧也会对人体造成很大危害；烟气有遮光作用，使能见度下降，这对疏散和救援活动造成很大的障碍。因此，为了及时排除烟气，保障建筑内人员的安全疏散和消防救援的展开，合理设置防烟、排烟系统，规范系统的施工、调试、验收以及维护保养，是十分必要的。

2. 第1.0.2条规定了适用本标准的建筑类型和范围。

新建、扩建和改建的工业建筑和民用建筑，当设置防烟排烟系统时，均要求按本标准的规定进行设计、施工、验收及维护管理。对于部分有特殊用途或特殊要求的工业建筑和民用建筑，一些特殊性的措施和要求可按国家相关专业标准执行。

3. 第1.0.3条规定了执行本标准应遵循的基本原则。

4. 防烟、排烟系统的组件包括通用性的和专用性的。其中专用性的组件属于消防产品，按照现行消防法规的有关规定，消防产品必须符合国家标准；没有国家标准的，必须符合行业标准。依法实行强制性产品认证的消防产品，由具有法定资质的认证机构，按照国家标准或行业标准进行认证方可使用。新研制的尚未制定国家标准、行业标准的消防产品，应按照国务院产品质量监督部门会同公安部门制定的办法经技术鉴定符合要求方可使用。

5. 本标准主要对防烟、排烟系统的设计、施工、验收和维护管理提出具体要求。实施中，除执行本标准外，还应符合相关现行国家标准。

2 术语和符号

2.1 术语

2.1.7 轴对称型烟羽流 axisymmetric plume

上升过程不与四周墙壁或障碍物接触，并且不受气流干扰的烟羽流【图示】。

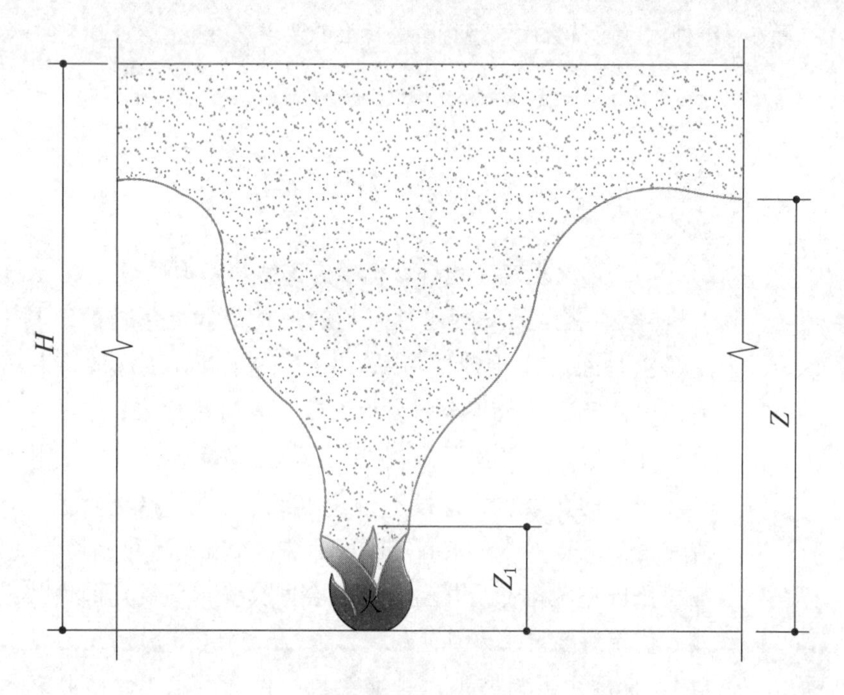

轴对称型烟羽流

2.1.7 图示

〖注释〗

H—— 空间净高（m）；

Z —— 燃料面到烟层底部的高度（m）；

Z_1—— 火焰极限高度（m）。

2.1.8 阳台溢出型烟羽流 balcony spill plume

从着火房间的门（窗）梁处溢出，并沿着火房间外的阳台或水平突出物流动，至阳台或水平突出物的边缘向上溢出至相邻高大空间的烟羽流【图示】。

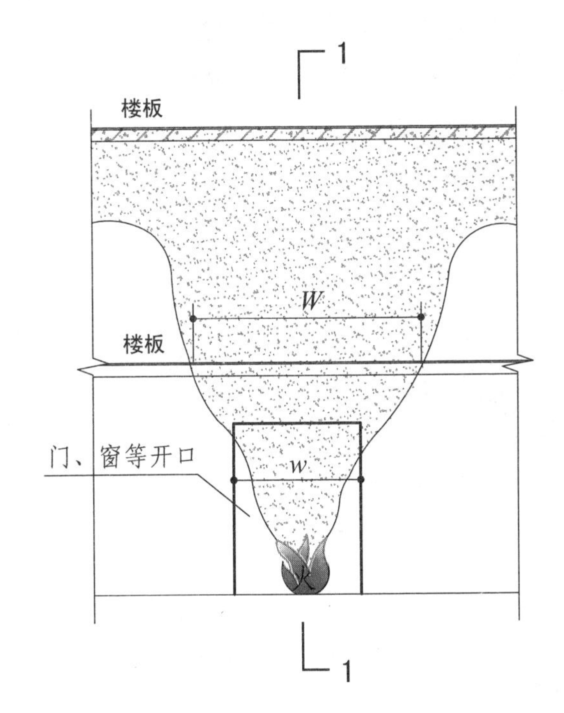

阳台溢出型烟羽流正面图

楼板

高大空间

Z_b

H

楼板

b

H_1

火

1-1 剖面图

〖注释〗

1. 此烟羽流仅仅是一种形式，主要针对悬挑楼板等。
2. 图中符号：

H —— 空间净高（m）；

H_1 —— 燃料面至阳台的高度（m）；

Z_b —— 从阳台下缘至烟层底部的高度（m）；

W —— 烟羽流扩散宽度（m）

w —— 火源区域的开口宽度（m）；

b —— 从开口至阳台边沿的距离（m），$b \neq 0$。

2.1.8 图示

2.1.9 窗口型烟羽流 window plume

从发生通风受限火灾的房间或隔间的门、窗等开口处溢出至相邻高大空间的烟羽流【图示】。

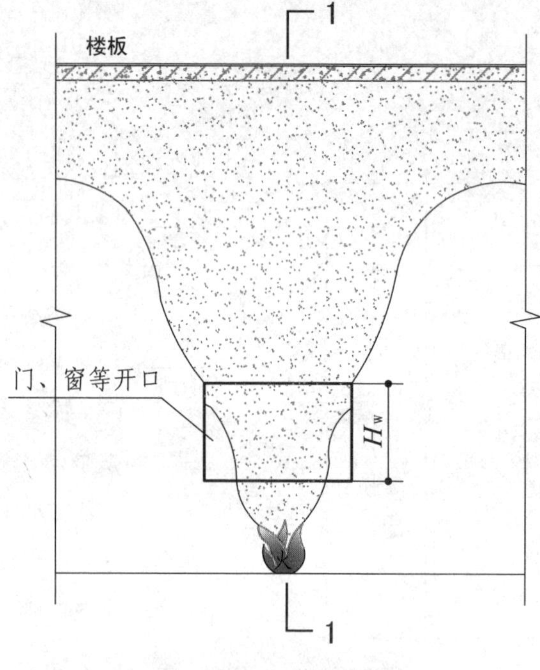

窗口型烟羽流正面图

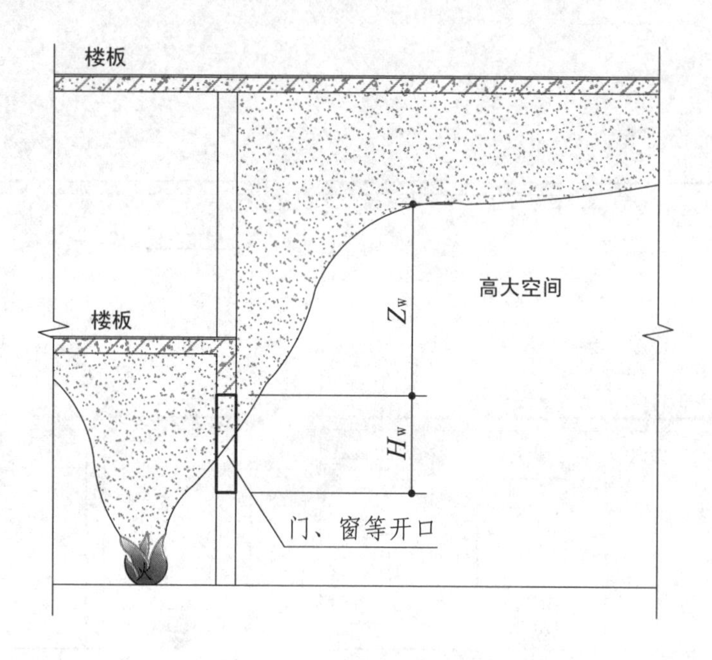

1-1 剖面图

2.1.9 图示

〖注释〗

H_w——窗口开口的高度（m）；

Z_w——窗口开口的顶部到烟层底部的高度（m）。

2.1 术语							图集号	15K606
审核	王炯	王炯	校对	张兢	张兢	设计	尹航	尹航	页	8

2.1.11 储烟仓　smoke reservoir

位于建筑空间顶部，由挡烟垂壁、梁或隔墙等形成的用于蓄积火灾烟气的空间【图示】。储烟仓高度即设计烟层厚度。

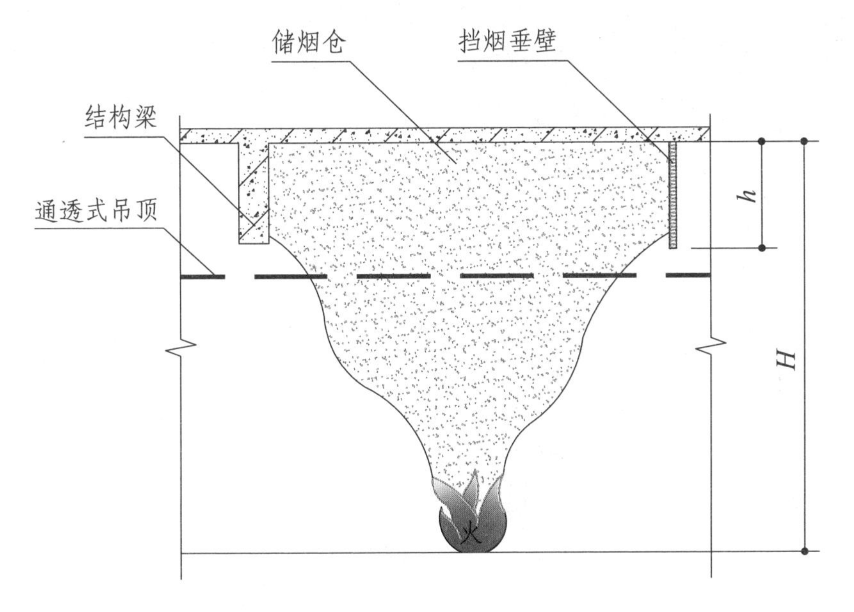

无吊顶或通透式吊顶的储烟仓示意图

2.1.11 图示a

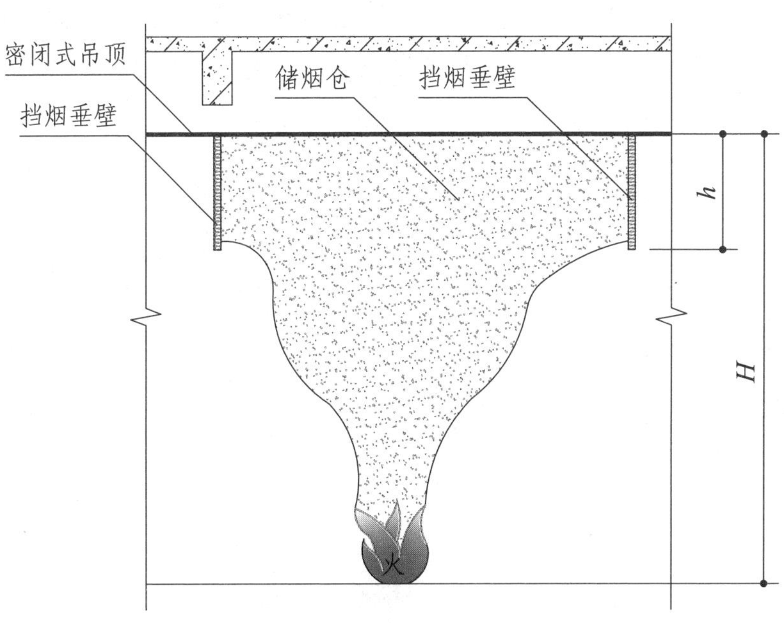

密闭式吊顶的储烟仓示意图

2.1.11 图示b

〖注释〗

1. 图中符号：

   H——空间净高（m）；

   h——储烟仓高度，即设计烟层厚度（m）。

2. 储烟仓高度应根据清晰高度确定。
3. 本标准视吊顶开孔率大于25%的为通透式吊顶。

2.1.12 清晰高度 clear height

烟层下缘至室内地面的高度【图示】。

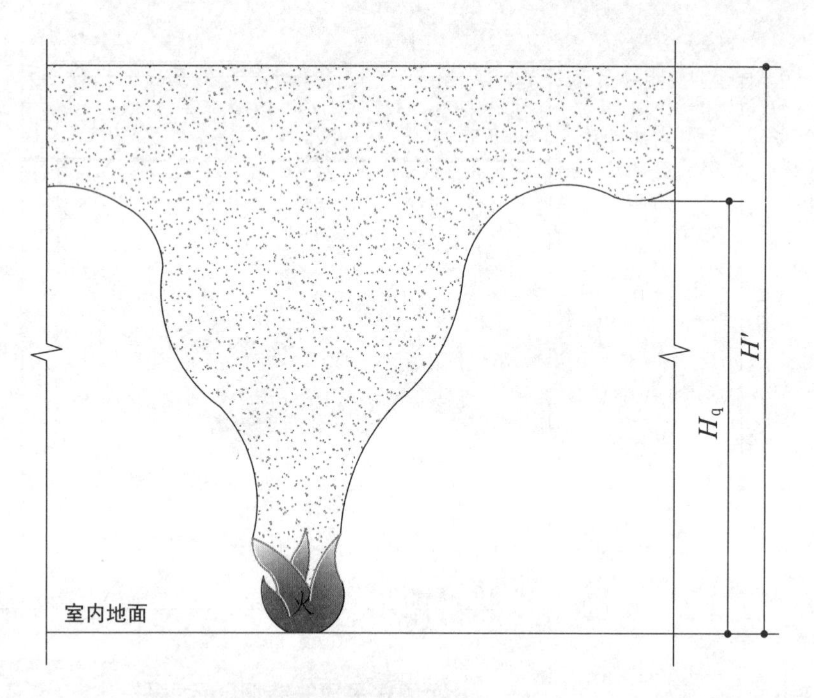

单个楼层空间清晰高度示意图

2.1.12 图示a

〖注释〗

1. 本页是对单个楼层空间的清晰高度的图示。
2. 图中符号：

H'——排烟空间的建筑净高度（m）；

H_q——清晰高度（m）。

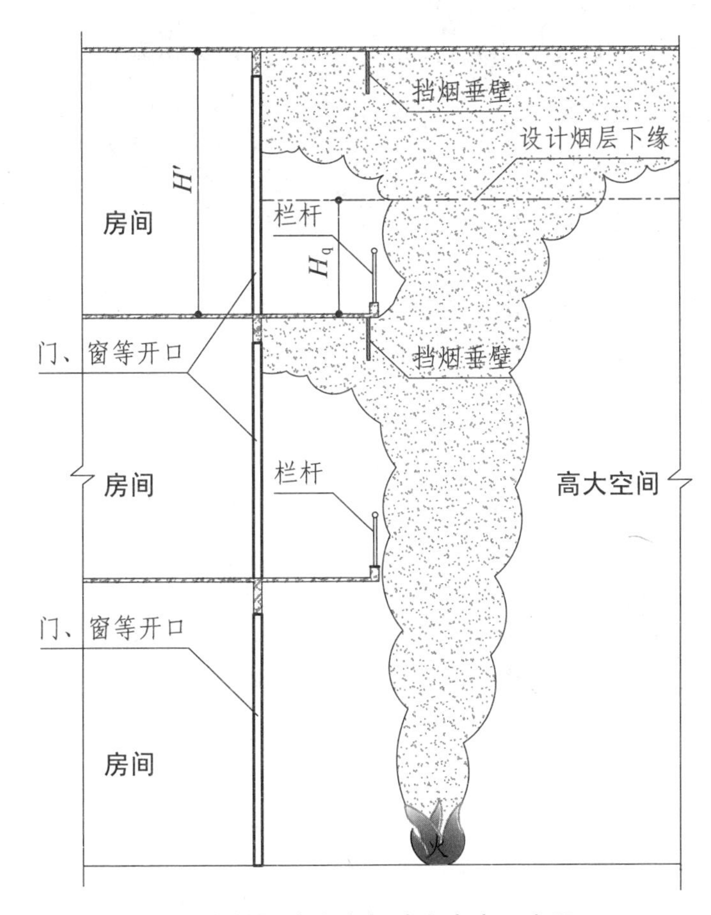

多楼层高大空间清晰高度示意图
（轴对称型烟羽流的情形）

2.1.12 图示b

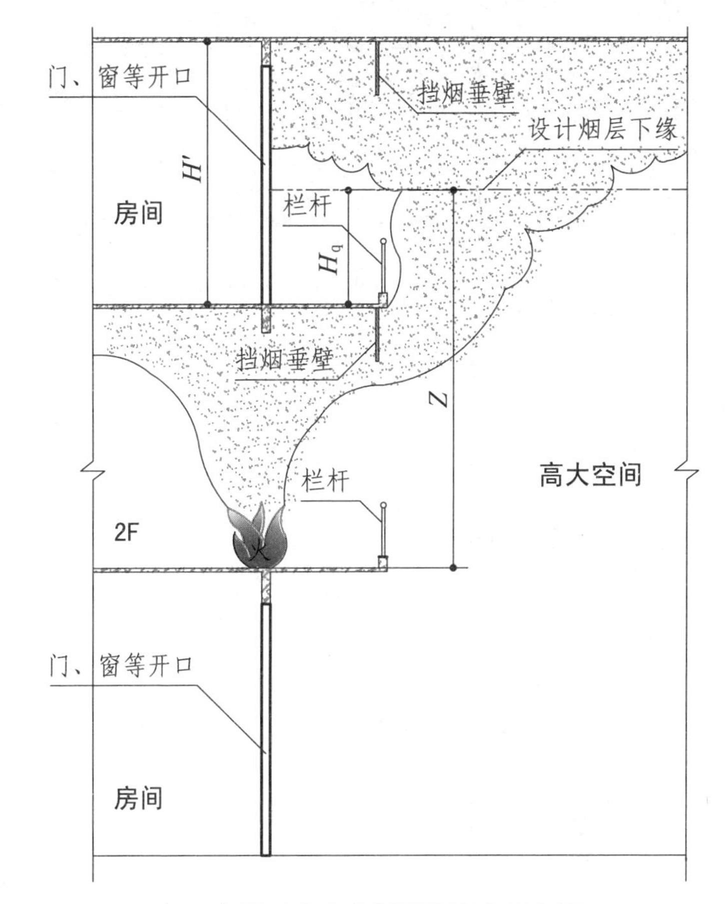

多楼层高大空间清晰高度示意图
（火灾发生在二层的情形）

2.1.12 图示c

〖注释〗

1. 图中符号同本图集第10页，是针对高大空间的。
2. 本页2.1.12图示c中所示着火层的清晰高度H_q的取值方法同单个楼层空间清晰高度。

2.1 术语						图集号	15K606
审核 王炯	王炯	校对 陈逸	陈逸	设计 张兢	张兢	页	11

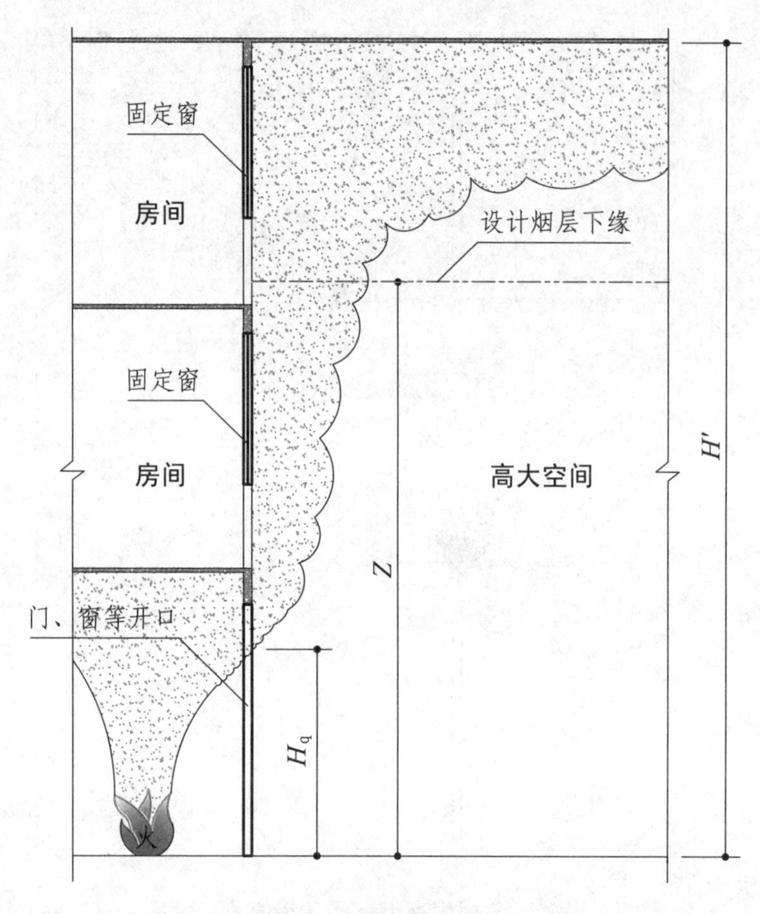

多楼层高大空间清晰高度示意图
（窗口型烟羽流的情形）

2.1.12 图示d

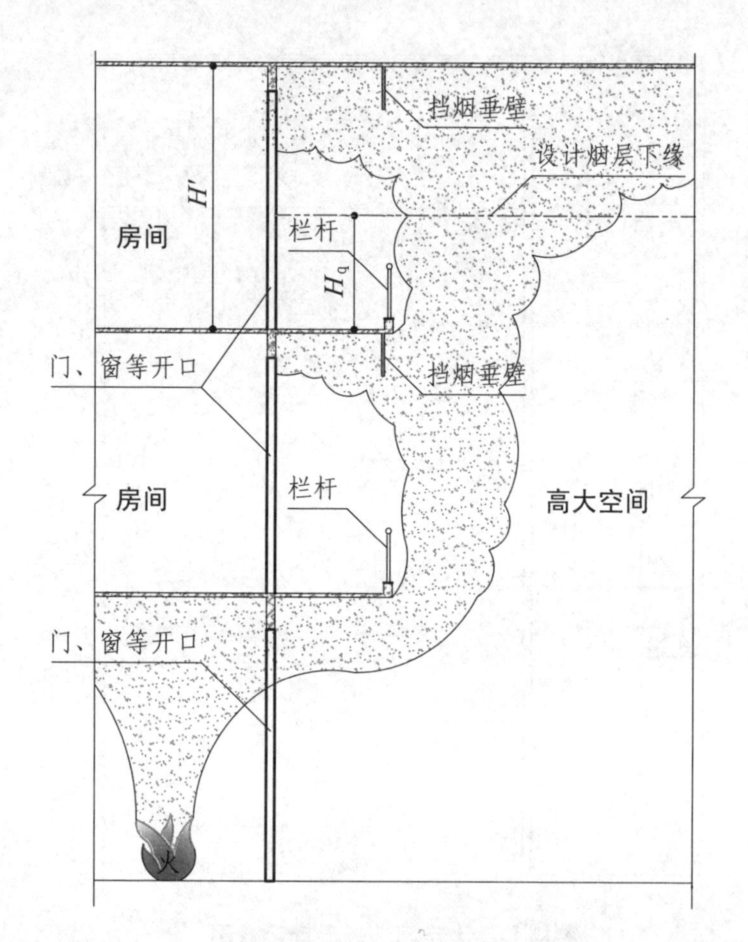

多楼层高大空间清晰高度示意图
（阳台型烟羽流的情形）

2.1.12 图示e

〖注释〗

图中符号同本图集第10页。

2.1 术语						图集号	15K606
审核 王炯	王炯	校对 陈逸	陈逸	设计 张兢	张兢	页	12

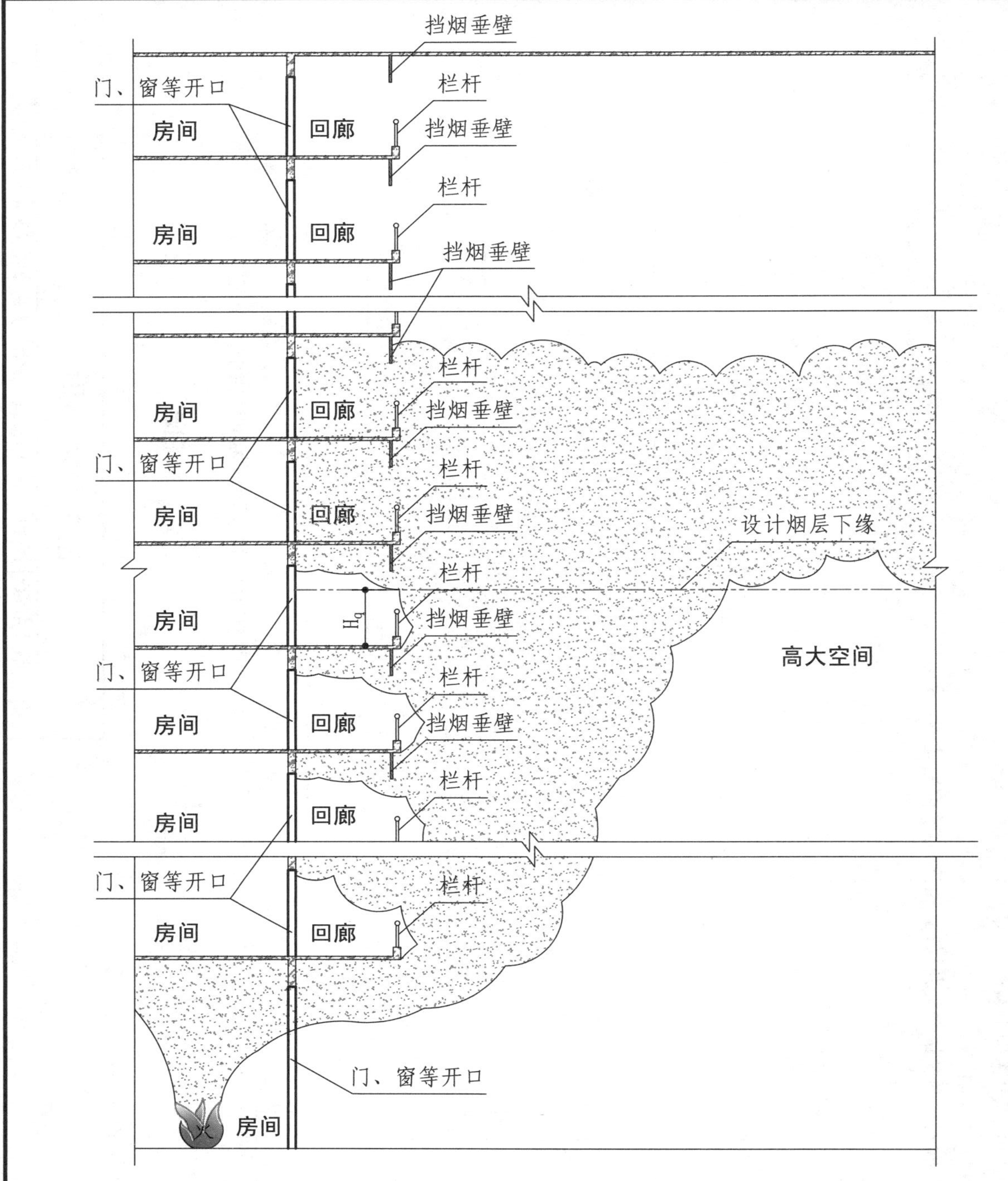

多楼层高大空间清晰高度示意图

2.1.12 图示f

〖注释〗

1. 本图示意的是楼层数较多的高大空间的烟气蔓延形态，通常这种空间的烟层多因阳台型烟羽流形成，当烟温不够高时，会悬浮在半空中。

2. 图中符号同本图集第10页。

2.1 术语						图集号	15K606
审核	王炯	校对	陈逸	设计	张兢	页	13

2.1.19 独立前室 independent anteroom

只与一部疏散楼梯相连的前室【图示】。

2.1.20 共用前室 shared anteroom

（居住建筑）剪刀楼梯间的两个楼梯间共用同一前室时的前室【图示】。

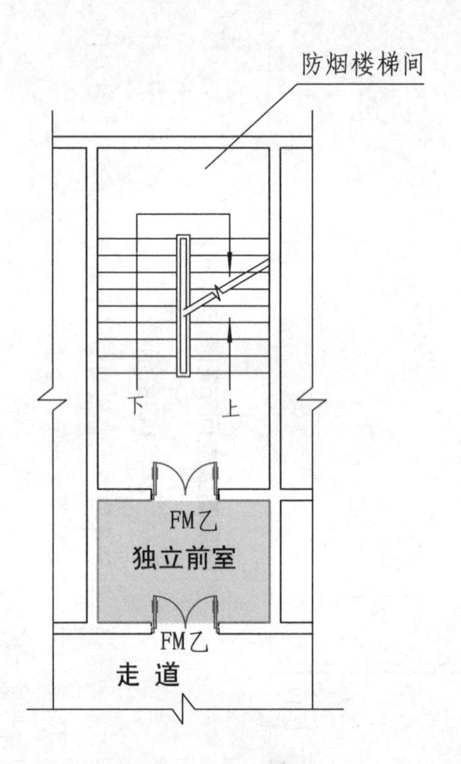

只与一部疏散楼梯相连的前室

2.1.19 图示

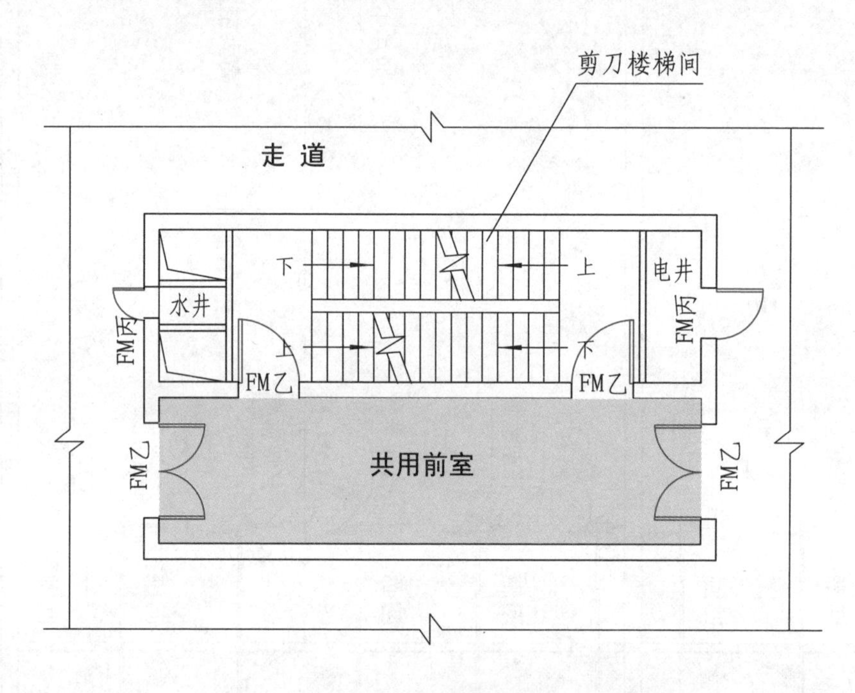

剪刀楼梯间的两个楼梯间共用同一前室

2.1.20 图示

2.1 术 语								图集号	15K606
审核	王炯	王炯	校对	陈逸	陈逸	设计	张兢 张兢	页	14

2.1.21 合用前室 combined anteroom

防烟楼梯间前室与消防电梯前室合用时的前室【图示】。

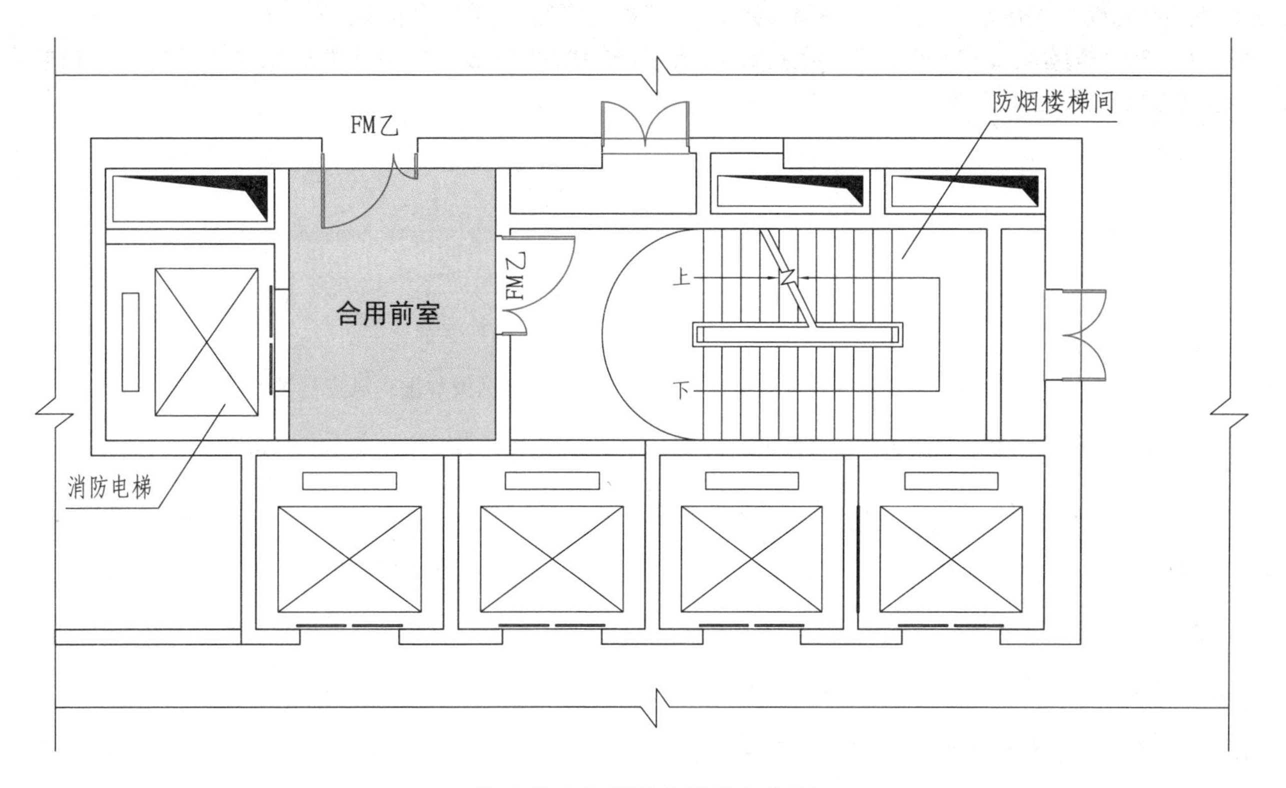

独立前室与消防电梯前室合用

2.1.21 图示

3 防烟系统设计

3.1 一般规定

3.1.1 建筑防烟系统的设计应根据建筑高度、使用性质等因素，采用自然通风系统或机械加压送风系统。

3.1.2 建筑高度大于50m的公共建筑、工业建筑和建筑高度大于100m的住宅建筑，其防烟楼梯间、独立前室、共用前室、合用前室及消防电梯前室应采用机械加压送风系统。

第3.1.2条〖注释〗

1. 本条文为强制性条文。

建筑物发生火灾时，疏散楼梯间是建筑物内部人员疏散的通道，而独立前室、共用前室、合用前室及消防电梯前室等是消防队员进行火灾扑救的起始场所。因此火灾发生时首要的就是控制烟气进入上述安全区域。

对于高度较高的建筑，其自然通风效果受建筑本身的密闭性以及自然环境中的风向、风压的影响较大，难以保证防烟效果，因此需要采用机械加压送风方式，将室外新鲜空气输送到疏散楼梯间、独立前室、共用前室、合用前室及消防电梯前室，以阻止烟气向这些安全区域蔓延。

2. 设计要点

机械加压送风应满足走廊—前室—楼梯间的压力呈递增分布，余压值应符合下列要求：

前室、合用前室、消防电梯前室、封闭避难层(间)与走道之间的压差应为25Pa～30Pa。

防烟楼梯间、封闭楼梯间与走道之间的压差应为40Pa～50Pa。

3.1.3　建筑高度小于或等于50m的公共建筑、工业建筑和建筑高度小于或等于100m的住宅建筑，其防烟楼梯间、独立前室、共用前室、合用前室（除共用前室与消防电梯前室合用外）及消防电梯前室应采用自然通风系统；当不能设置自然通风系统时，应采用机械加压送风系统。防烟系统的选择，尚应符合下列要求：

1 当独立前室或合用前室满足下列条件之一时，楼梯间可不设置防烟系统：

1）采用全敞开的阳台或凹廊【图示1】；

2）设有两个及以上不同朝向的可开启外窗，且独立前室两个外窗面积分别不小于2.0m^2，合用前室两个外窗面积分别不小于3.0m^2【图示2】。

2 当独立前室、共用前室及合用前室的机械加压送风口设置在前室的顶部或正对前室入口的墙面时，楼梯间可采用自然通风系统【图示3】；当机械加压送风口未设置在前室的顶部或正对前室入口的墙面时，楼梯间应采用机械加压送风系统。

3 当防烟楼梯间在裙房高度以上部分采用自然通风时，不具备自然通风条件的裙房的独立前室、共用前室及合用前室应采用机械加压送风系统，且独立前室、共用前室及合用前室送风口的设置方式应符合本条第2款的规定。

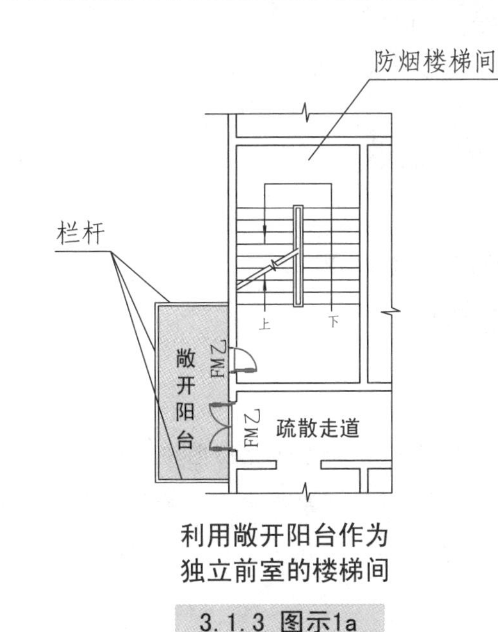

利用敞开阳台作为独立前室的楼梯间

3.1.3 图示1a

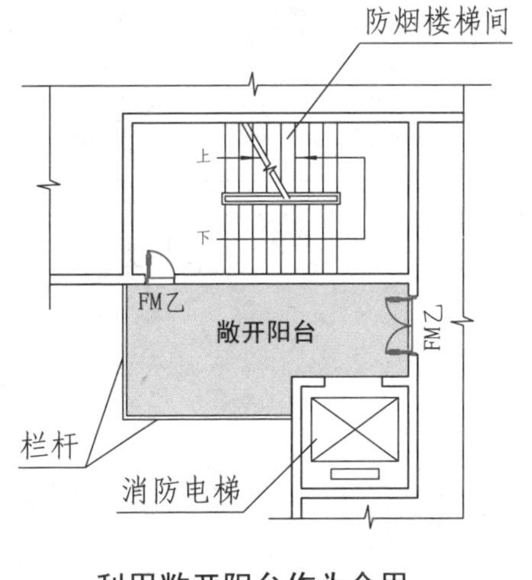

利用敞开阳台作为合用前室的楼梯间

3.1.3 图示1b

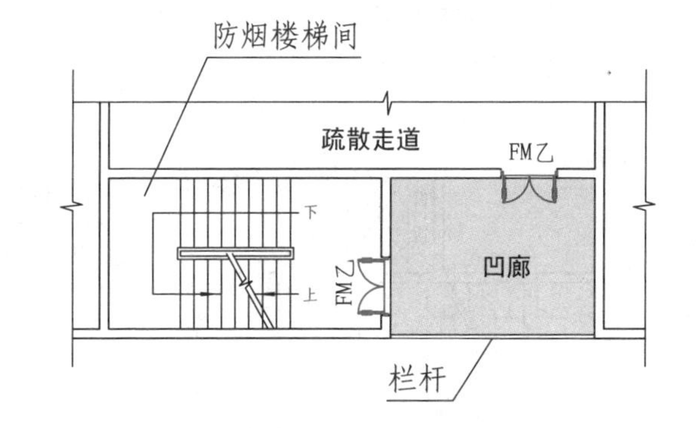

利用凹廊作为独立前室的楼梯间

3.1.3 图示1c

3.1　一般规定						图集号	15K606
审核	王炯	校对	张兢	设计	陈逸	页	17

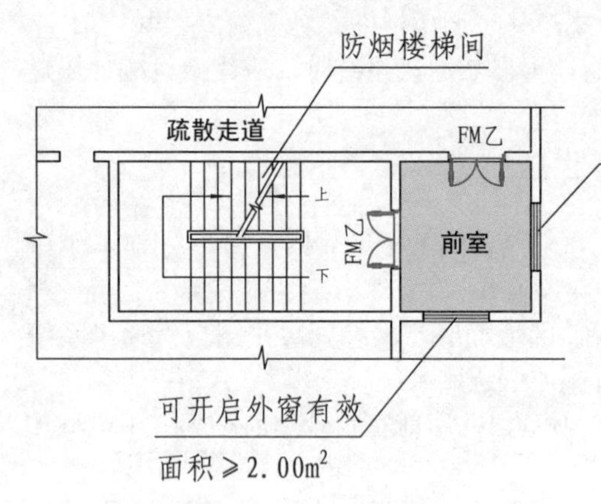

设有不同朝向可开启外窗的独立前室

3.1.3 图示2a

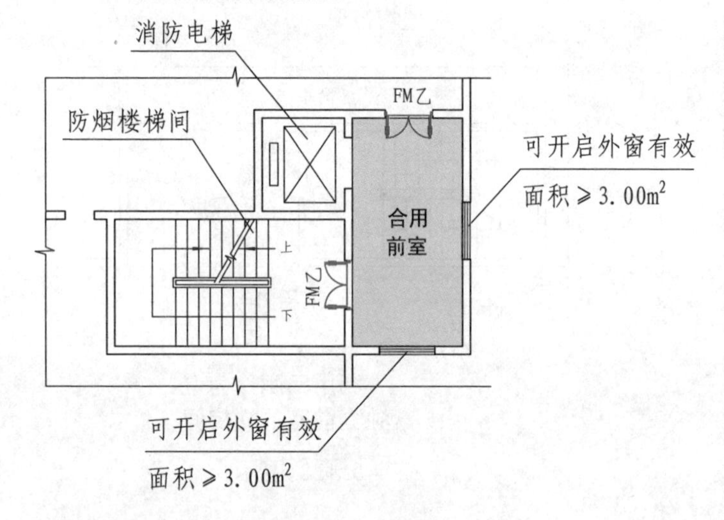

设有不同朝向可开启外窗的合用前室

3.1.3 图示2b

防烟楼梯间
上
下
下
上
可开启外窗有效
面积≥3.00m²
FM乙
FM乙
可开启外窗有效
面积≥3.00m²
合用前室
FM乙
FM乙
走道
走道
消防电梯
无障碍电梯

设有不同朝向可开启外窗的合用前室

3.1.3 图示2c

〖注释〗

3.1.3图示2c中楼梯间的共用前室与消防电梯的前室不宜合用，合用时，还应符合国家标准《建筑设计防火规范》GB 50016-2014（2018年版）第5.5.28条第4款的规定。

3.1 一般规定								图集号	15K606
审核	王炯	王炯	校对	张兢	张兢	设计	陈逸	页	18

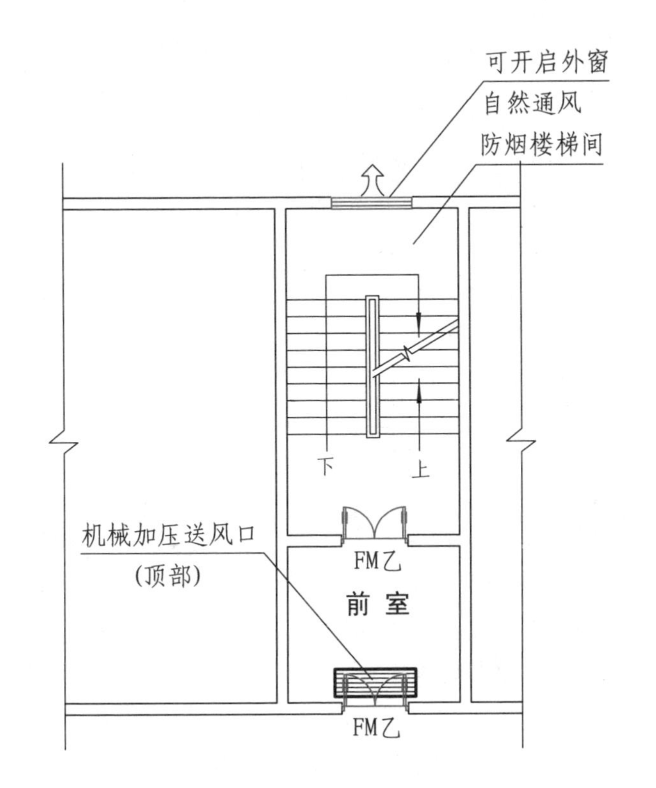

防烟楼梯间自然通风
独立前室顶部设机械加压送风口

3.1.3 图示3a

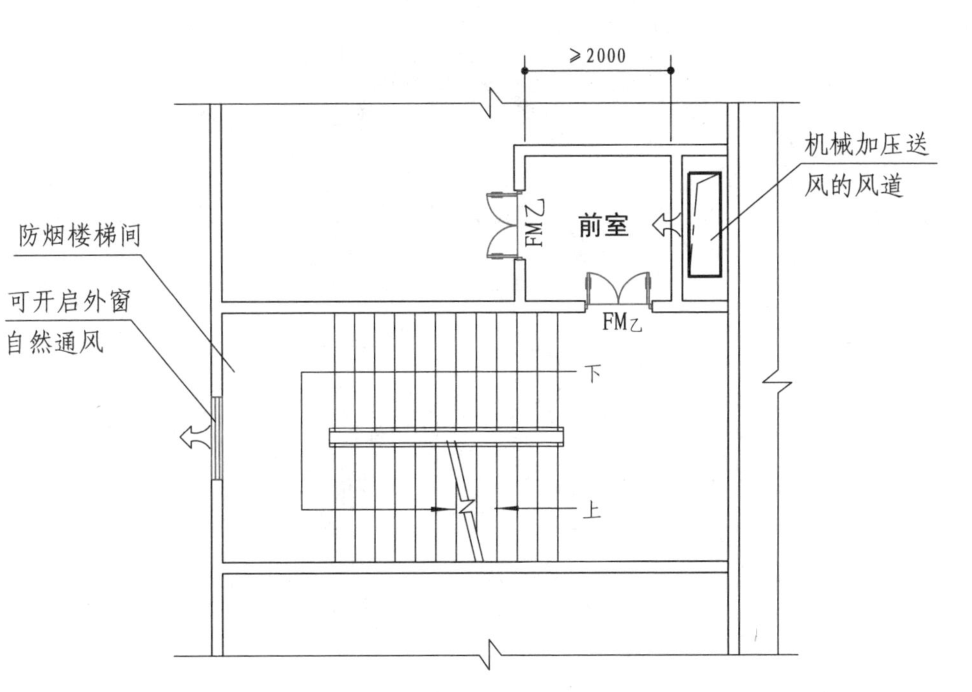

防烟楼梯间自然通风
独立前室入口正对墙面设机械加压送风口

3.1.3 图示3b

〖注释〗

本条文之所以要求前室的机械加压送风口设置在前室的顶部，其目的是为了形成有效阻隔烟气的风幕；而将风口设在正对前室入口的墙面上，是为了形成正面阻挡烟气侵入前室的效应。

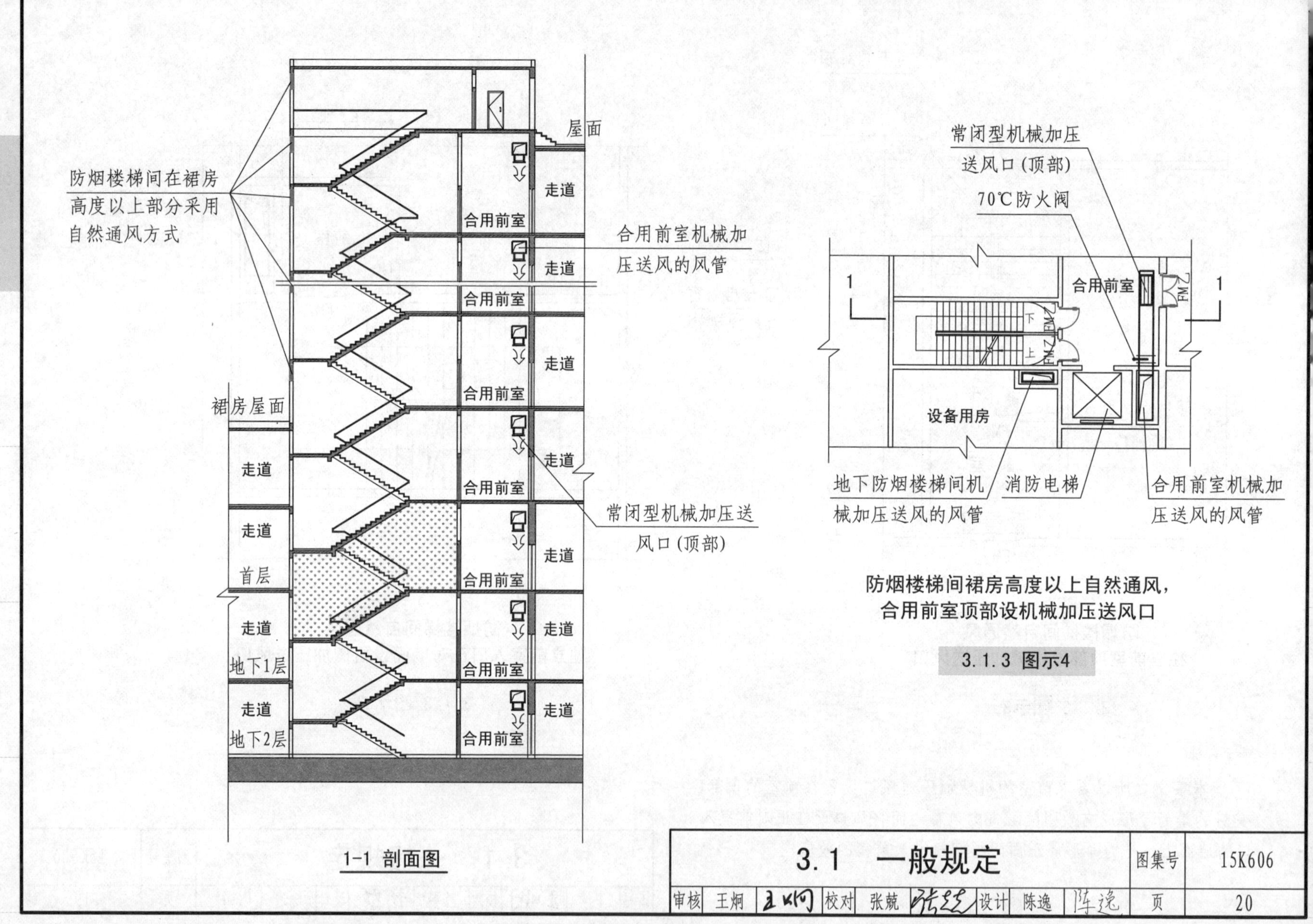

防烟楼梯间裙房高度以上自然通风，
合用前室顶部设机械加压送风口

3.1.3 图示4

3.1 一般规定						图集号	15K606
审核	王炯	校对	张兢	设计	陈逸	页	20

3.1.4 建筑地下部分的防烟楼梯间前室及消防电梯前室，当无自然通风条件或自然通风不符合要求时，应采用机械加压送风系统【图示】。

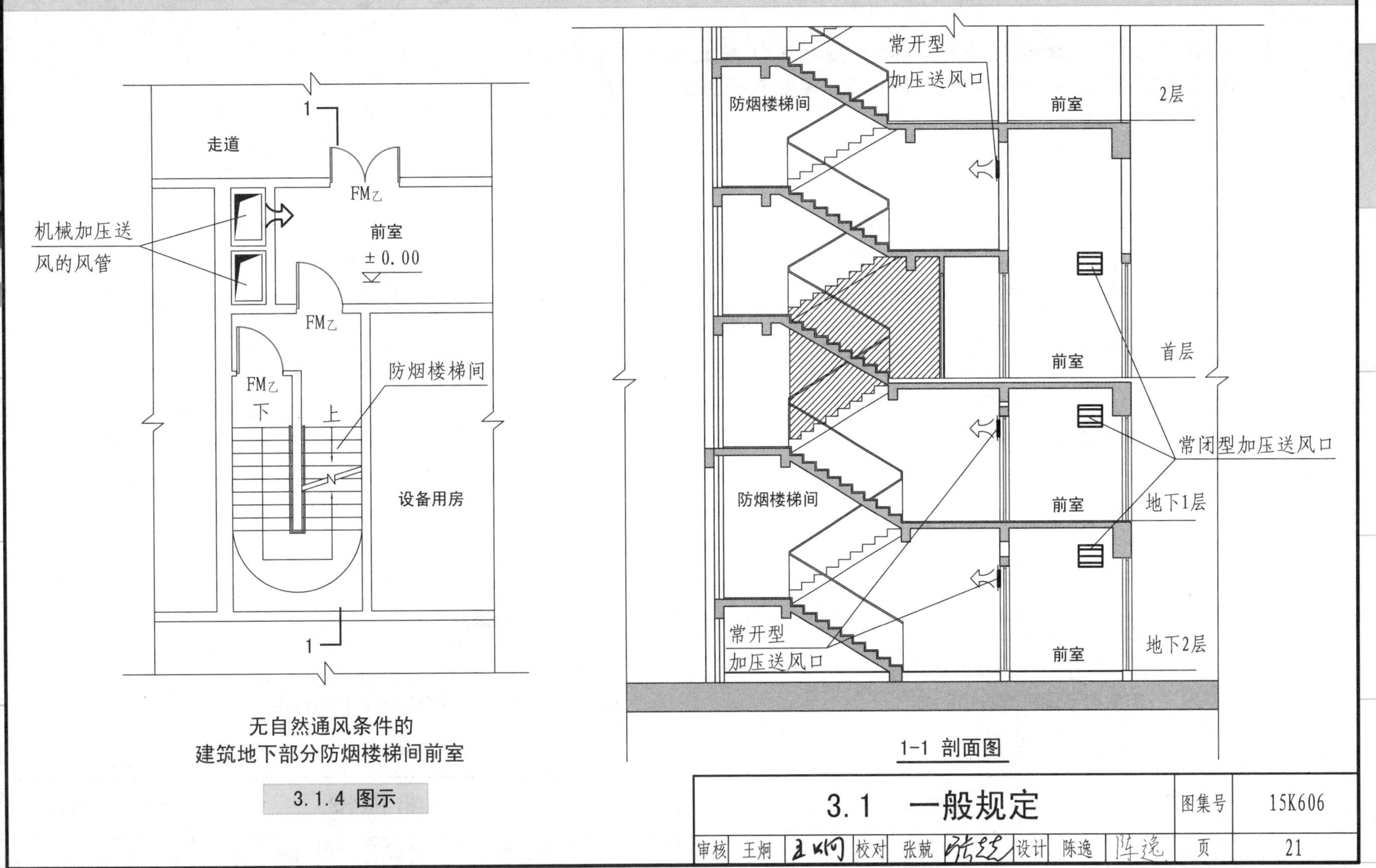

无自然通风条件的
建筑地下部分防烟楼梯间前室

1-1 剖面图

3.1.4 图示

3.1 一般规定						图集号	15K606
审核	王炯	校对	张兢	设计	陈逸	页	21

3.1.5 防烟楼梯间及其前室的机械加压送风系统的设置应符合下列规定：

1 建筑高度小于或等于50m的公共建筑、工业建筑和建筑高度小于或等于100m的住宅建筑，当采用独立前室且其仅有一个门与走道或房间相通时，可仅在楼梯间设置机械加压送风系统【图示1】；当独立前室有多个门时，楼梯间、独立前室应分别独立设置机械加压送风系统；

2 当采用合用前室时，楼梯间、合用前室应分别独立设置机械加压送风系统【图示2】；

3 当采用剪刀楼梯时，其两个楼梯间及其前室的机械加压送风系统应分别独立设置【图示3】。

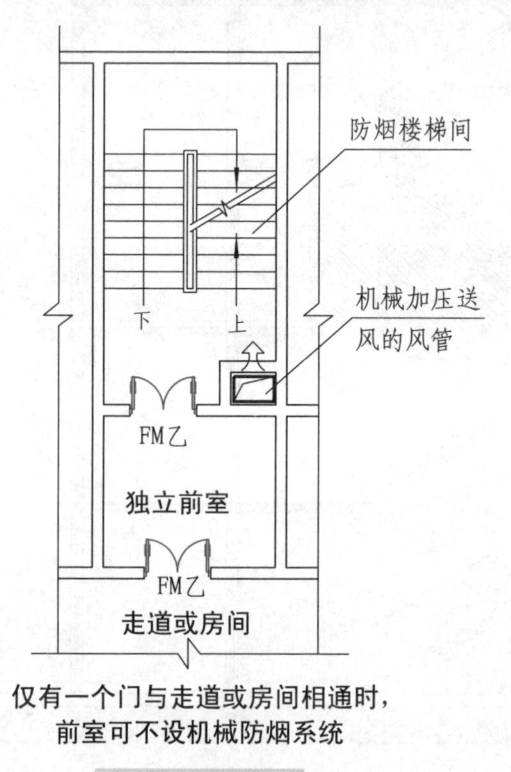

仅有一个门与走道或房间相通时，
前室可不设机械防烟系统

3.1.5 图示1a

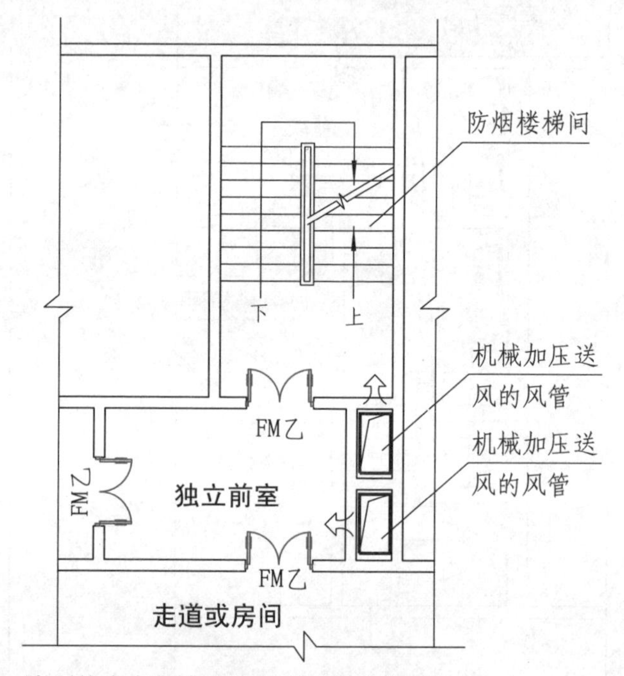

独立前室有多个门与走道或房间相通时，
楼梯间、独立前室应分别设机械防烟系统

3.1.5 图示1b

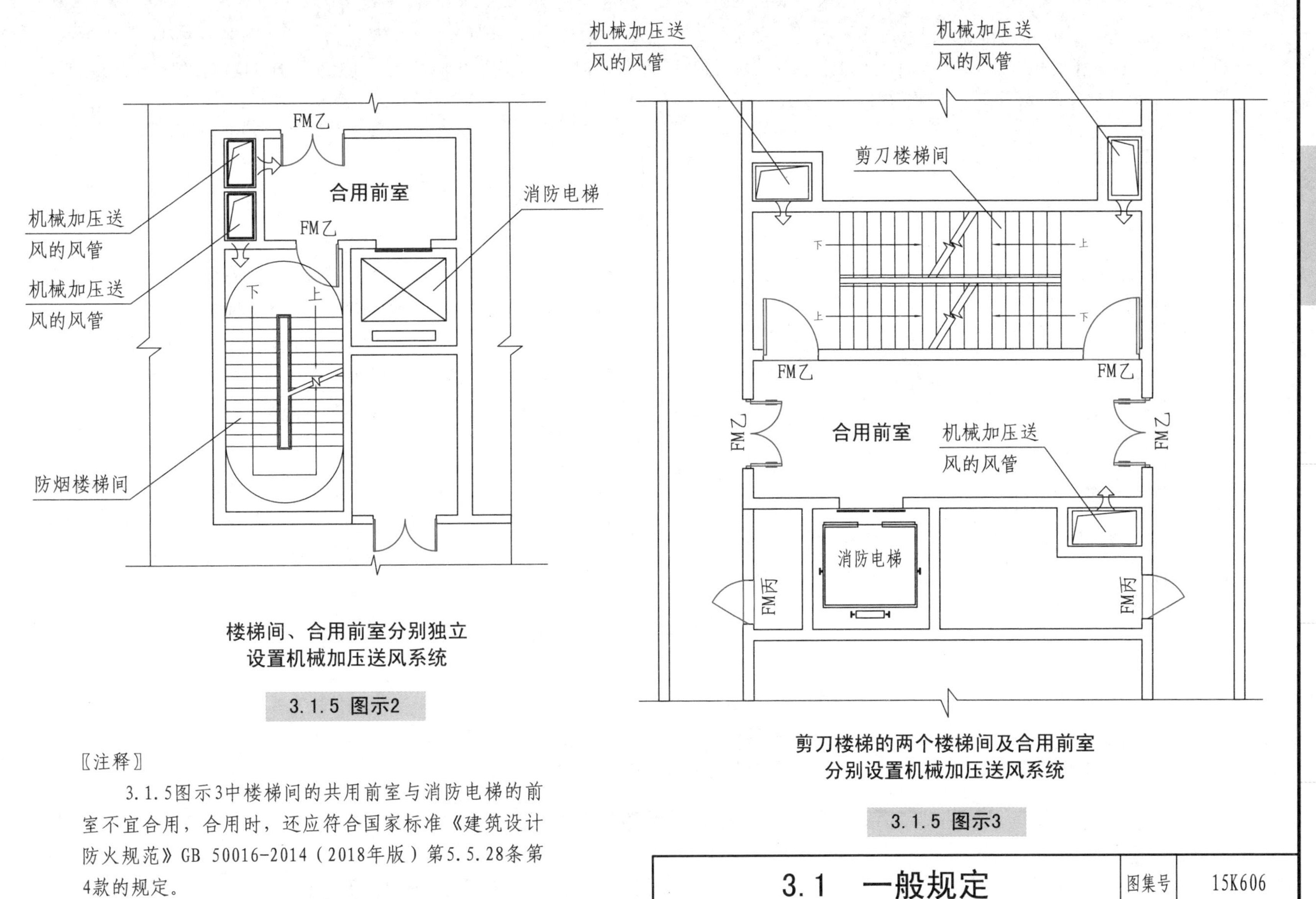

楼梯间、合用前室分别独立设置机械加压送风系统

3.1.5 图示2

剪刀楼梯的两个楼梯间及合用前室分别设置机械加压送风系统

3.1.5 图示3

〖注释〗

3.1.5图示3中楼梯间的共用前室与消防电梯的前室不宜合用，合用时，还应符合国家标准《建筑设计防火规范》GB 50016-2014（2018年版）第5.5.28条第4款的规定。

3.1 一般规定						图集号	15K606
审核	王炯	校对	张兢	设计	陈逸	页	23

3.1.6 封闭楼梯间应采用自然通风系统【图示1】，不能满足自然通风条件的封闭楼梯间，应设置机械加压送风系统【图示2】。当地下、半地下建筑（室）的封闭楼梯间不与地上楼梯间共用且地下仅为一层时，可不设置机械加压送风系统，但首层应设置有效面积不小于1.2m²的可开启外窗或直通室外的疏散门【图示3】。

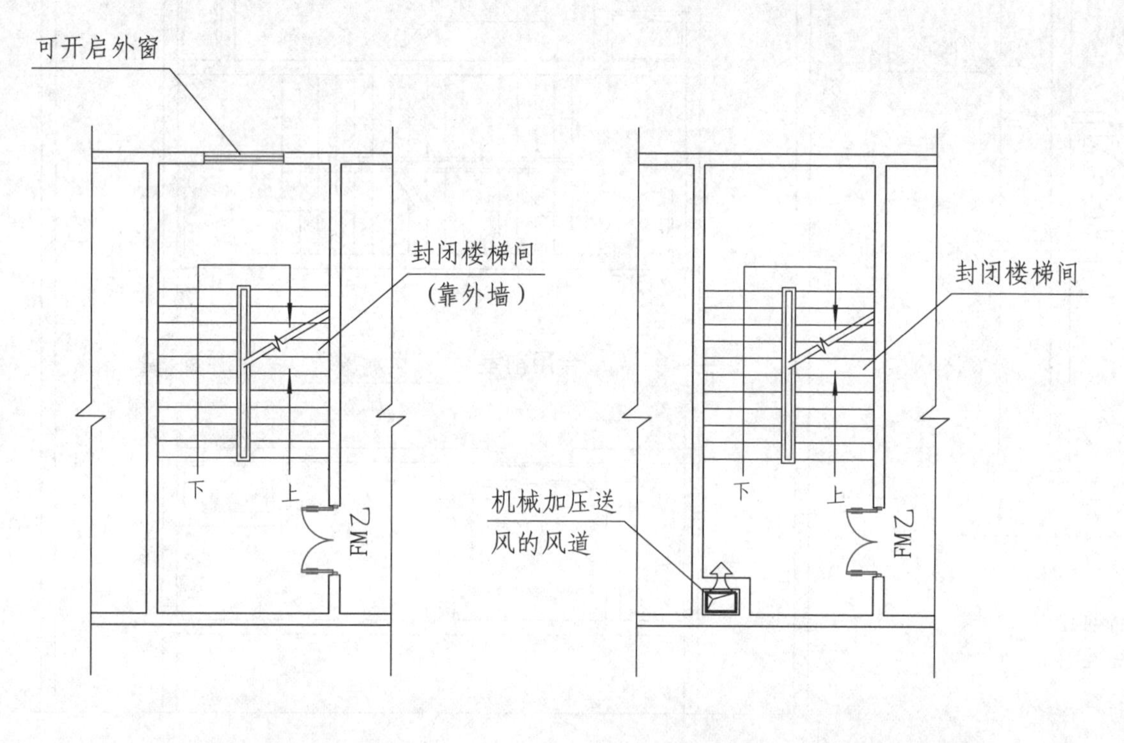

靠外墙的封闭楼梯间
利用可开启外窗自然通风

3.1.6 图示1

无自然通风条件的封闭楼梯间
采用机械加压送风方式防烟

3.1.6 图示2

〖注释〗

1. 封闭楼梯间靠外墙设置时，满足以下条件的可采用自然通风方式防烟：

1.1 当地下仅为一层，且地下最底层的地坪与室外出入口地坪高差小于10m，当其首层有直接开向室外的门或有不小于1.2m²的可开启外窗。

1.2 封闭楼梯间地上每五层内可开启外窗有效面积不小于2.0m²，并应保证该楼梯间最高部位设有有效面积不小于1.0m²的可开启外窗、百叶窗或开口。

2. 当封闭楼梯间不具备上述自然通风条件时，应采用机械加压送风方式进行防烟。

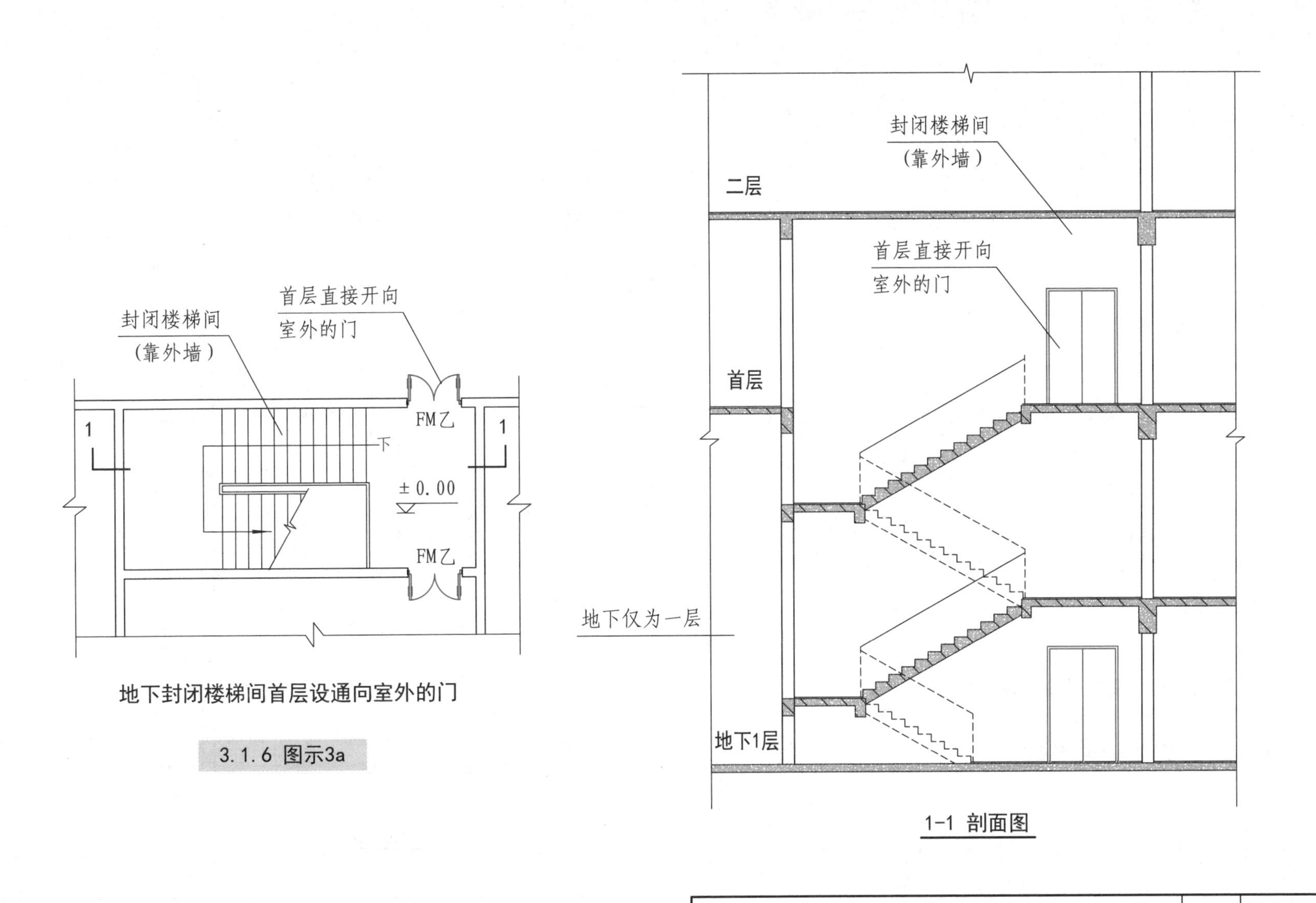

地下封闭楼梯间首层设通向室外的门

3.1.6 图示3a

1-1 剖面图

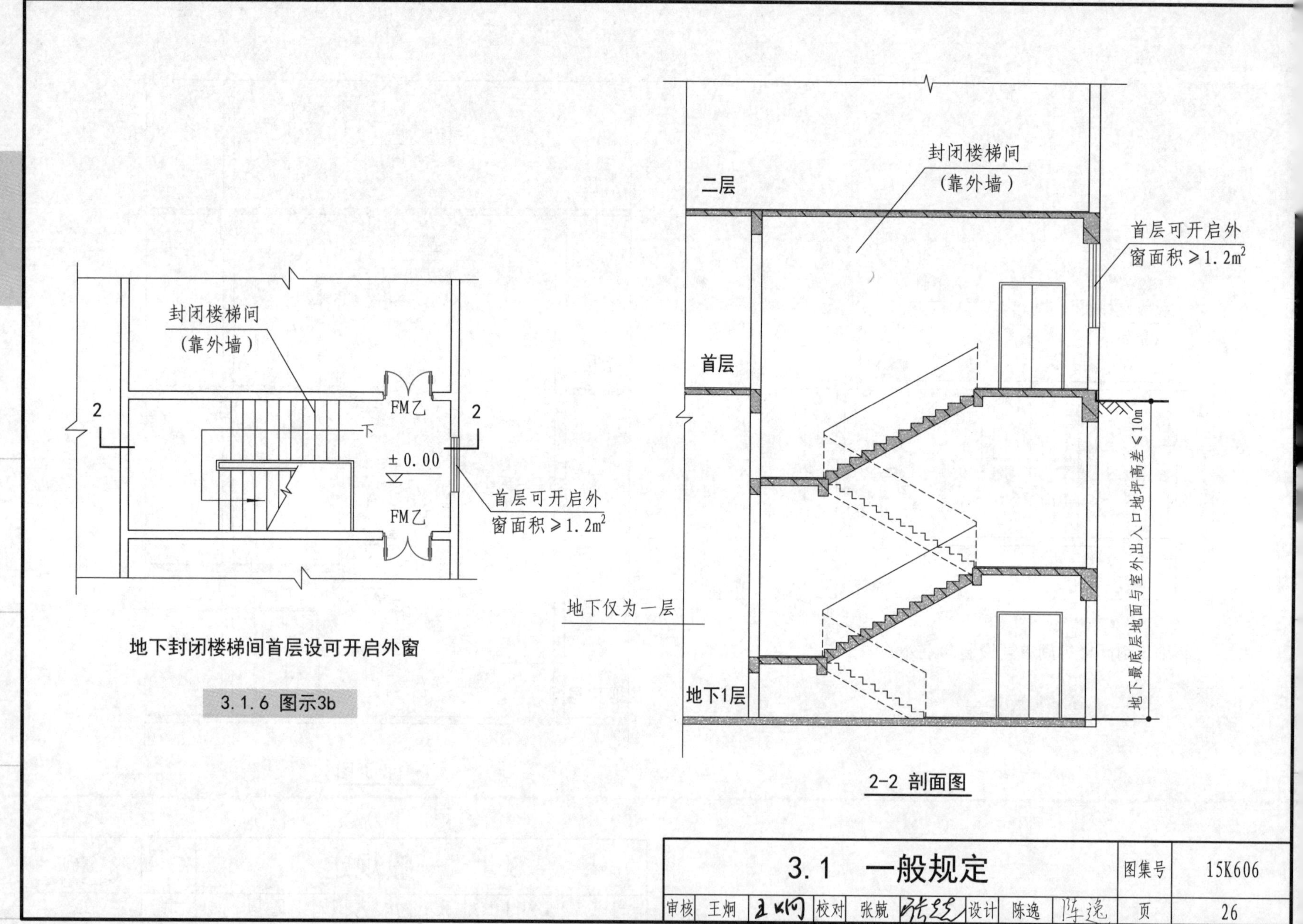

地下封闭楼梯间首层设可开启外窗

3.1.6 图示3b

2-2 剖面图

3.1 一般规定							图集号	15K606
审核	王炯	王炯	校对	张兢	张兢	设计	陈逸	陈逸	页	26

3.1.7　设置机械加压送风系统的场所，楼梯间应设置常开风口，前室应设置常闭风口；火灾时其联动开启方式应符合本标准5.1.3条的规定。

3.1.8　避难层的防烟系统可根据建筑构造、设备布置等因素选择自然通风系统或机械加压送风系统。

3.1.9　避难走道应在其前室及避难走道分别设置机械加压送风系统【图示1】，但下列情况可仅在前室设置机械加压送风系统：

1 避难走道一端设置安全出口，且总长度小于30m【图示2】；

2 避难走道两端设置安全出口，且总长度小于60m【图示3】。

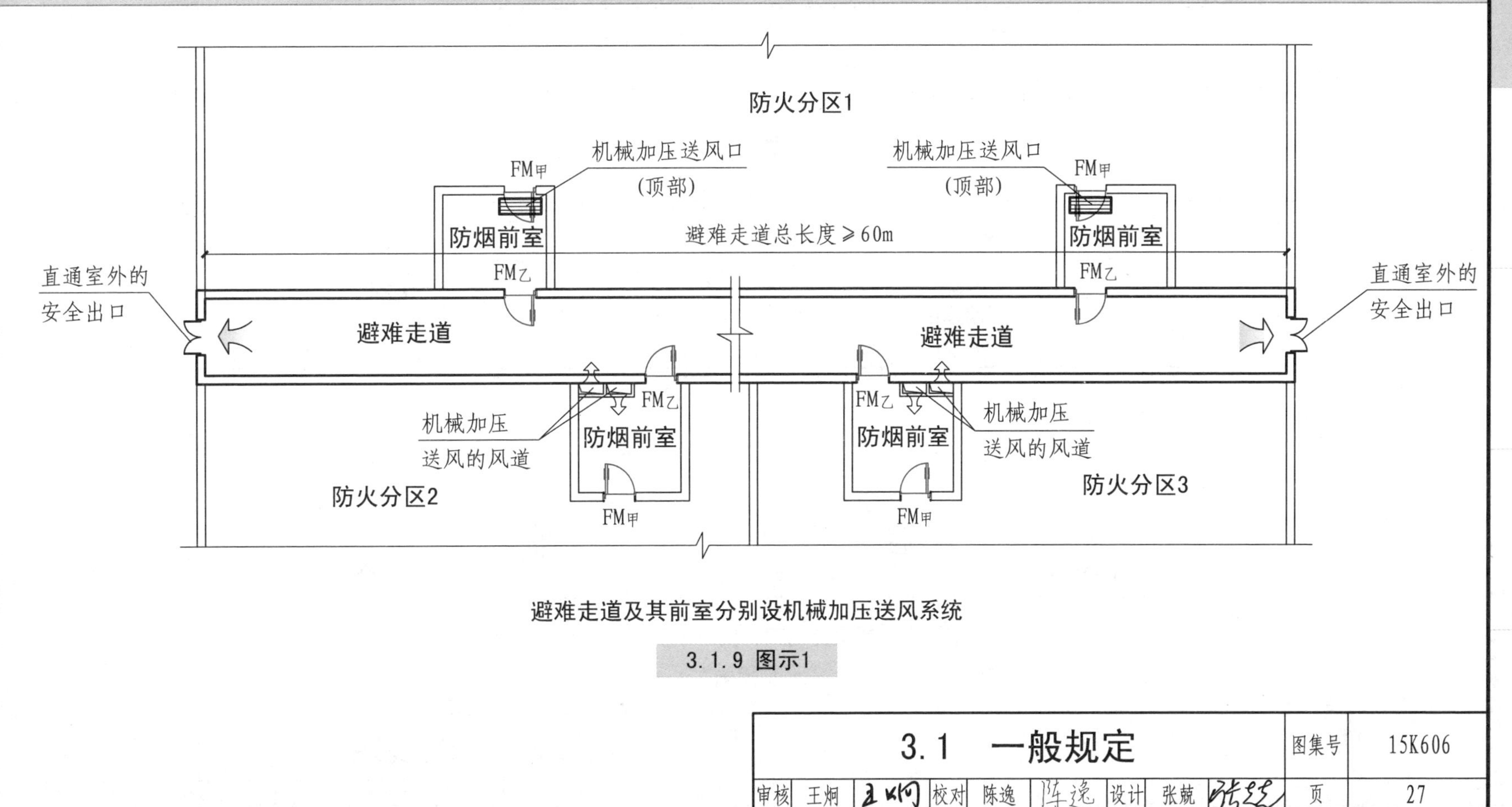

避难走道及其前室分别设机械加压送风系统

3.1.9 图示1

3.1　一般规定						图集号	15K606
审核	王炯	校对	陈逸	设计	张兢	页	27

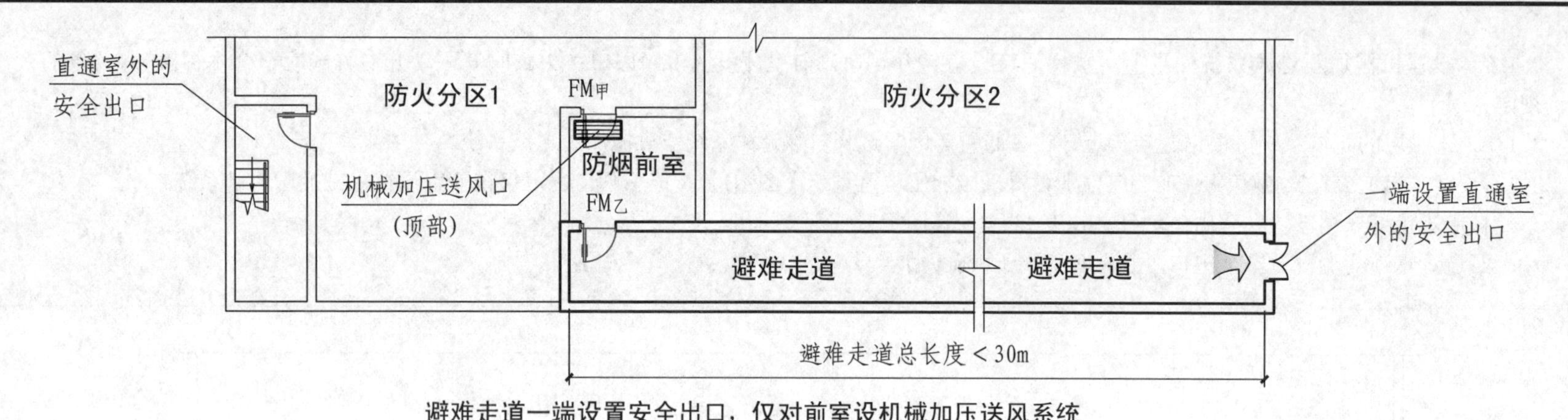

避难走道一端设置安全出口，仅对前室设机械加压送风系统

3.1.9 图示2

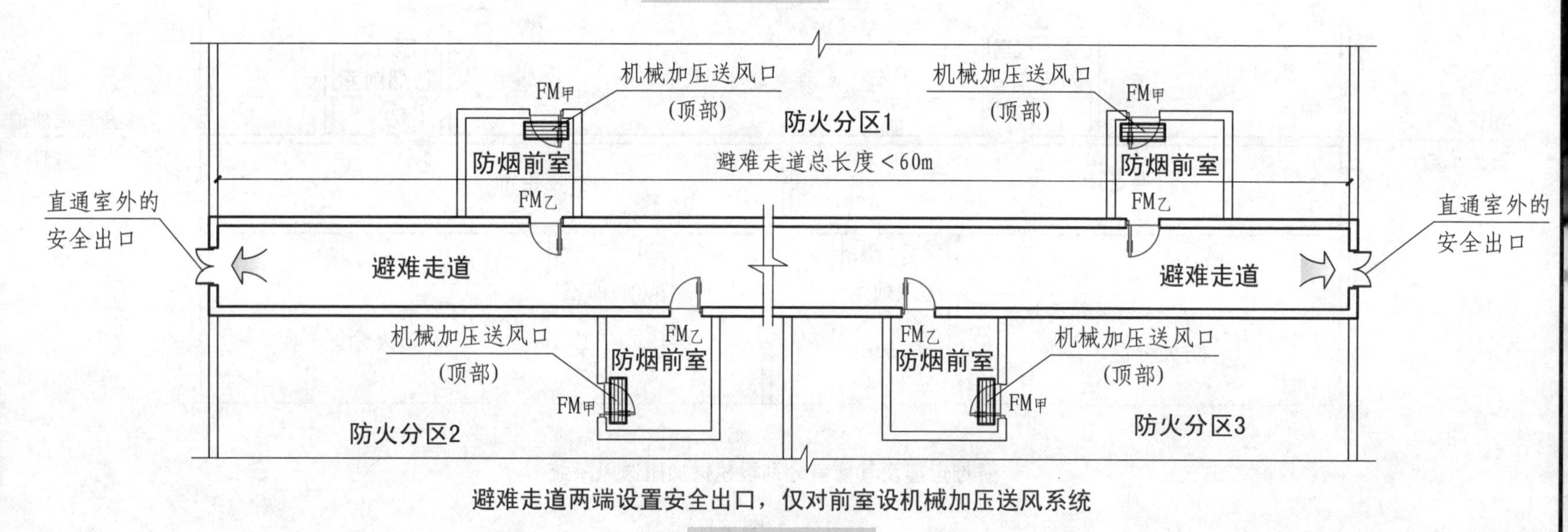

避难走道两端设置安全出口，仅对前室设机械加压送风系统

3.1.9 图示3

3.1 一般规定						图集号	15K606
审核	王炯	校对	陈逸	设计	张兢	页	28

3.2 自然通风设施

3.2.1 采用自然通风方式的封闭楼梯间、防烟楼梯间，应在最高部位设置面积不小于1.0m²的可开启外窗或开口【图示1】；当建筑高度大于10m时，尚应在楼梯间的外墙上每5层内设置总面积不小于2.0m²的可开启外窗或开口，且布置间隔不大于3层【图示2】。

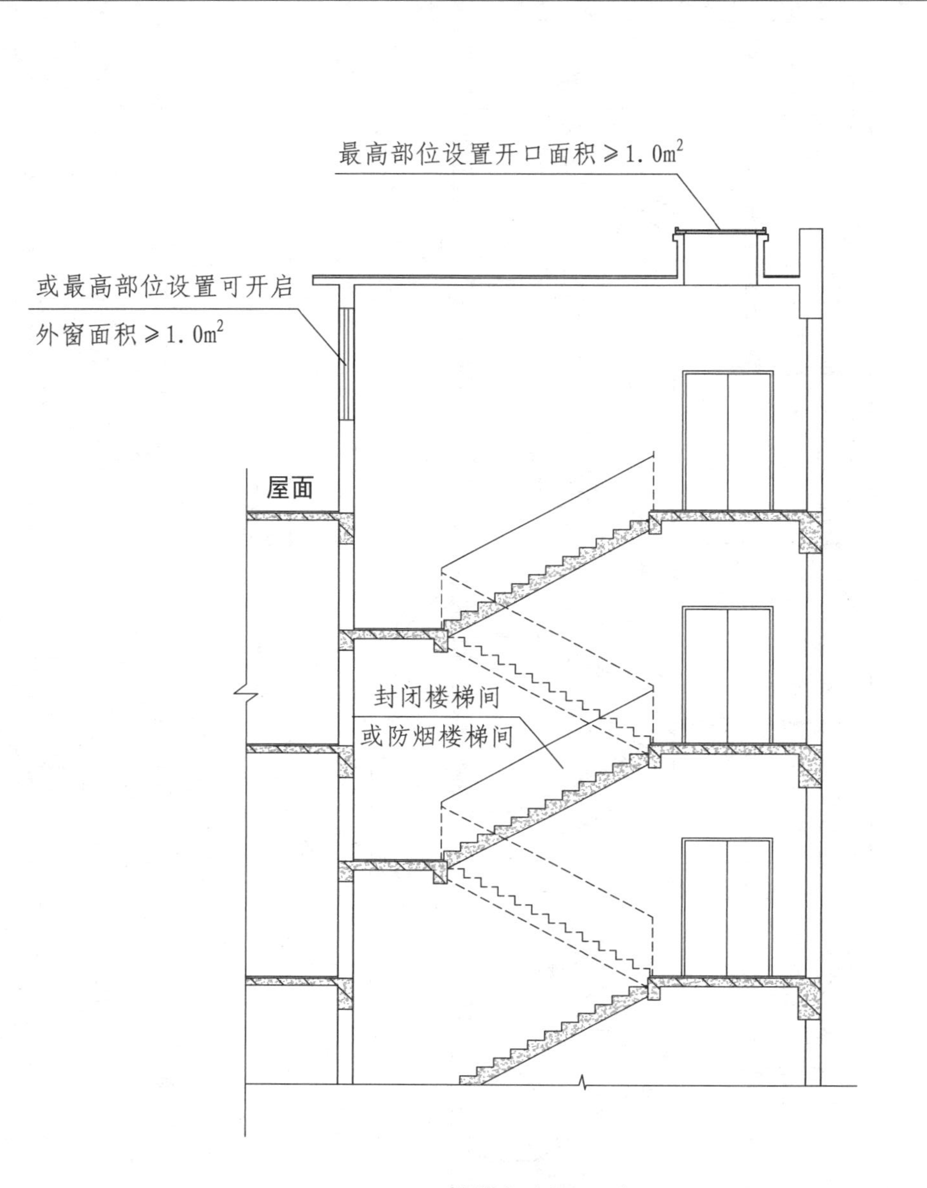

楼梯间剖面示意图

3.2.1 图示1

3.2 自然通风设施							图集号	15K606
审核	王炯	王炯	校对	陈逸	陈逸	设计	张兢	张兢	页	29

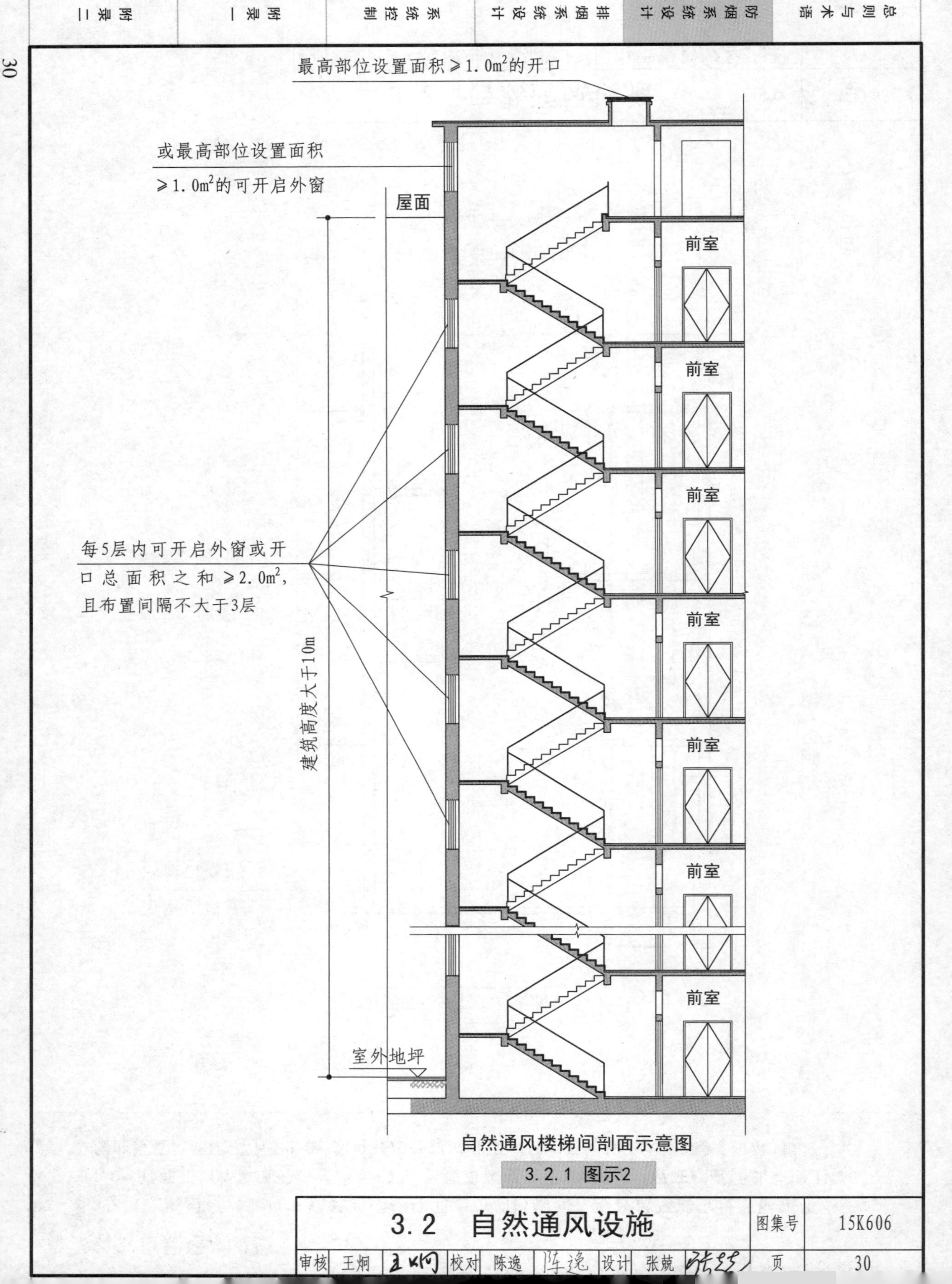

自然通风楼梯间剖面示意图

3.2.1 图示2

3.2 自然通风设施							图集号	15K606
审核	王炯		校对	陈逸		设计	张兢	页 30

3.2.2 前室采用自然通风方式时，独立前室、消防电梯前室可开启外窗或开口的面积不应小于2.0m^2【图示1】，共用前室、合用前室不应小于3.0m^2【图示2】。

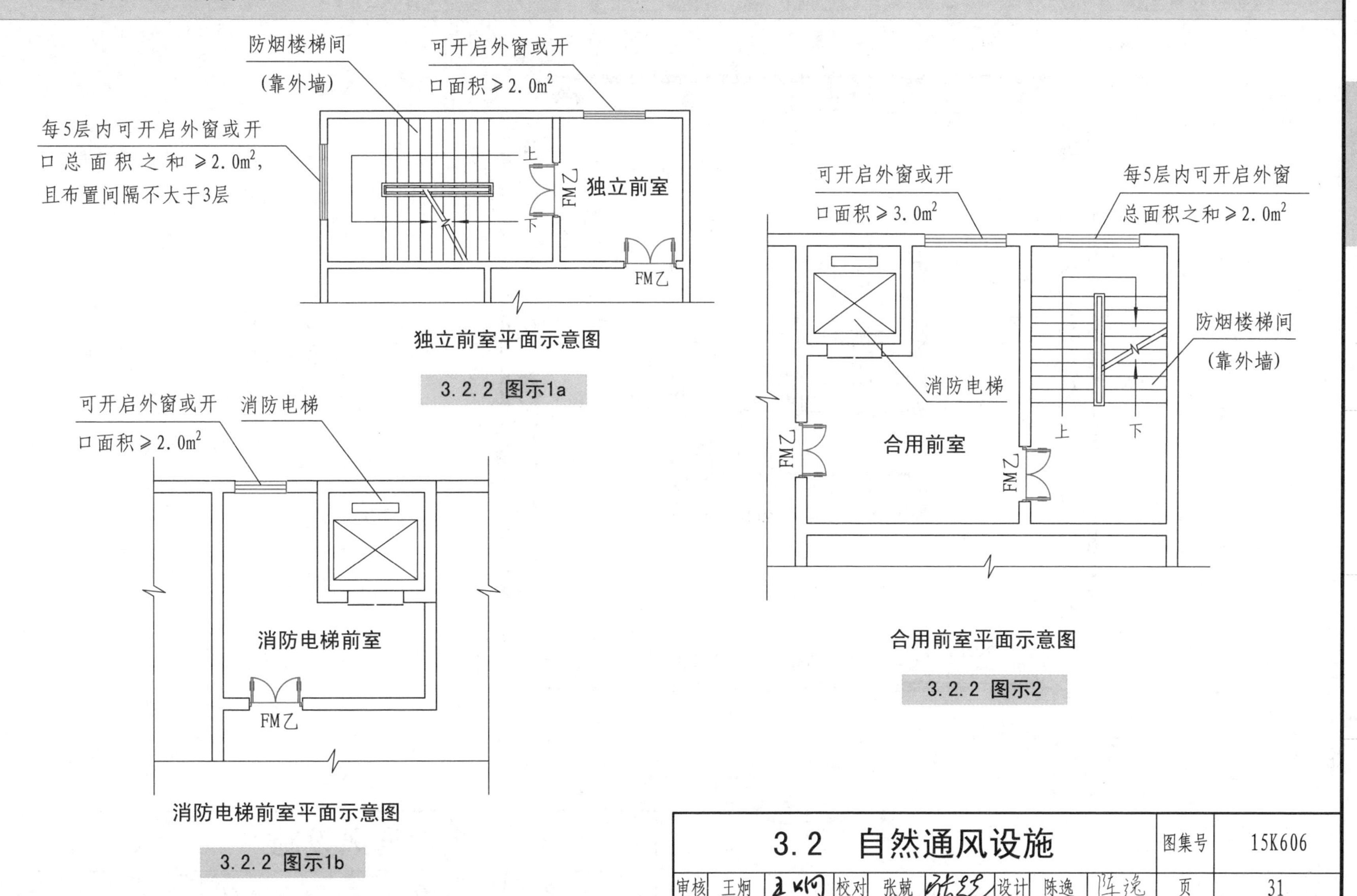

独立前室平面示意图

3.2.2 图示1a

消防电梯前室平面示意图

3.2.2 图示1b

合用前室平面示意图

3.2.2 图示2

3.2 自然通风设施						图集号	15K606
审核	王炯	校对	张兢	设计	陈逸	页	31

3.2.3 采用自然通风方式的避难层（间）应设有不同朝向的可开启外窗，其有效面积不应小于该避难层（间）地面面积的2%，且每个朝向的面积不应小于2.0m² 【图示】。

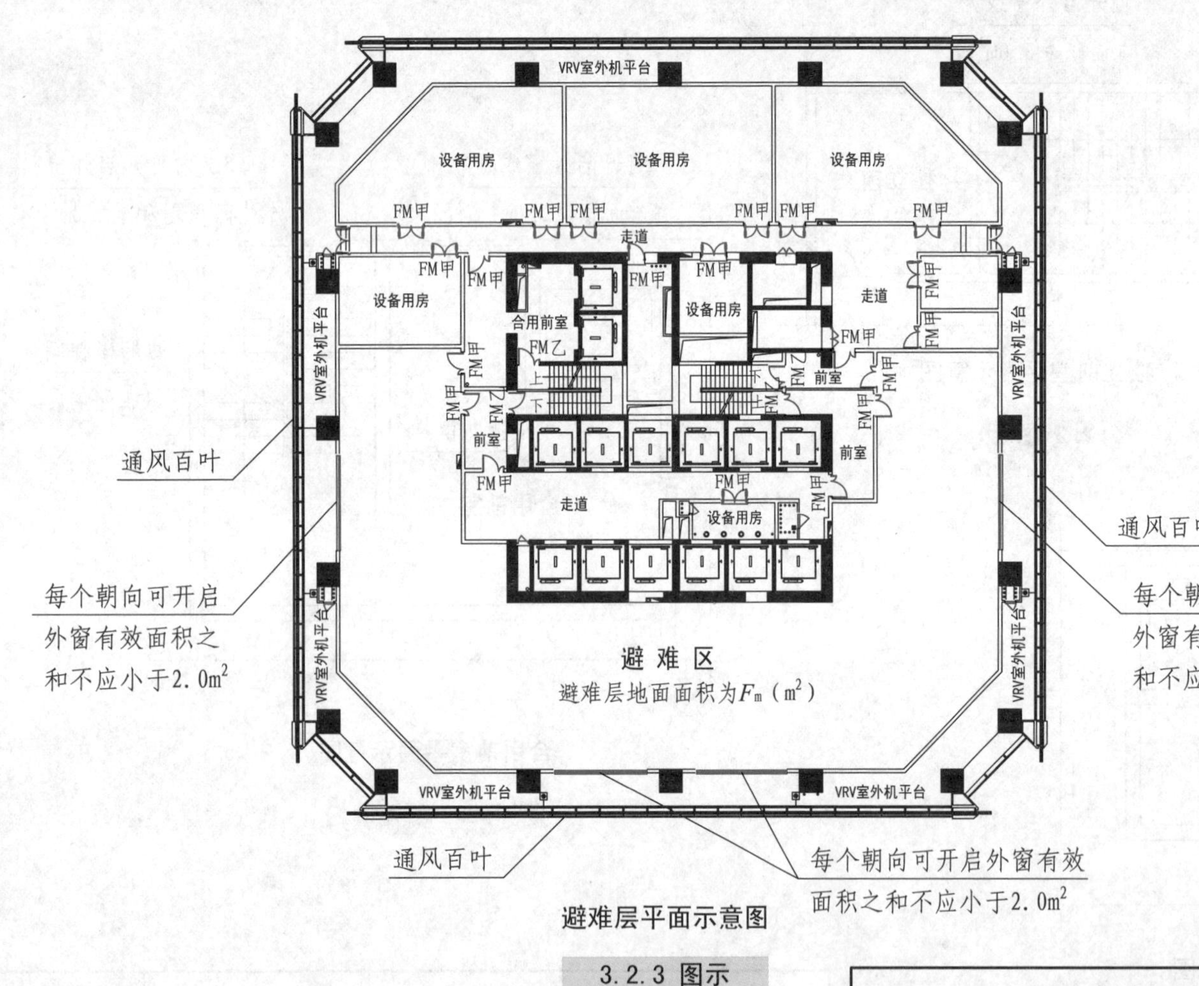

避难层平面示意图

〖注释〗

1. 以此图为例，自然通风的避难层(间)不同朝向的可开启外窗或百叶窗，自然通风的总有效面积F应满足：

$$F \geqslant F_m \times 2\%$$

2. 对每个朝向上的开窗面积做出规定，除保证排烟效果外，也是为了满足避难人员的新风要求。

3.2.3 图示

3.2.4 可开启外窗应方便直接开启，设置在高处不便于直接开启的可开启外窗应在距地面高度为1.3m～1.5m的位置设置手动开启装置【图示】。

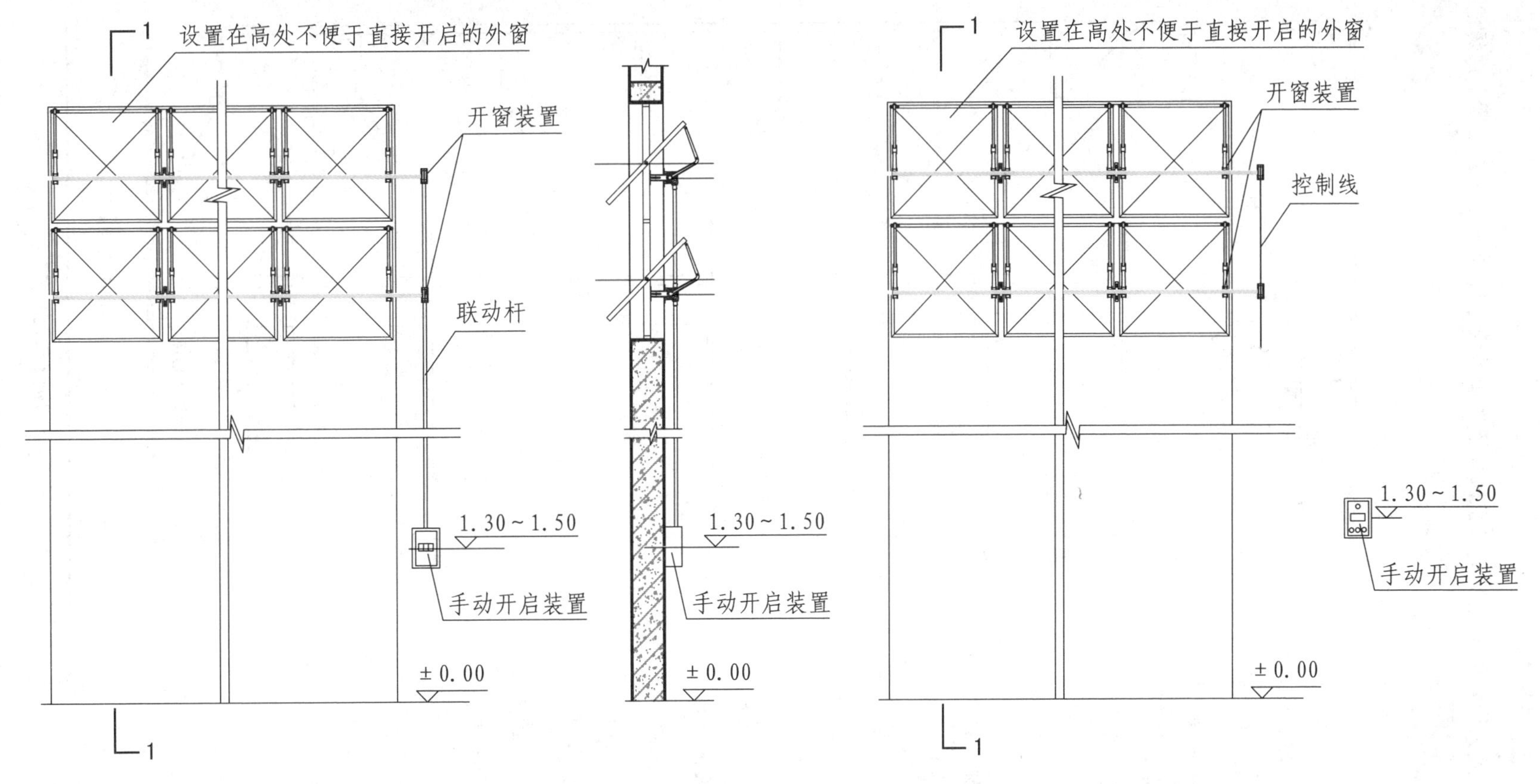

中悬窗（撑杆）手摇开窗机立面示意图

1-1剖面

中悬窗电动开窗机立面示意图

3.2.4 图示a

3.2.4 图示b

〖注释〗

本图是借助于开窗装置开启高处不便于直接开启外窗的方式。

3.2 自然通风设施							图集号	15K606
审核	王炯	王炯	校对	陈逸	陈逸	设计	张兢 张兢	页	33

3.3 机械加压送风设施

3.3.1 建筑高度大于100m的建筑，其机械加压送风系统应竖向分段独立设置，且每段高度不应超过100m【图示】。

〖注释〗

1. 条文的制定：

本条强制规定的目的是为了防止送风系统担负楼层数太多或竖向高度过高，防烟楼梯间压力分布过于不均匀，影响防烟效果。

2. 设计要点

2.1 防烟楼梯间、独立前室、共用前室、合用前室和消防电梯前室的机械加压送风系统的送风量应按本标准第3.4.5条～第3.4.8条的规定计算确定。

2.2 采用常开式加压送风口时，机械加压送风机的出风管或进风管上需加装电动风阀，以防止平时状态时因自然拔风造成的冷空气侵入。

2.3 送风机的设置位置优先选择设在机械加压送风系统的下部。

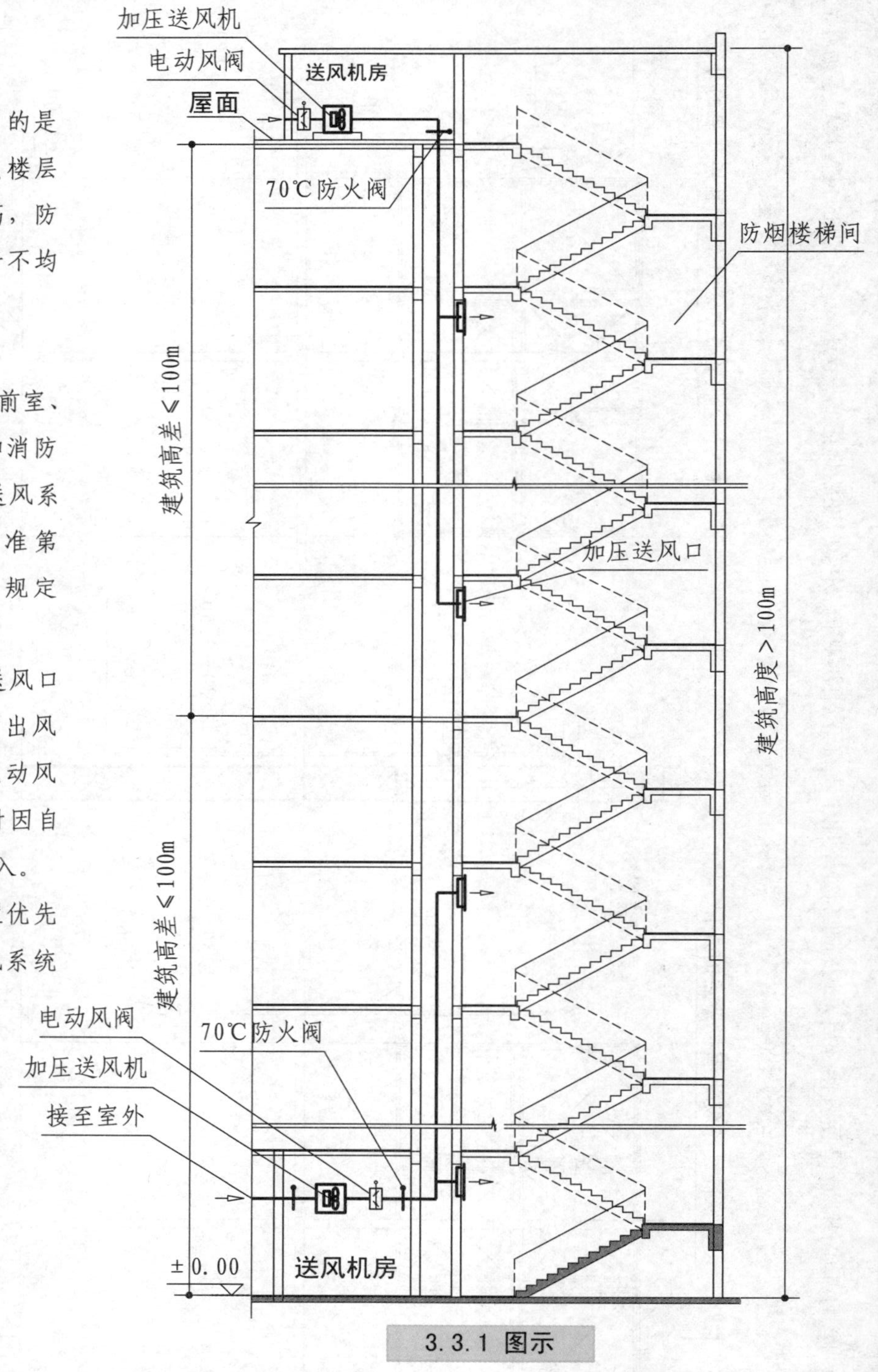

3.3.1 图示

3.3.2 除本标准另有规定外，采用机械加压送风系统的防烟楼梯间及其前室应分别设置送风井（管）道、送风口（阀）和送风机。

3.3.3 建筑高度小于或等于50m的建筑，当楼梯间设置加压送风井（管）道确有困难时，楼梯间可采用直灌式加压送风系统，并应符合下列规定：

1 建筑高度大于32m的高层建筑，应采用楼梯间两点部位送风的方式，送风口之间距离不宜小于建筑高度的1/2【图示1】；

2 送风量应按计算值或本标准第3.4.2条规定的送风量增加20%；

3 加压送风口不宜设在影响人员疏散的部位【图示2】。

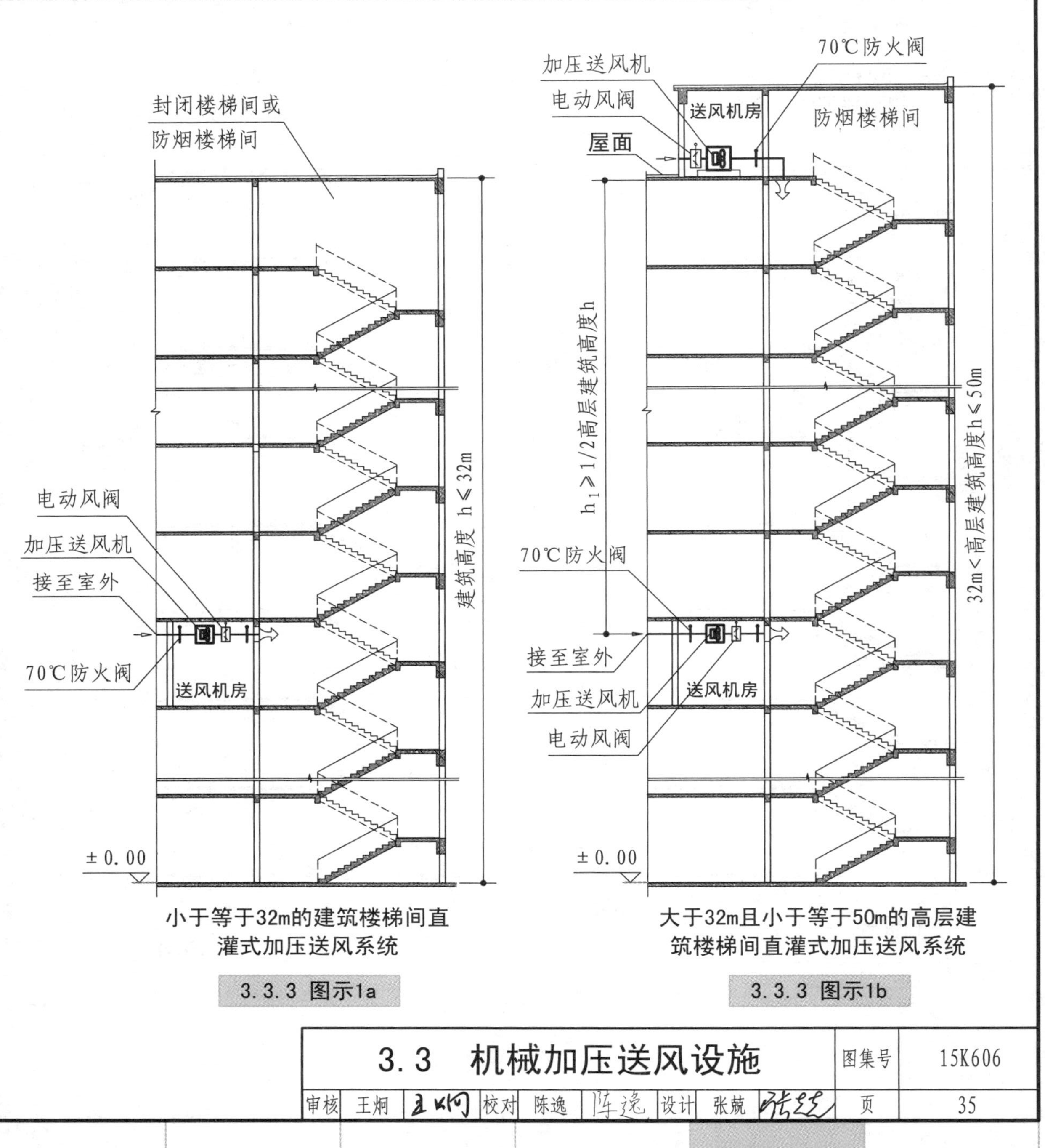

小于等于32m的建筑楼梯间直灌式加压送风系统

3.3.3 图示1a

大于32m且小于等于50m的高层建筑楼梯间直灌式加压送风系统

3.3.3 图示1b

3.3 机械加压送风设施								图集号	15K606
审核	王炯	王炯	校对	陈逸	陈逸	设计	张兢	页	35

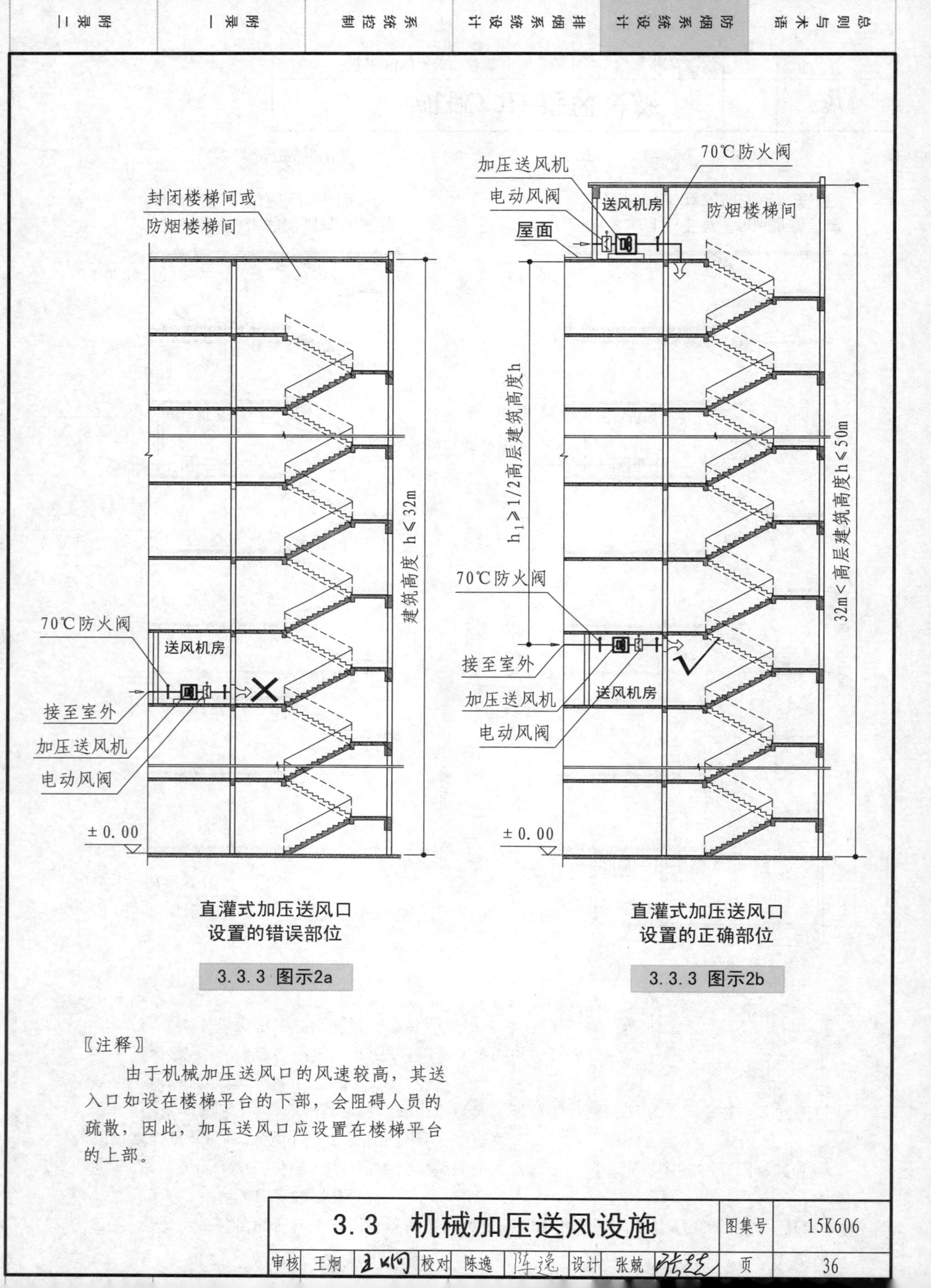

直灌式加压送风口
设置的错误部位

3.3.3 图示2a

直灌式加压送风口
设置的正确部位

3.3.3 图示2b

〖注释〗

由于机械加压送风口的风速较高，其送入口如设在楼梯平台的下部，会阻碍人员的疏散，因此，加压送风口应设置在楼梯平台的上部。

3.3 机械加压送风设施						图集号	15K606
审核	王炯	校对	陈逸	设计	张兢	页	36

第3.3.3条〖注释〗

1. 条文的制定:

本条文制定的目的是解决不具备设置加压送风井(管)道条件的楼梯间机械加压送风问题。

2. 设计要点

2.1 对于建筑高度小于或等于32m的建筑，楼梯间直灌式送风可采用单点位送风方式；但对于建筑高度大于32m且小于或等于50m的高层建筑，其直灌式送风应采用两点送风的方式，考虑楼梯间的压力分布均匀性，要求送风口之间的距离不宜小于建筑高度的1/2。

2.2 为了弥补漏风，本标准要求直灌式加压送风机的送风量应比本标准第3.4.2条表中的送风量增加20%，即直灌式加压送风机的送风量应按本页表3.3.3-1、表3.3.3-2中的数值选取。

2.3 由于楼梯间通往安全区域的疏散门（包括一层、避难层、屋顶通往安全区域的疏散门）开启的概率最大，为避免大量的送风从这些楼层的门洞泄漏，导致楼梯间压力分布均匀性差，布置直灌式加压送风口时应远离这些楼层。

表3.3.3-1 封闭楼梯间、防烟楼梯间（前室不送风）的加压送风量

系统负担高度h (m)	标准推荐加压送风量 (m^3/h)	直灌式加压送风量 (m^3/h)
24m＜h≤50m	36100～39200	43320～47040

表3.3.2-2 防烟楼梯间及合用前室的分别加压送风量

系统负担高度h (m)	送风部位	标准推荐加压送风量 (m^3/h)	直灌式加压送风量 (m^3/h)
24m＜h≤50m	防烟楼梯间	25300～27500	30360～33000
	独立前室、合用前室	24800～25800	24800～25800

注：1 表3.3.3-1和表3.3.3-2的风量按开启2.0m×1.6m的双扇门确定。当采用单扇门时，其风量可乘以0.75系数计算；

2 表3.3.3-1和表3.3.3-2中风量按开启着火层及其上下层，共开启三层的风量计算；

3 表中风量的选取应按建筑高度或层数、风道材料、防火门漏风量等因素综合比较确定。

3.3.4　设置机械加压送风系统的楼梯间的地上部分与地下部分，其机械加压送风系统应分别独立设置【图示1】。当受建筑条件限制，且地下部分为汽车库或设备用房时，可共用机械加压送风系统【图示2】，并应符合下列规定：

1　应按本标准第3.4.5条的规定分别计算地上、地下部分的加压送风量，相加后作为共用加压送风系统风量；

2　应采取有效措施分别满足地上、地下部分的送风量的要求。

〖注释〗

1. 条文的制定：

本条文制定是针对地上与地下的楼梯间在一个位置布置的加压送风系统设计。

2. 设计要点

2.1 不具备自然通风条件的地下、半地下楼梯间，应设置独立的机械加压送风系统。

2.2 地上楼梯间的加压送风量L_1和地下楼梯间的加压送风量L_2，应分别按本标准第3.4.5条的要求计算。

2.3 通常地下层数较少，因此在计算地下楼梯间加压送风量时，开启门的数量取1。

2.4 楼梯间加压送风口采用常开式风口，因此宜在系统上部的加压送风机的出风管或进风管上加装电动风阀，以防止平时状态时因自然拔风造成的冷空气侵入。

2.5 机械加压送风系统的送风机的设置位置优先选择设在机械加压送风系统的下部。

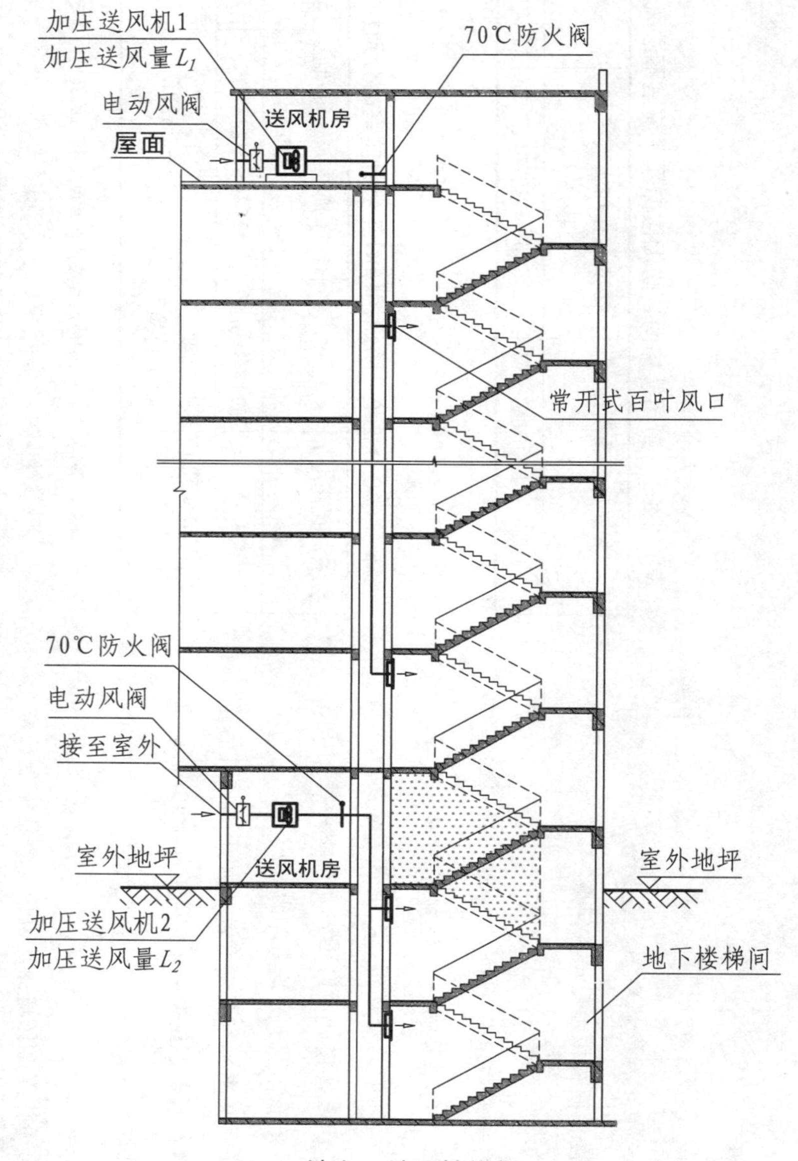

地上、地下楼梯间
分别设独立加压送风系统

3.3.4 图示1

〔注释〕

1. 当受建筑条件限制，地上部分与地下部分楼梯间需共用加压送风系统时，该建筑的地下部分仅为汽车库或设备用房。
2. 地上楼梯间的加压送风量L_1和地下楼梯间的加压送风量L_2，应分别按本标准第3.4.5条的要求计算。
3. 共用加压送风系统的加压送风量为地上楼梯间的加压送风量L_1与地下楼梯间的加压送风量L_2之和。
4. 地下楼梯间的加压送风口面积按地下楼梯间加压送风量L_2计算；地上楼梯间的加压送风口面积按地上楼梯间加压送风量L_1计算。
5. 由于楼梯间加压送风口采用常开式风口，因此宜在系统上部的加压送风机的出风管或进风管上加装电动风阀，以防止平时状态时因自然拔风造成的冷空气侵入。
6. 共用机械加压送风系统的送风机的设置位置优先选择设在机械加压送风系统的下部。
7. 设计时应采取有效措施解决超压问题。

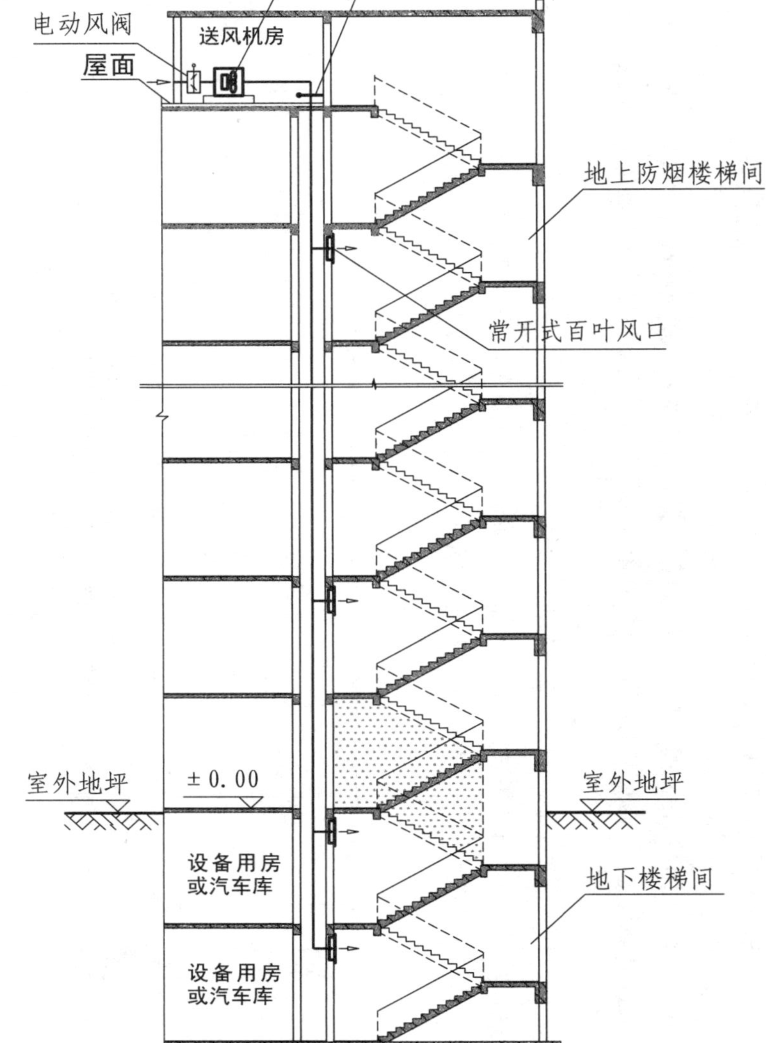

地上、地下楼梯间
共用加压送风系统

3.3.4 图示2

3.3 机械加压送风设施						图集号	15K606
审核	王炯	校对	陈逸	设计	张兢	页	39

3.3.5 机械加压送风风机宜采用轴流风机或中、低压离心风机，其设置应符合下列规定：

1 送风机的进风口应直通室外，且应采取防止烟气被吸入的措施；

2 送风机的进风口宜设在机械加压送风系统的下部；

3 送风机的进风口不应与排烟风机的出风口设在同一面上【图示1】。当确有困难时，送风机的进风口与排烟风机的出风口应分开布置，且竖向布置时，送风机的进风口应设置在排烟出口的下方，其两者边缘最小垂直距离不应小于6.0m；水平布置时，两者边缘最小水平距离不应小于20.0m【图示2】；

4 送风机宜设置在系统的下部，且应采取保证各层送风量均匀性的措施；

5 送风机应设置在专用机房内，送风机房并应符合现行国家标准《建筑设计防火规范》GB 50016的规定【图示3】；

6 当送风机出风管或进风管上安装单向风阀或电动风阀时，应采取火灾时自动开启阀门的措施。

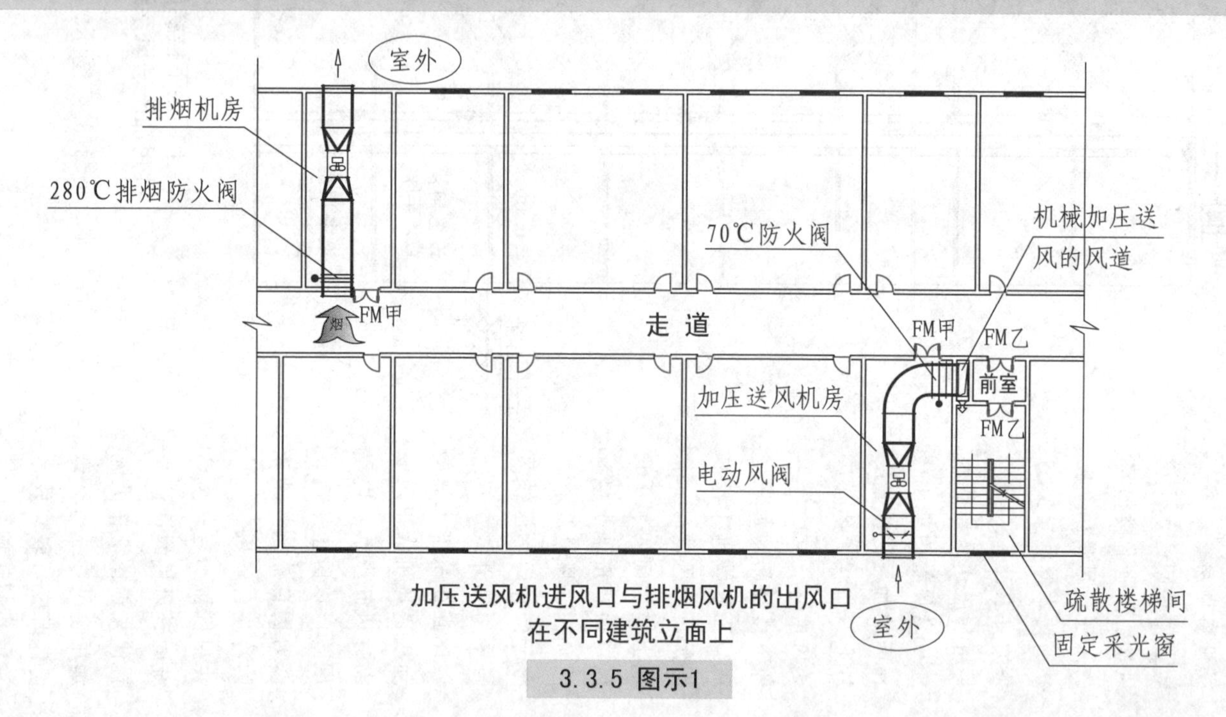

加压送风机进风口与排烟风机的出风口
在不同建筑立面上

3.3.5 图示1

〖注释〗

1. 加压送风机的进风必须是室外不受火灾和烟气污染的新鲜空气。
2. 应优先选择送风机的进风口与排烟风机的出风口不设在同一面上。

3.3 机械加压送风设施							图集号	15K606
审核	王炯	王炯	校对	陈逸	陈逸	设计	张兢 张兢	页	40

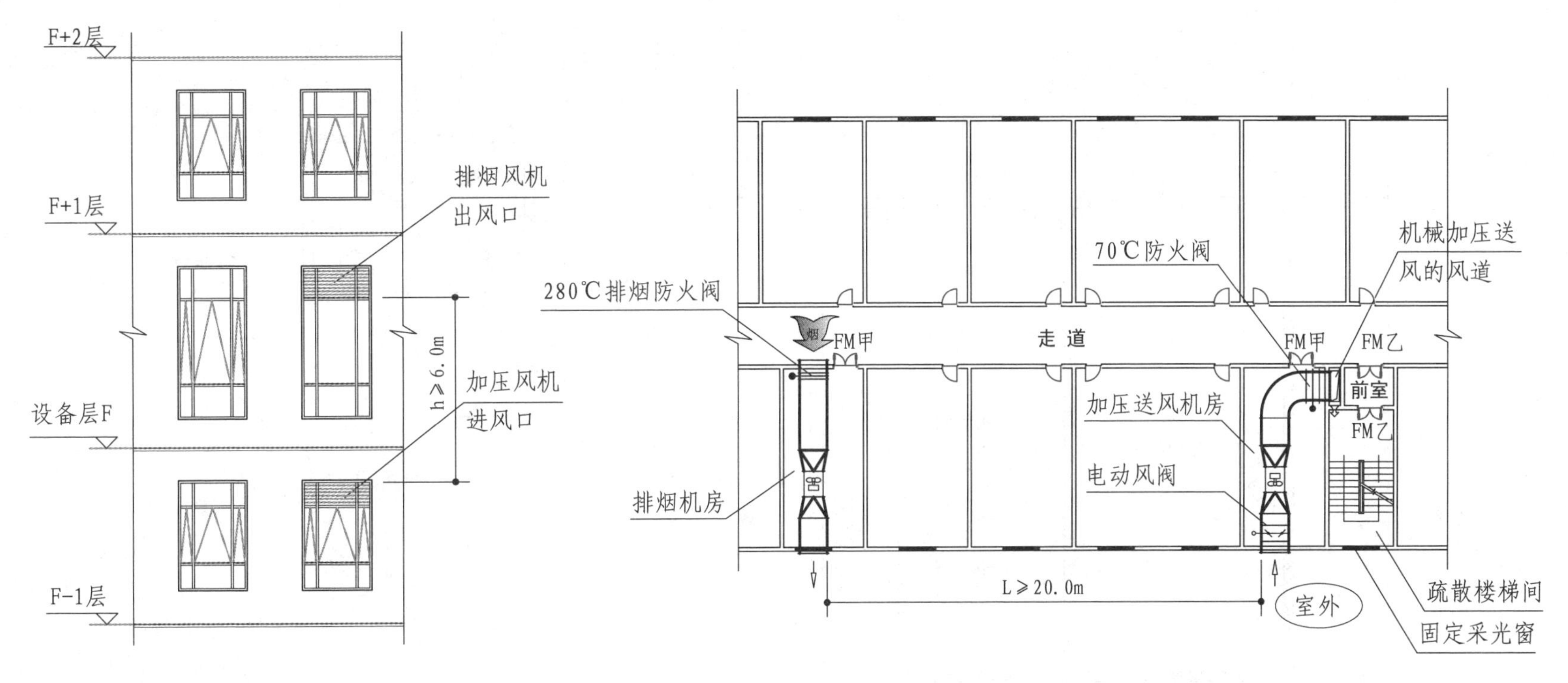

加压风机进风口与排烟风机出风口
在同一侧面上竖向布置的要求

3.3.5 图示2a

加压风机进风口与排烟风机出风口
在同一侧面上水平布置的要求

3.3.5 图示2b

〖注释〗

1. 加压送风机的进风必须是室外不受火灾和烟气污染的新鲜空气。
2. 当加压风机进风口与排烟风机出风口必须设在同一面上时，应将进风口设在该地区主导风向的上风侧。

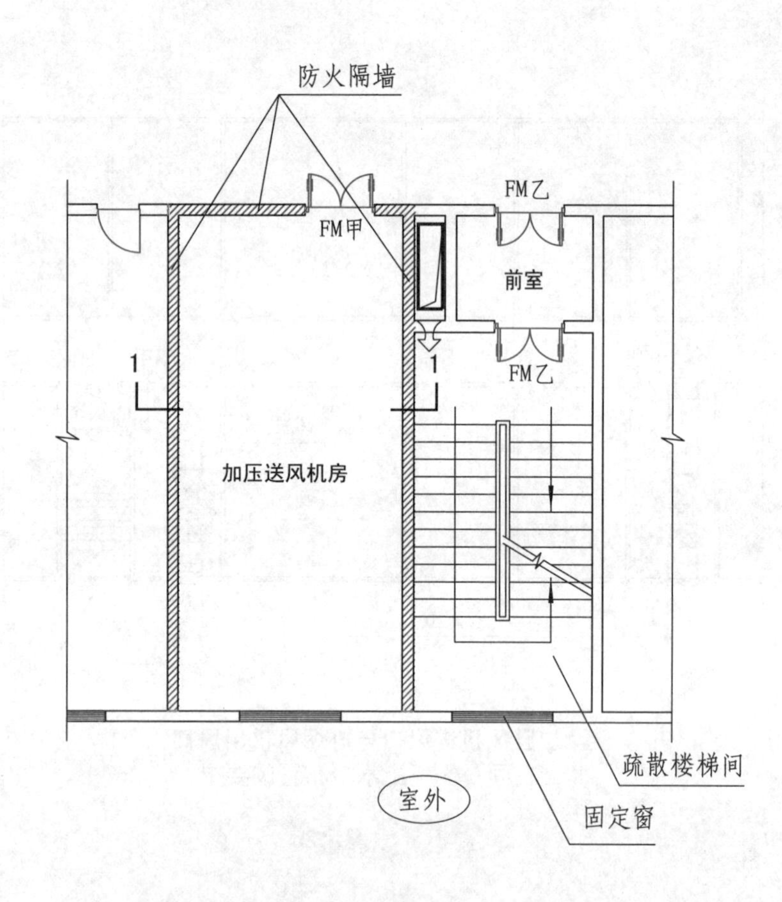

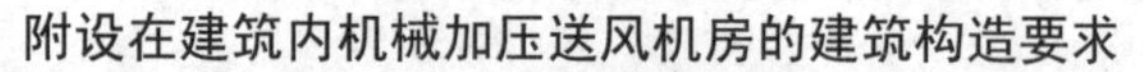
附设在建筑内机械加压送风机房的建筑构造要求

3.3.5 图示3

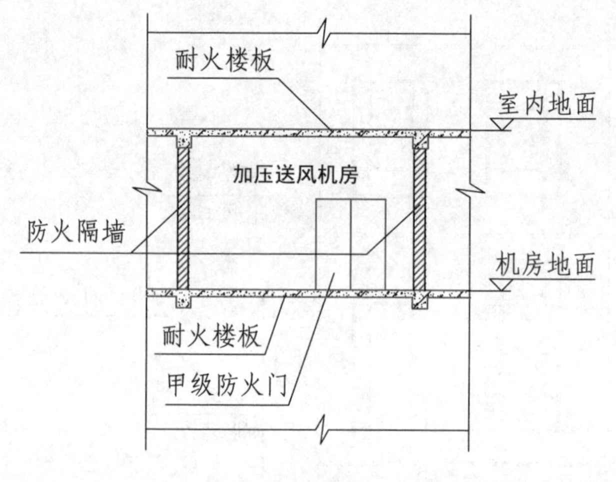

1-1 剖面图

〖注释〗

1. 标准条文特别规定了加压送风机应设置在专用机房中，且规定了加压送风机房的耐火极限要求，即：应符合现行国家标准《建筑设计防火规范》GB 50016的规定。
2. 当机械加压送风机房设置在丁、戊类厂房内时，其防火隔墙的耐火极限≥1.0h，楼板的耐火极限≥0.5h，开向建筑内的门为甲级防火门。

3.3.6 加压送风口的设置应符合下列规定：

1 除直灌式加压送风方式外，楼梯间宜每隔2层～3层设一个常开式百叶送风口【图示1】；

2 前室应每层设一个常闭式加压送风口，并应设手动开启装置【图示2】；

3 送风口的风速不宜大于7m/s；

4 送风口不宜设置在被门挡住的部位【图示3】。

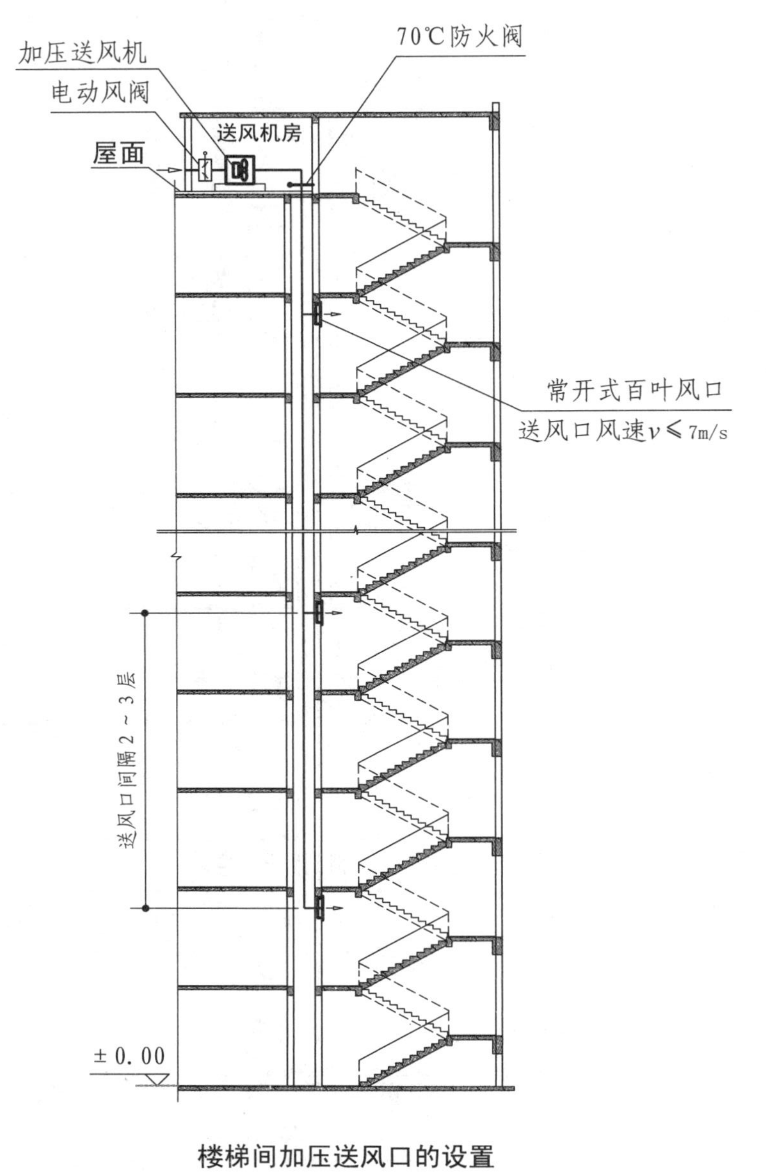

楼梯间加压送风口的设置

3.3.6 图示1

3.3 机械加压送风设施						图集号	15K606
审核	王炯	校对	陈逸	设计	张兢	页	43

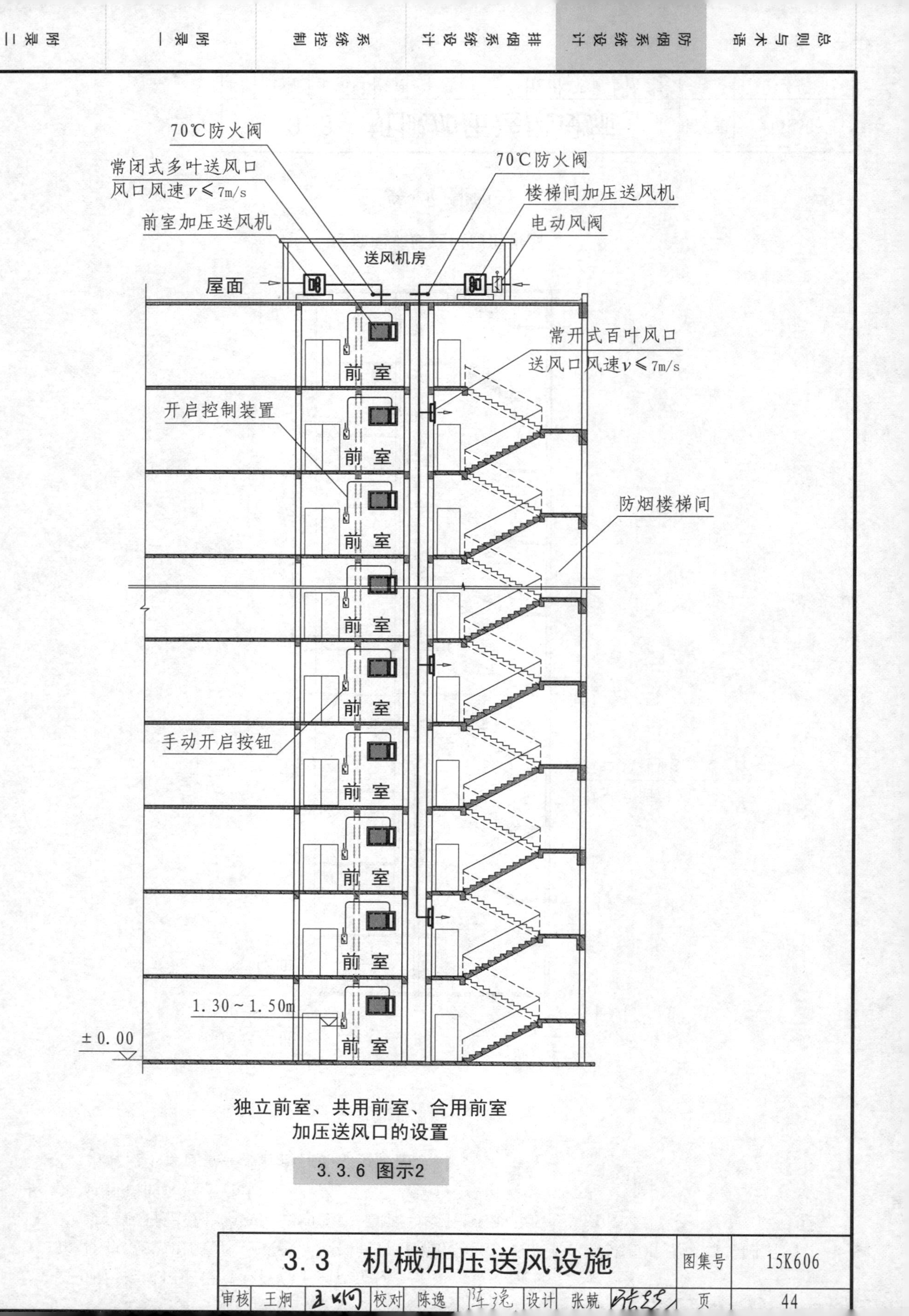

独立前室、共用前室、合用前室
加压送风口的设置

3.3.6 图示2

3.3　机械加压送风设施						图集号	15K606
审核	王炯	校对	陈逸	设计	张兢	页	44

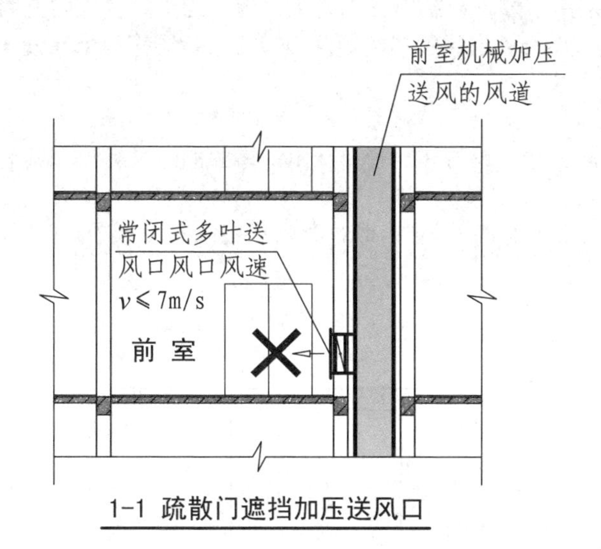

1-1 疏散门遮挡加压送风口

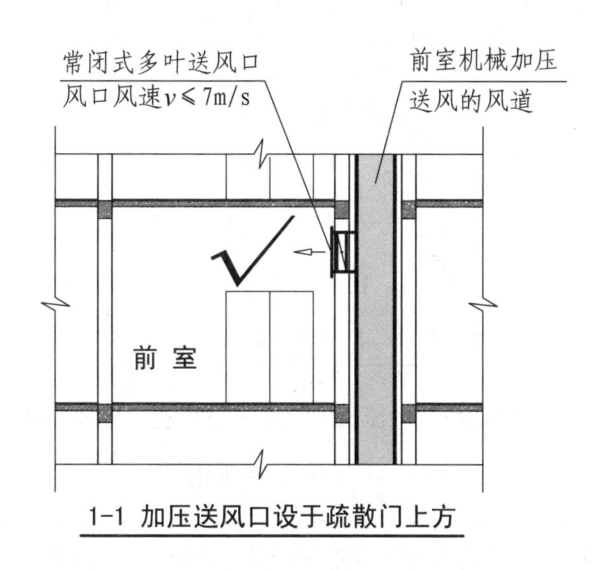

1-1 加压送风口设于疏散门上方

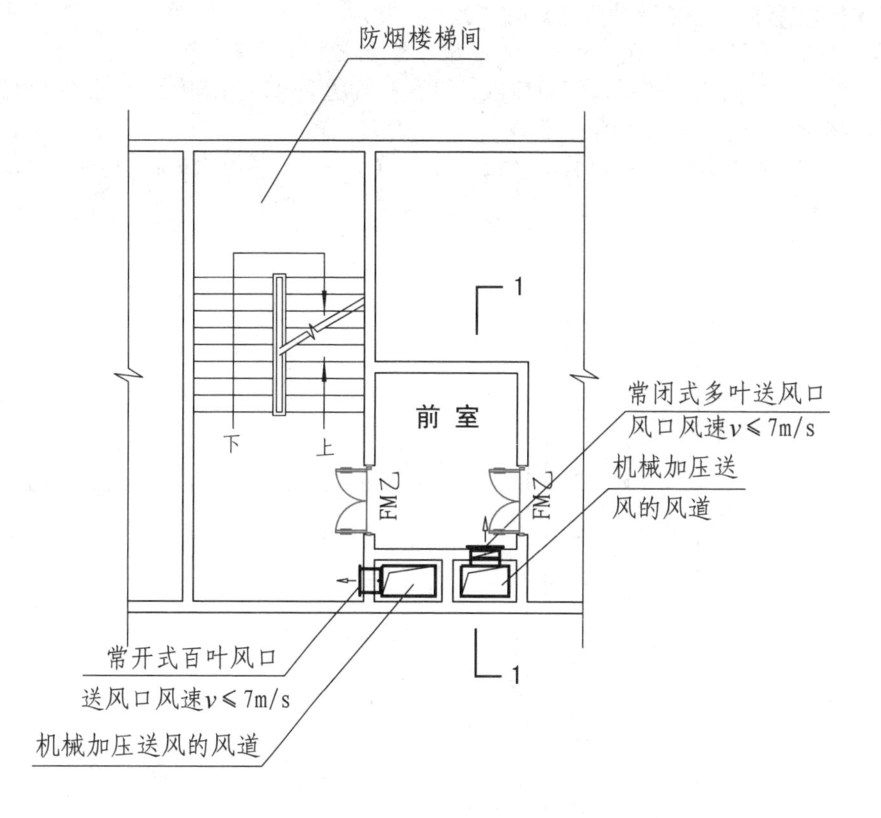

设置在前室入口处的加压送风口

3.3.6 图示3

3.3 机械加压送风设施						图集号	15K606
审核	王炯	校对	陈逸	设计	张兢	页	45

3.3.7 机械加压送风系统应采用管道送风，且不应采用土建风道。送风管道应采用不燃材料制作且内壁应光滑。当送风管道内壁为金属时，设计风速不应大于20m/s；当送风管道内壁为非金属时，设计风速不应大于15m/s；送风管道的厚度应符合现行国家标准《通风与空调工程施工质量验收规范》GB 50243的规定。

3.3.8 机械加压送风管道的设置和耐火极限应符合下列规定：

1 竖向设置的送风管道应独立设置在管道井内，当确有困难时，未设置在管道井内或与其他管道合用管道井的送风管道，其耐火极限不应低于1.00h【图示1】；

2 水平设置的送风管道，当设置在吊顶内时，其耐火极限不应低于0.50h；当未设置在吊顶内时，其耐火极限不应低于1.00h【图示2】。

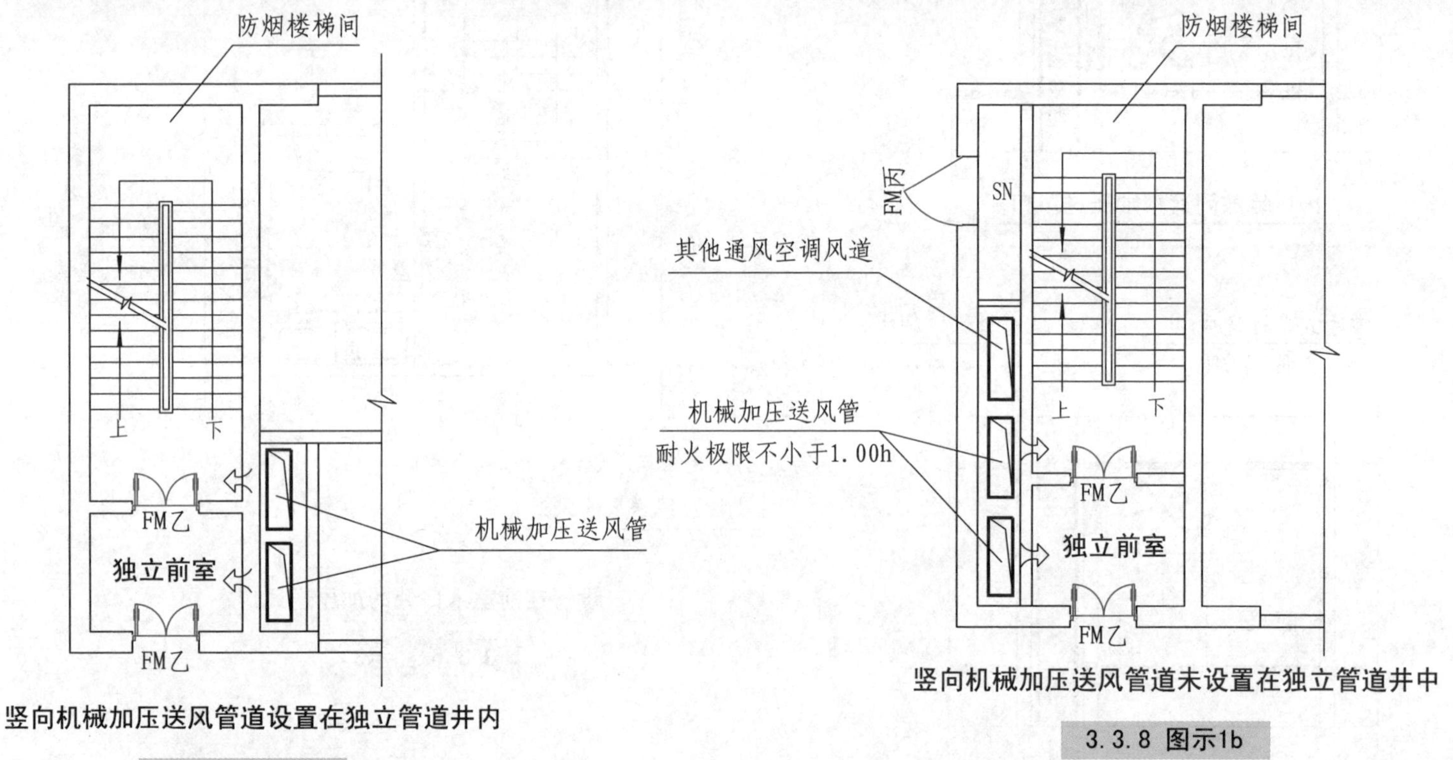

竖向机械加压送风管道设置在独立管道井内

3.3.8 图示1a

竖向机械加压送风管道未设置在独立管道井中

3.3.8 图示1b

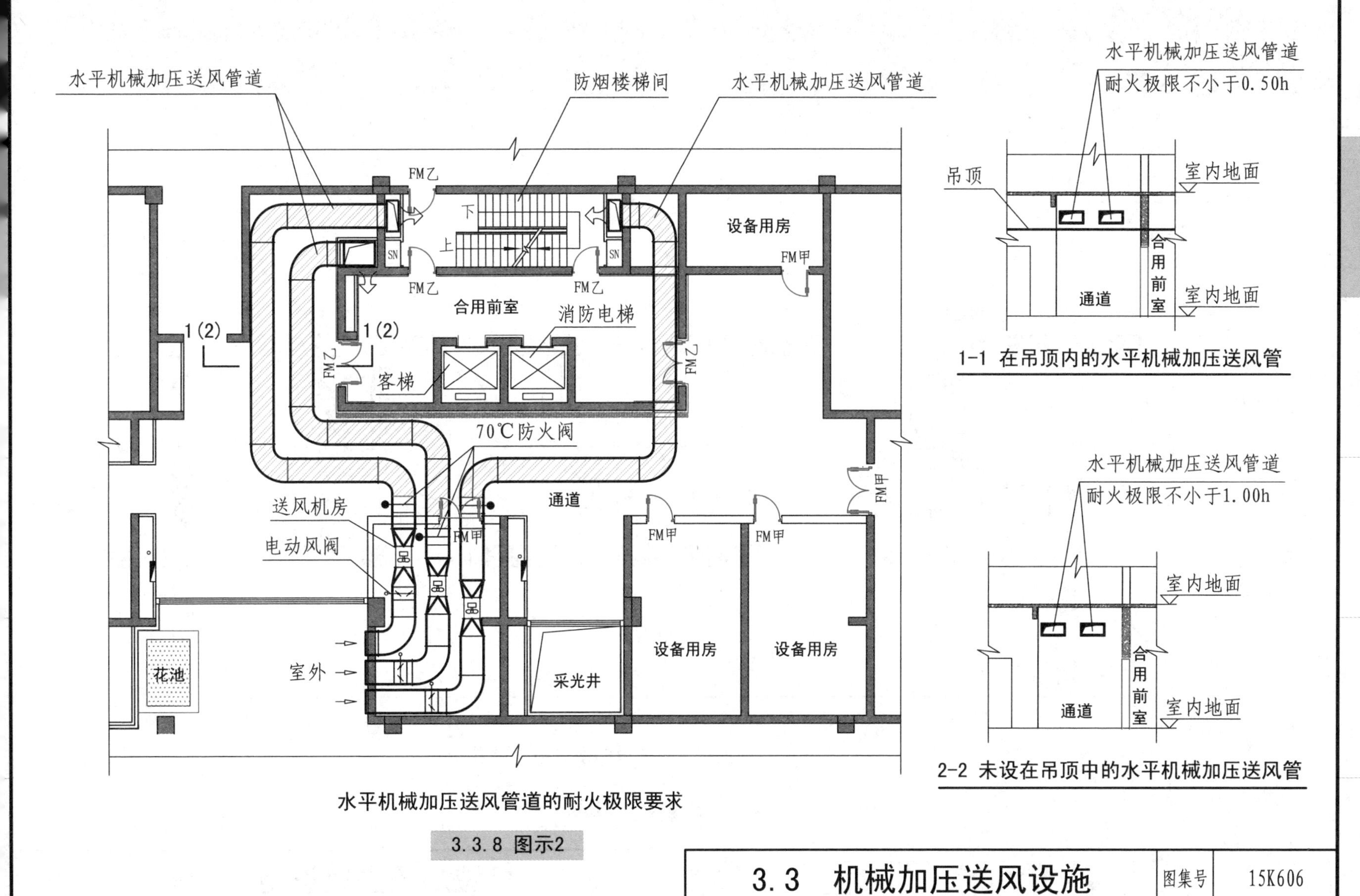

3.3.8 图示2

3.3 机械加压送风设施						图集号	15K606
审核	王炯	校对	陈逸	设计	张兢	页	47

3.3.9 机械加压送风系统的管道井应采用耐火极限不低于1.00h的隔墙与相邻部位分隔，当墙上必须设置检修门时应采用乙级防火门【图示】。

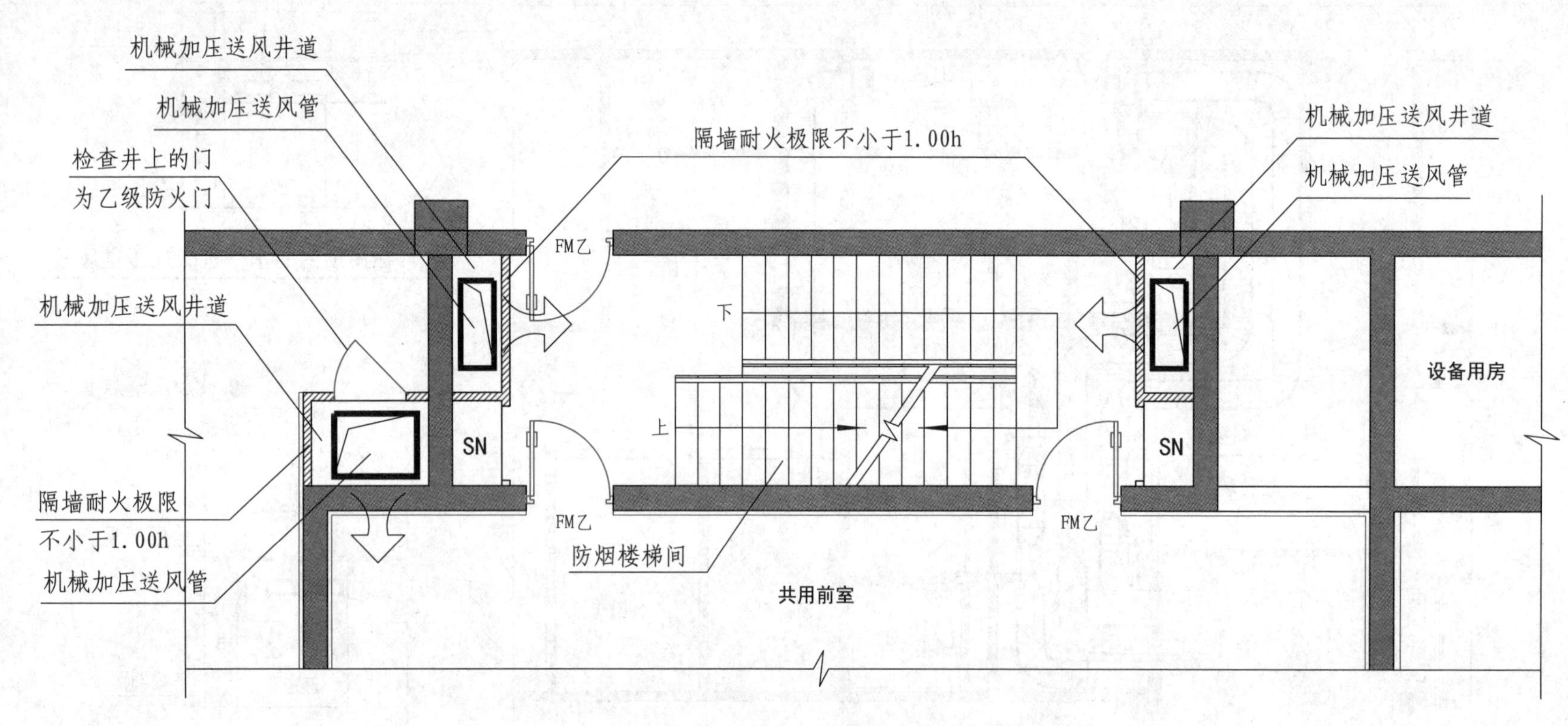

机械加压送风井道的耐火极限要求

3.3.9 图示

3.3.10 采用机械加压送风的场所不应设置百叶窗，且不宜设置可开启外窗【图示】。

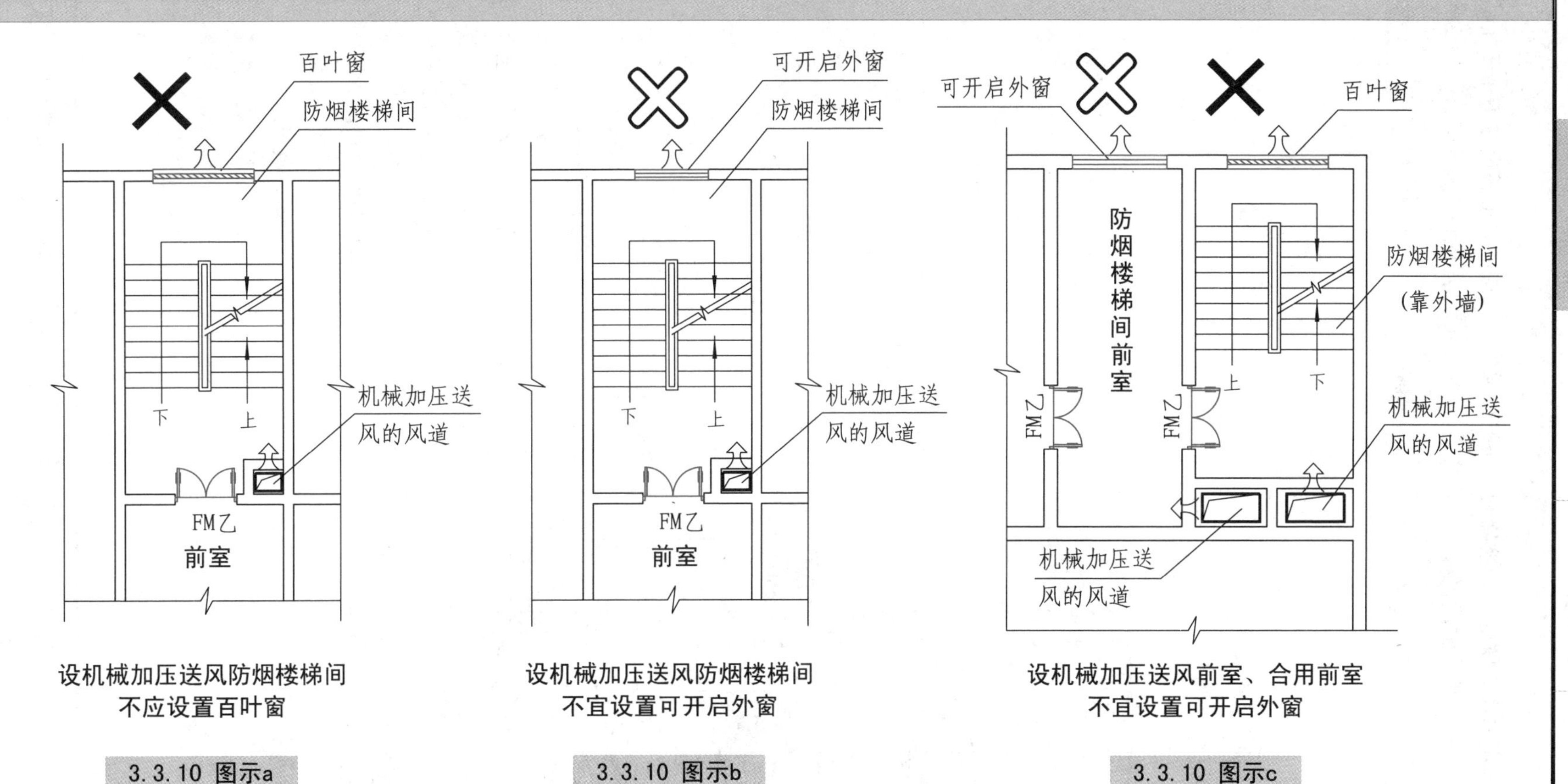

设机械加压送风防烟楼梯间
不应设置百叶窗

3.3.10 图示a

设机械加压送风防烟楼梯间
不宜设置可开启外窗

3.3.10 图示b

设机械加压送风前室、合用前室
不宜设置可开启外窗

3.3.10 图示c

〖注释〗

1. 设置机械加压送风的场所，往往会因为外窗的开启导致空气大量外泄，因此为保证机械加压送风的效果，不建议设置可开启外窗。
2. 图示符号：

   ×— 不应；　　⊠— 不宜。

3.3 机械加压送风设施						图集号	15K606
审核	王炯	校对	陈逸	设计	张兢	页	49

3.3.11 设置机械加压送风系统的封闭楼梯间、防烟楼梯间，尚应在其顶部设置不小于 1 m^2 的固定窗【图示1】。靠外墙的防烟楼梯间，尚应在其外墙上每5层内设置总面积不小于2m^2 的固定窗【图示2】。

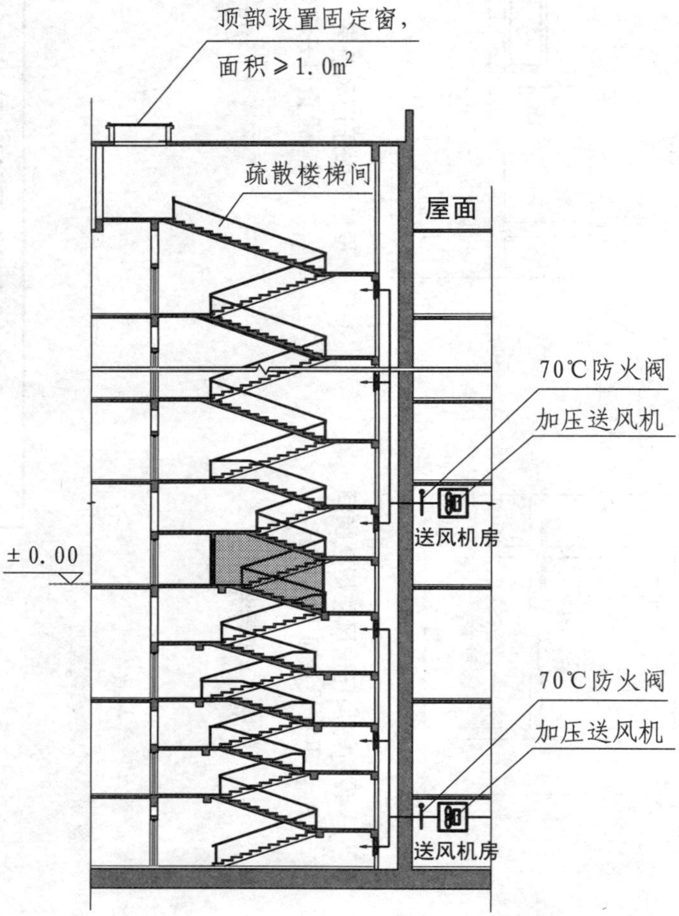

设置机械加压送风系统的疏散楼梯间顶部固定窗的设置要求

3.3.11 图示1

〖注释〗

1. 本条文为强制性条文，应严格执行。
2. 本条文的制定是为了保障救援人员的生命安全、不延误灭火救援战机，给救援提供一个较好的条件。
3. 楼梯间的顶部设置固定窗，是为了发生火灾时，救援人员可破拆固定窗，及时将建筑内的火灾烟气和热量排出。

3.3 机械加压送风设施							图集号	15K606
审核	王炯	王炯	校对	陈逸	陈逸	设计	张兢	张兢	页	50

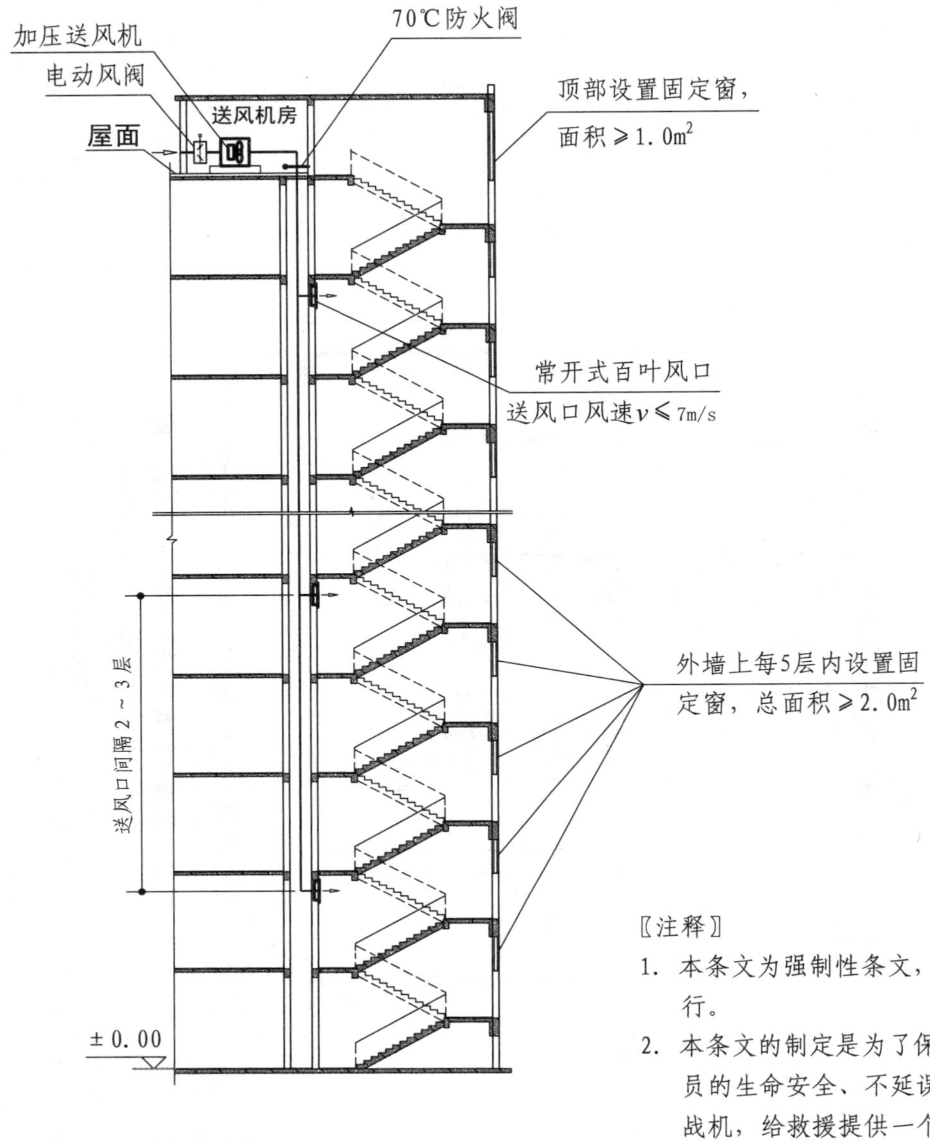

3.3 机械加压送风设施

设置机械加压送风系统的防烟楼梯间，外墙上设置固定窗的规定

3.3.11 图示2

〖注释〗

1. 本条文为强制性条文，应严格执行。
2. 本条文的制定是为了保障救援人员的生命安全、不延误灭火救援战机，给救援提供一个较好的条件。
3. 楼梯间设置固定窗，是为了发生火灾时，救援人员可破拆固定窗，及时将建筑内的火灾烟气和热量排出。

3.3 机械加压送风设施							图集号	15K606
审核	王炯	王炯	校对	陈逸	陈逸	设计	张兢	张兢	页	51

3.3.12　设置机械加压送风系统的避难层（间），尚应在外墙设置可开启外窗，其有效面积不应小于该避难层(间)地面面积的1%【图示】。有效面积的计算应符合本标准第4.3.5条的规定。

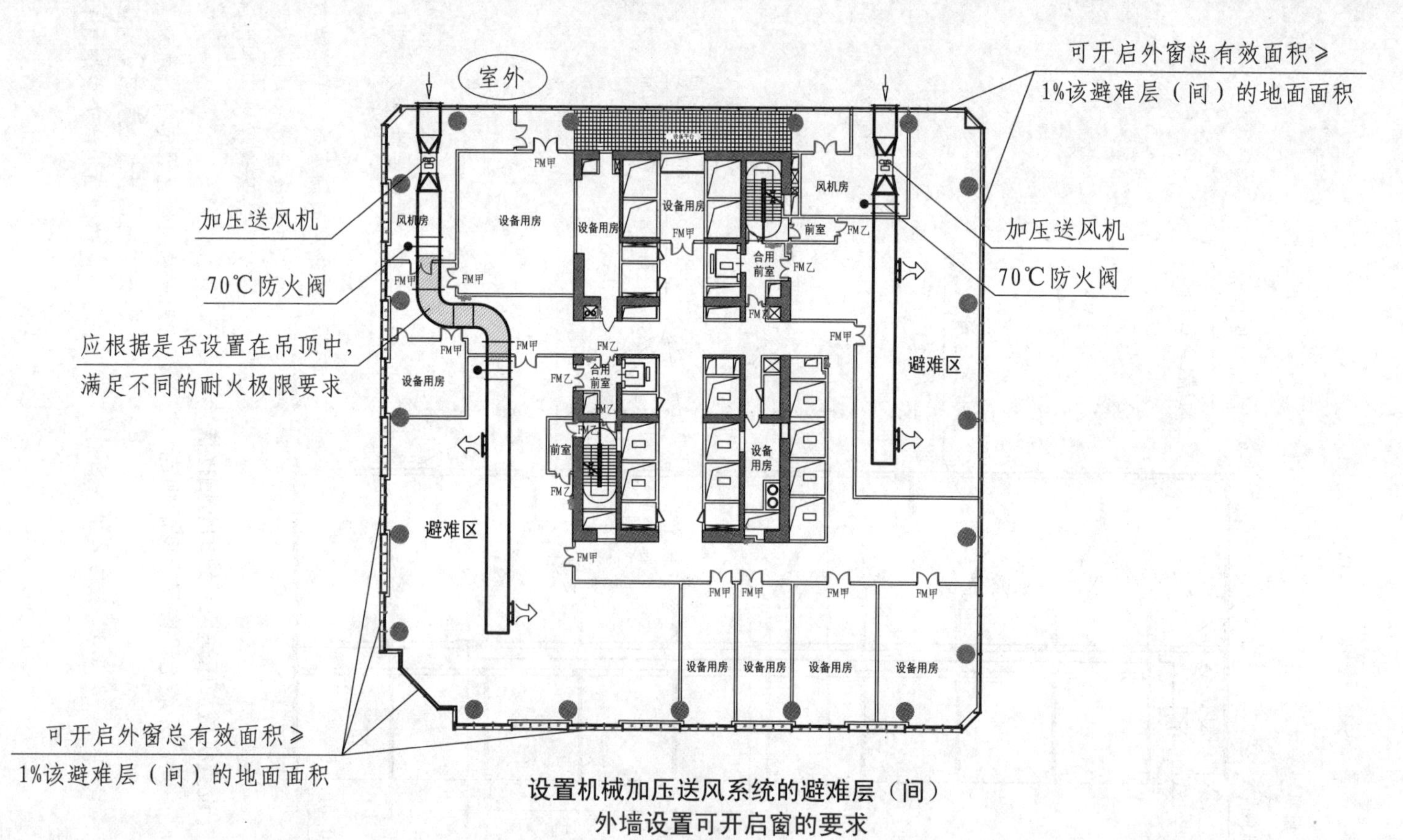

设置机械加压送风系统的避难层（间）
外墙设置可开启窗的要求

3.3.12 图示

〖注释〗

发生火灾时，避难层(间)内聚集着暂时避难、等待救援的楼内人员，其中包含行动不便者。设置可开启外窗主要是保证避难人员的新风需求，同时保持避难层(间)的空气对流。

3.4 机械加压送风系统风量计算

3.4.1 机械加压送风系统的设计风量不应小于计算风量的1.2倍。

3.4.2 防烟楼梯间、独立前室、共用前室、合用前室和消防电梯前室的机械加压送风的计算风量应由本标准第3.4.5条～第3.4.8条的规定计算确定。当系统负担建筑高度大于24m时，防烟楼梯间、独立前室、合用前室和消防电梯前室应按计算值与表3.4.2-1～表3.4.2-4的值中的较大值确定。

表3.4.2-1 消防电梯前室加压送风的计算风量

系统负担高度h（m）	加压送风量（m^3/h）
$24<h\leq50$	35400～36900
$50<h\leq100$	37100～40200

表3.4.2-2 楼梯间自然通风，独立前室、合用前室加压送风的计算风量

系统负担高度h（m）	加压送风量（m^3/h）
$24<h\leq50$	42400～44700
$50<h\leq100$	45000～48600

表3.4.2-3 前室不送风，封闭楼梯间、防烟楼梯间加压送风的计算风量

系统负担高度h（m）	加压送风量（m^3/h）
$24<h\leq50$	36100～39200
$50<h\leq100$	39600～45800

表3.4.2-4 防烟楼梯间及独立前室、合用前室分别加压送风的计算风量

系统负担高度h（m）	送风部位	加压送风量（m^3/h）
$24<h\leq50$	楼梯间	25300～27500
	独立前室、合用前室	24800～25800
$50<h\leq100$	楼梯间	27800～32200
	独立前室、合用前室	26000～28100

注：1. 表3.4.2-1～表3.4.2-4的风量按开启1个2.0m×1.6m的双扇门确定。当采用单扇门时，其风量可乘以系数0.75计算。
2. 表中风量按开启着火层及其上下层，共开启三层的风量计算。
3. 表中风量的选取应按建筑高度或层数、风道材料、防火门漏风量等因素综合确定。

第3.4.2条〖注释〗

表3.4.2-1～表3.4.2-4中的风量是根据常见建设项目各个疏散门的设置条件确定的。对于剪刀楼梯间和共用前室的情况，应采用计算方法进行。

3.4.3 封闭避难层（间）、避难走道的机械加压送风量应按避难层（间）、避难走道的净面积每平方米不少于30m³/h计算。避难走道前室的送风量应按直接开向前室的疏散门的总断面积乘以1.0m/s门洞断面风速计算【图示】。

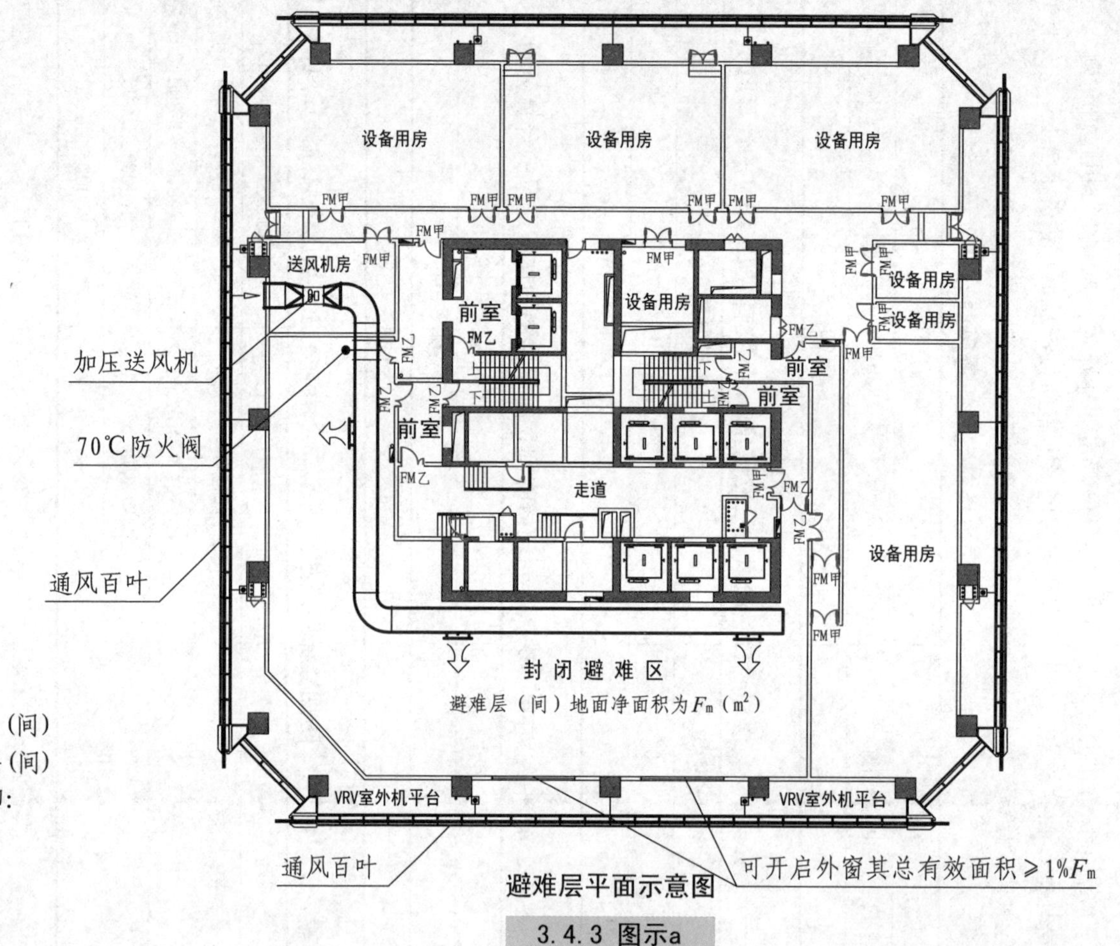

避难层平面示意图

3.4.3 图示a

〖注释〗

以本图为例，封闭避难层（间）的机械加压送风量L应按避难层（间）的净面积30m³/(m²·h)计算，即：

$$L=F_m\times 30 \quad (m^3/h)$$

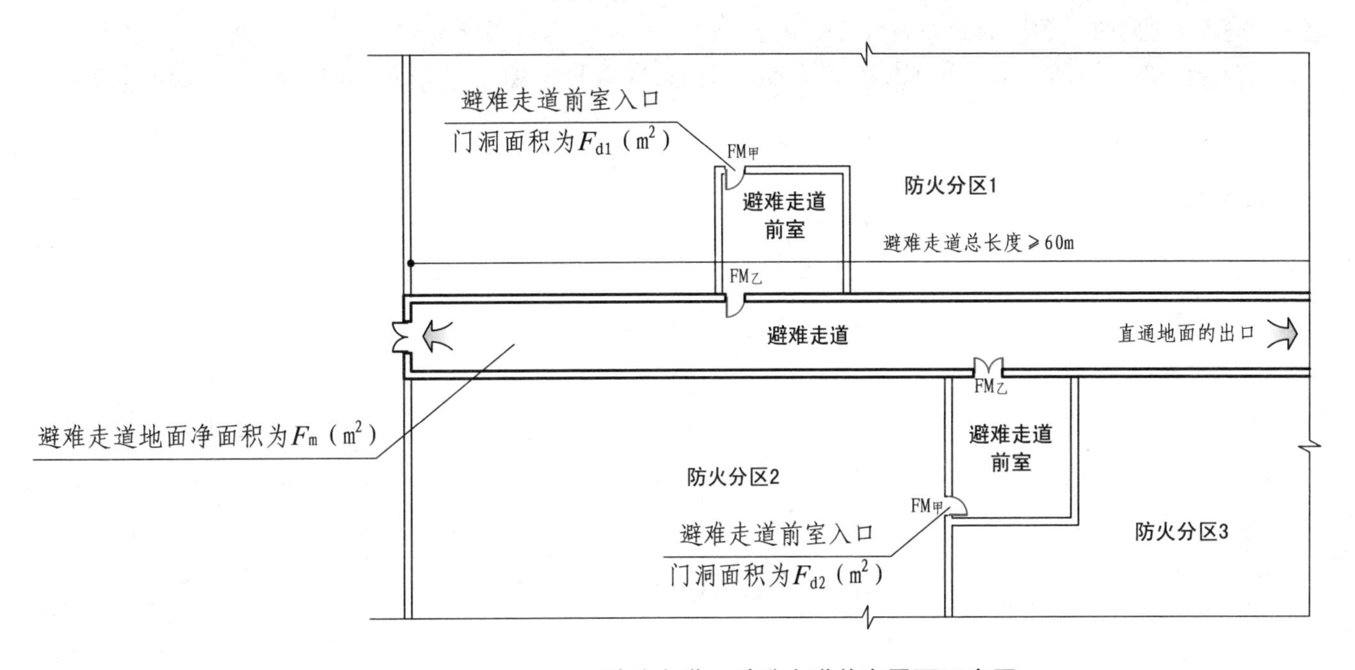

避难走道、避难走道前室平面示意图

3.4.3 图示b

〖注释〗

1. 以上图为例，避难走道的机械加压送风量按避难层（间）的净面积30m³/(m²·h)计算，即：

$$L = F_m \times 30 \quad (m^3/h)$$

2. 避难走道前室的机械加压送风量按直接开向避难走道前室的门洞风速取1.0m/s计算，即：

$$L_1 = F_{d1} \times 1.0 \quad (m^3/h)$$

$$L_2 = F_{d2} \times 1.0 \quad (m^3/h)$$

3.4.4 机械加压送风量应满足走廊至前室至楼梯间的压力呈递增分布，余压值应符合下列规定：

1 前室、封闭避难层（间）与走道之间的压差应为25Pa～30Pa【图示1】；

2 楼梯间与走道之间的压差应为40Pa～50Pa【图示1】。

3 当系统余压值超过最大允许压力差时应采取泄压措施【图示2】。最大允许压力差应由本标准第3.4.9条计算确定。

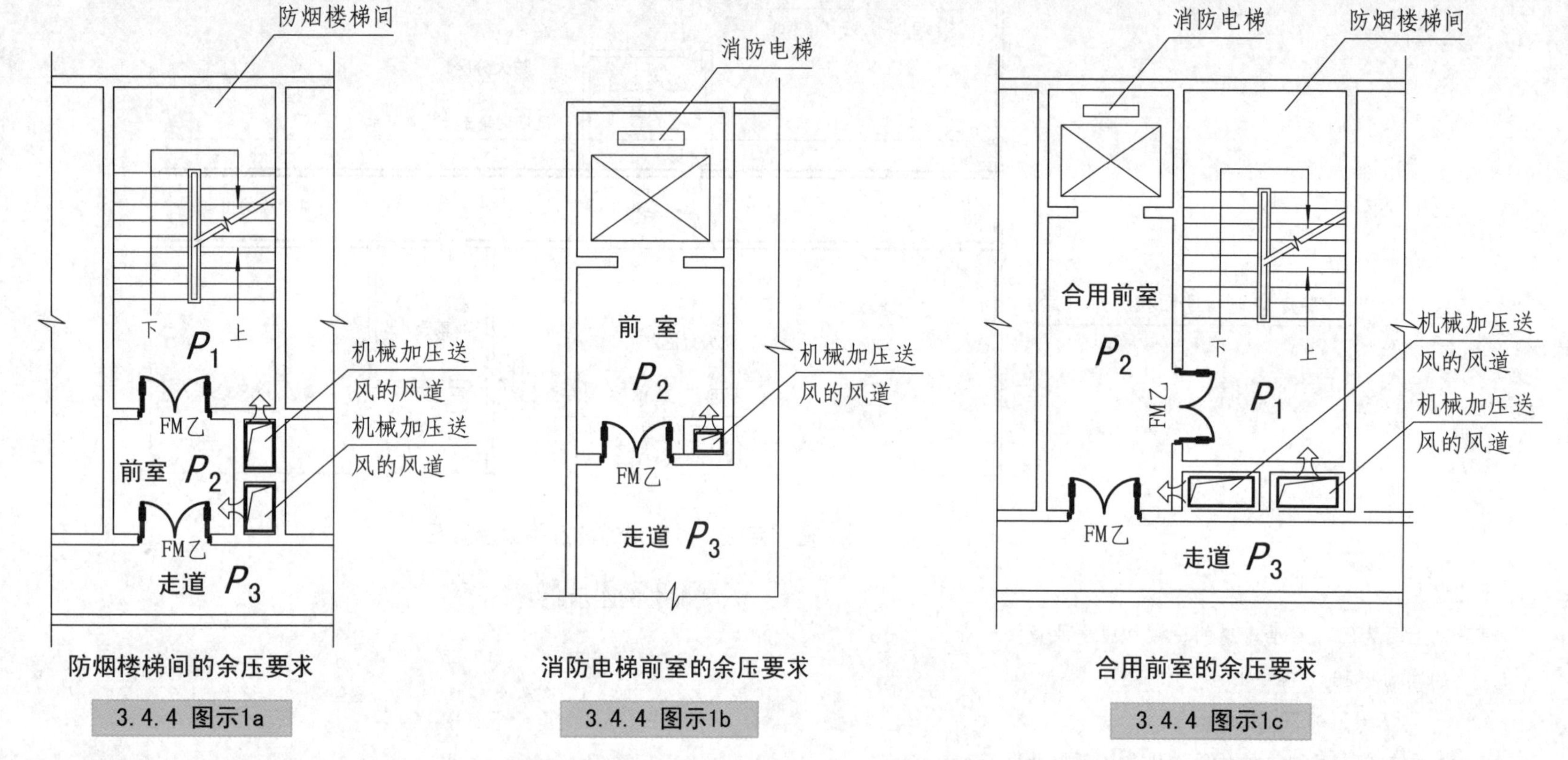

防烟楼梯间的余压要求

3.4.4 图示1a

消防电梯前室的余压要求

3.4.4 图示1b

合用前室的余压要求

3.4.4 图示1c

〖注释〗

1. 机械加压送风应满足走道P_3＜前室P_2＜楼梯间P_1的压力递增分布。

2. 各部位余压要求如下：

前室、合用前室、消防电梯前室：$\Delta P = P_2 - P_3 = 25\text{Pa} \sim 30\text{Pa}$

防烟楼梯间、封闭楼梯间：$\Delta P = P_1 - P_3 = 40\text{Pa} \sim 50\text{Pa}$

3.4 机械加压送风系统风量计算							图集号	15K606
审核	王炯	王炯	校对	陈逸	陈逸	设计	张兢 张兢	页	56

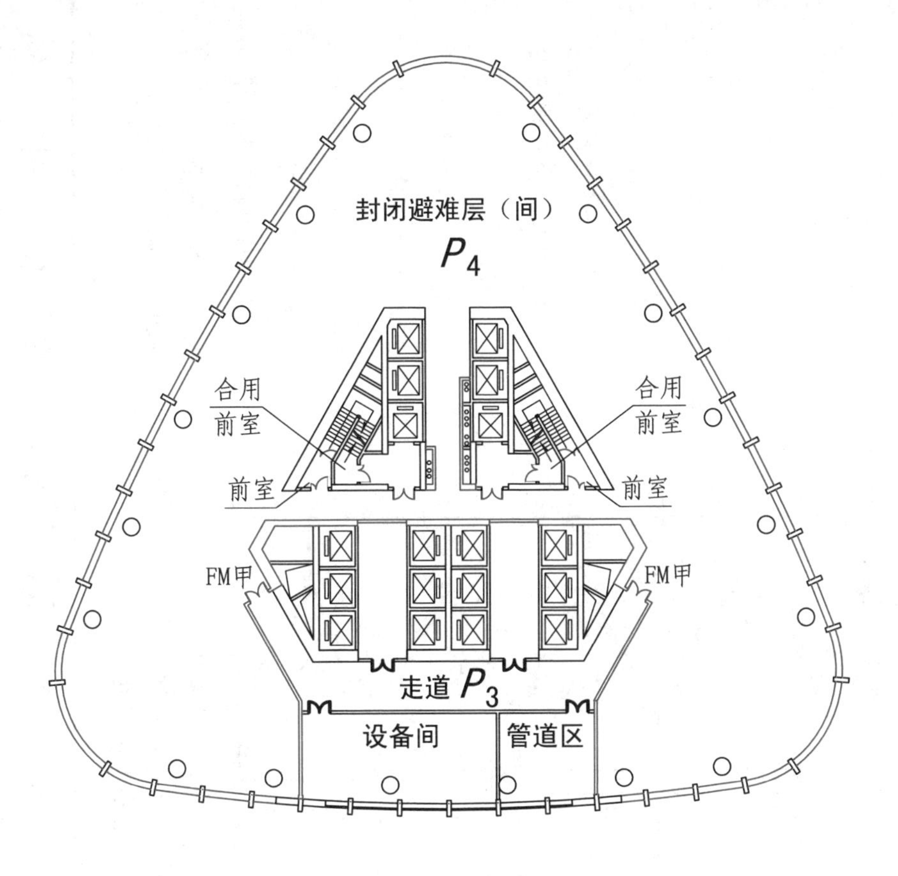

封闭避难层（间）的余压要求

3.4.4 图示1d

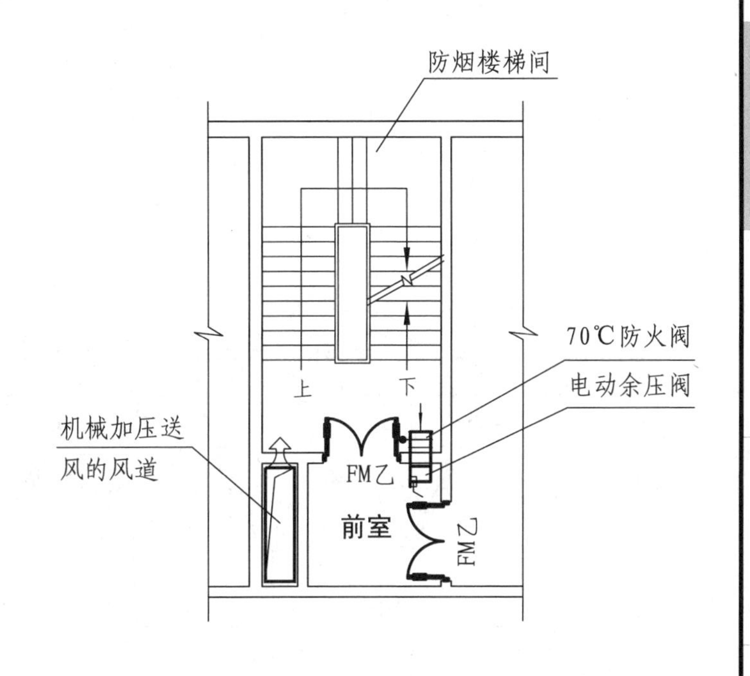

采用电动余压阀控制防烟楼梯间正压值

3.4.4 图示2a

〖注释〗

1. 封闭避难层(间)的机械加压送风余压值应满足：

$$\Delta P = P_4 - P_3 = 25\text{Pa} \sim 30\text{Pa}$$

2. 即使避难层（间）具有一面可开启外窗，也应设机械加压送风系统。

3.4 机械加压送风系统风量计算						图集号	15K606
审核	王炯	校对	陈逸	设计	张兢	页	57

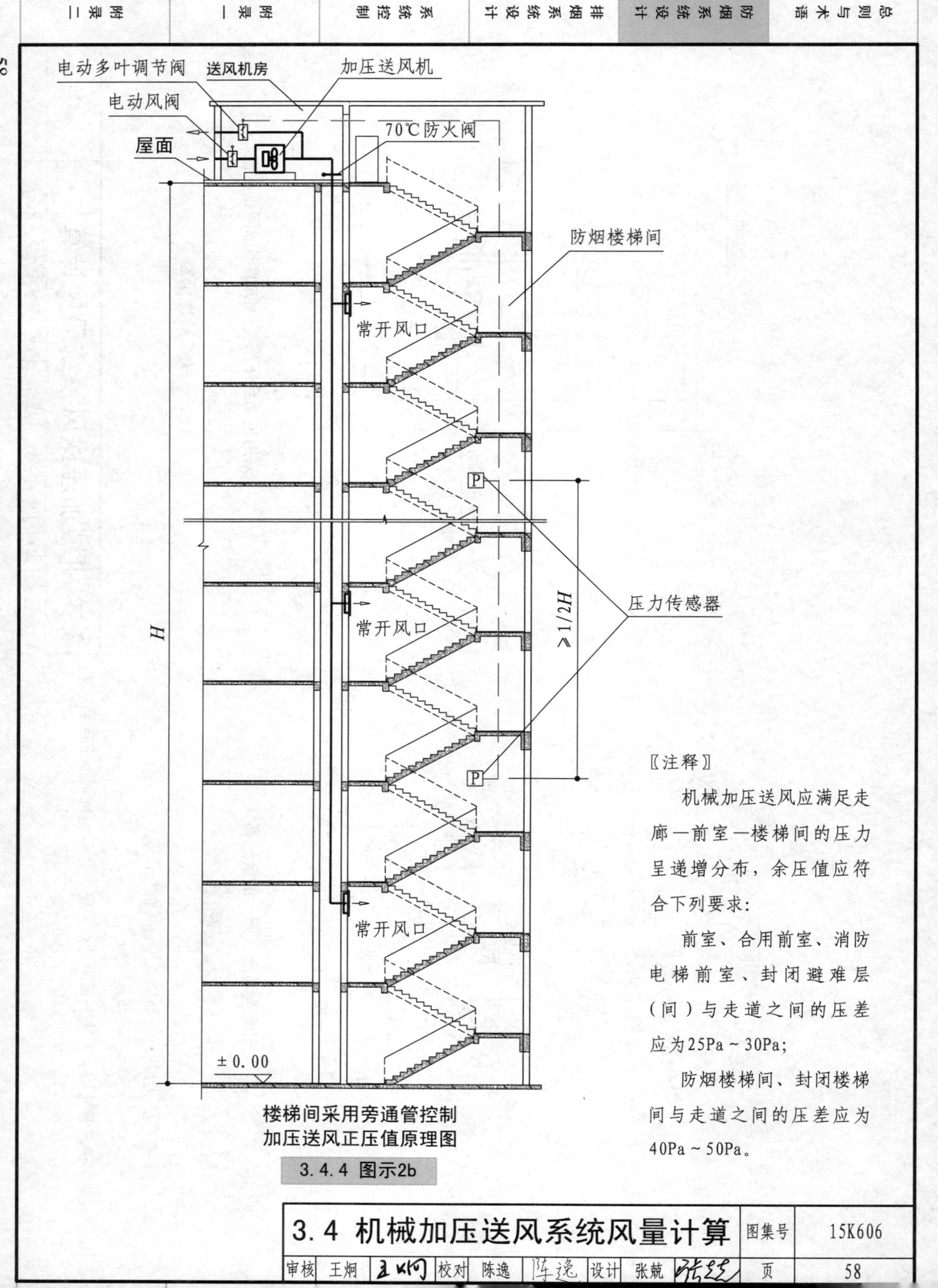

楼梯间采用旁通管控制
加压送风正压值原理图

3.4.4 图示2b

〖注释〗

机械加压送风应满足走廊—前室—楼梯间的压力呈递增分布，余压值应符合下列要求：

前室、合用前室、消防电梯前室、封闭避难层（间）与走道之间的压差应为25Pa～30Pa；

防烟楼梯间、封闭楼梯间与走道之间的压差应为40Pa～50Pa。

3.4 机械加压送风系统风量计算						图集号	15K606
审核	王炯	校对	陈逸	设计	张兢	页	58

〖注释〗

1. 设计要点

1.1 前室应每层设一个常闭式加压送风口，火灾时由消防控制中心联动开启着火层及其上下两层的加压送风口。

1.2 前室、合用前室、消防电梯前室与走道之间的压差应为25Pa～30Pa。

前室采用旁通管控制
加压送风正压值原理图

3.4.4 图示2c

3.4 机械加压送风系统风量计算

3.4 机械加压送风系统风量计算						图集号	15K606
审核	王炯 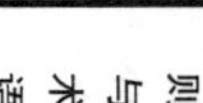	校对	陈逸	设计	张兢 	页	59

3.4.5　楼梯间或前室的机械加压送风量应按下列公式计算：

$$L_j=L_1+L_2 \quad (3.4.5\text{-}1)$$

$$L_s=L_1+L_3 \quad (3.4.5\text{-}2)$$

式中：L_j——楼梯间的机械加压送风量；

L_s——前室的机械加压送风量；

L_1——门开启时，达到规定风速值所需的送风量（m^3/s）；

L_2——门开启时，规定风速值下，其他门缝漏风总量（m^3/s）；

L_3——未开启的常闭送风阀的漏风总量（m^3/s）。

3.4.6　门开启时，达到规定风速值所需的送风量应按下式计算：

$$L_1=A_k v N_1 \quad (3.4.6)$$

式中：A_k——一层内开启门的截面面积（m^2），对于住宅楼梯前室，可按一个门的面积取值；

v——门洞断面风速（m/s）；当楼梯间和独立前室、共用前室、合用前室均机械加压送风时，通向楼梯间和独立前室、共用前室、合用前室疏散门的门洞断面风速均不应小于0.7m/s；当楼梯间机械加压送风、只有一个开启门的独立前室不送风时，通向楼梯间疏散门的门洞断面风速不应小于1.0m/s；当消防电梯前室机械加压送风时，通向消防电梯前室门的门洞断面风速不应小于1.0m/s；当独立前室、共用前室或合用前室机械加压送风而楼梯间采用可开启外窗的自然通风系统时，通向独立前室、共用前室或合用前室疏散门的门洞风速不应小于$0.6(A_l/A_g+1)$（m/s）；A_l为楼梯间疏散门的总面积（m^2）；A_g为前室疏散门的总面积（m^2）；

N_1——设计疏散门开启的楼层数量；楼梯间：采用常开风口，当地上楼梯间为24m以下时，设计2层内的疏散门开启，取$N_1=2$；当地上楼梯间为24m及以上时，设计3层内的疏散门开启，取$N_1=3$；当为地下楼梯间时，设计1层内的疏散门开启，取$N_1=1$。前室：采用常闭风口，计算风量时取$N_1=3$。

3.4.7　门开启时，规定风速值下的其他门漏风总量应按下式计算：

$$L_2=0.827\times A\times \Delta P^{\frac{1}{n}}\times 1.25\times N_2 \quad (3.4.7)$$

式中：A——每个疏散门的有效漏风面积（m^2）；疏散门的门缝宽度取0.002m～0.004m；

ΔP——计算漏风量的平均压力差（Pa）；当开启门洞处风速为0.7m/s时，取$\Delta P=6.0$Pa；当开启门洞处风速为1.0m/s时，取$\Delta P=12.0$Pa；当开启门洞处风

3.4 机械加压送风系统风量计算						图集号	15K606
审核	王炯	校对	陈逸	设计	张兢	页	60

速为1.2m/s时，取$\Delta P=17.0$Pa。

n —— 指数（一般取$n=2$）；

1.25 —— 不严密处附加系数；

N_2 —— 漏风疏散门的数量，楼梯间采用常开风口，取N_2 = 加压楼梯间的总门数 - N_1楼层数上的总门数。

3.4.8 未开启的常闭送风阀的漏风总量应按下式计算：

$$L_3=0.083\times A_f N_3 \quad (3.4.8)$$

式中：0.083 —— 阀门单位面积的漏风量［$m^3/(s\cdot m^2)$］；

A_f —— 单个送风阀门的面积（m^2）；

N_3 —— 漏风阀门的数量：前室采用常闭风口取N_3=楼层数-3。

3.4.9 疏散门的最大允许压力差应按下列公式计算：

$$P=2(F'-F_{dc})(W_m-d_m)/(W_m\times A_m) \quad (3.4.9\text{-}1)$$

$$F_{dc}=M/(W_m-d_m) \quad (3.4.9\text{-}2)$$

式中：P —— 疏散门的最大允许压力差（Pa）；

F' —— 门的总推力（N），一般取110N；

F_{dc} —— 门把手处克服闭门器所需的力（N）；

W_m —— 单扇门的宽度（m）；

A_m —— 门的面积（m^2）；

d_m —— 门的把手到门闩的距离（m）；

M —— 闭门器的开启力矩（N·m）。

4 排烟系统设计

4.1 一般规定

4.1.1 建筑排烟系统的设计应根据建筑的使用性质、平面布局等因素，优先采用自然排烟系统。

4.1.2 同一个防烟分区应采用同一种排烟方式【图示】。

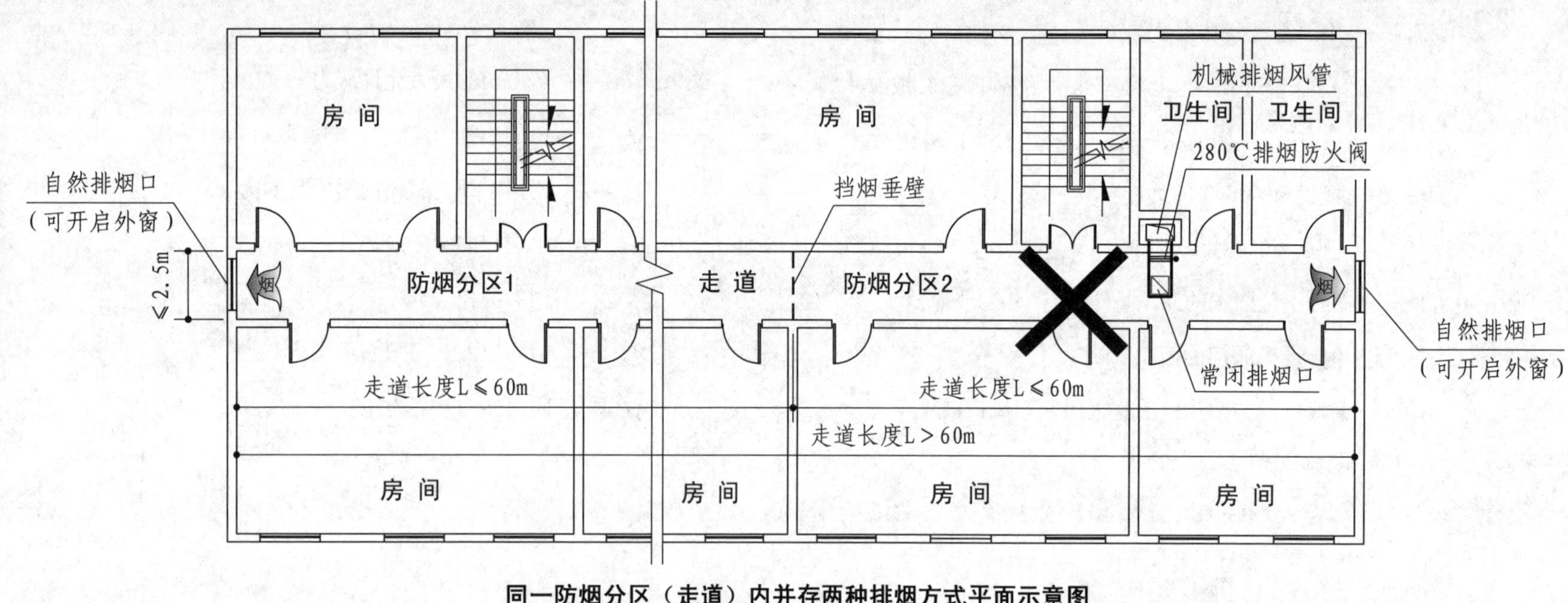

同一防烟分区（走道）内并存两种排烟方式平面示意图

4.1.2 图示

第4.1.2条〖注释〗

本条文强调在同一个防烟分区内不应同时采用自然排烟方式和机械排烟方式，主要是考虑到两种方式相互之间对气流的干扰，影响排烟效果。尤其是在机械排烟动作后，自然排烟口还可能会变成进风口，使其失去排烟作用。防烟分区2中自然排烟方式和机械排烟方式并存，因而是错误的。

4.1.3 建筑的中庭、与中庭相连通的回廊及周围场所的排烟系统的设计应符合下列规定：

1 中庭应设置排烟设施【图示1】；

2 周围场所应按现行国家标准《建筑设计防火规范》GB 50016中的规定设置排烟设施【图示2】；

3 回廊排烟设施的设置应符合下列规定：

1）当周围场所各房间均设置排烟设施时，回廊可不设【图示3】，但商店建筑的回廊应设置排烟设施；

2）当周围场所任一房间未设置排烟设施时，回廊应设置排烟设施【图示4】；

4 当中庭与周围场所未采用防火隔墙、防火玻璃隔墙、防火卷帘时，中庭与周围场所之间应设置挡烟垂壁；

5 中庭及其周围场所和回廊的排烟设计计算应符合本标准第4.6.5条的规定；

6 中庭及其周围场所和回廊应根据建筑构造及本标准第4.6节规定，选择设置自然排烟系统或机械排烟系统。

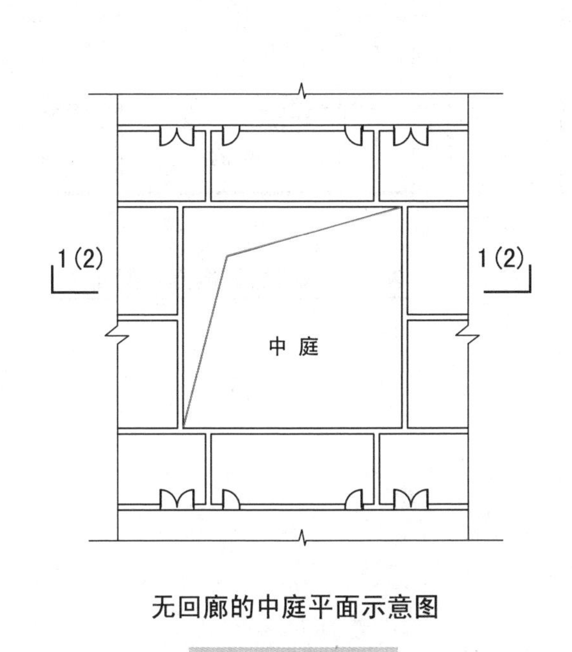

无回廊的中庭平面示意图

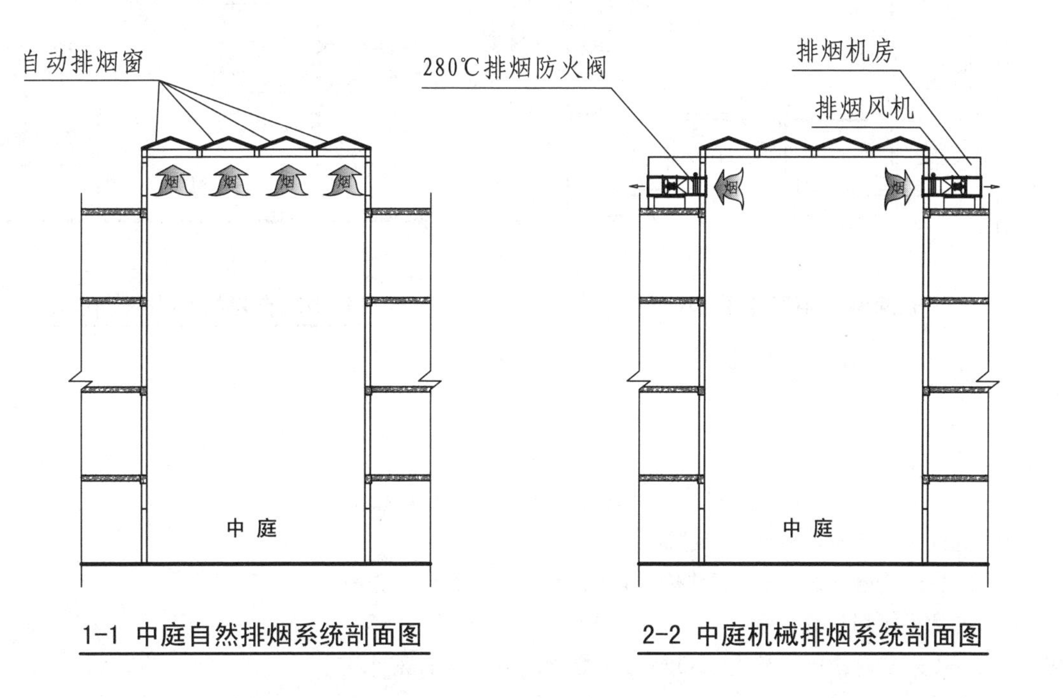

1-1 中庭自然排烟系统剖面图

2-2 中庭机械排烟系统剖面图

4.1.3 图示1

4.1 一般规定								图集号	15K606
审核	寿炜炜	[签名]	校对	束庆	[签名]	设计	彭琼	页	63

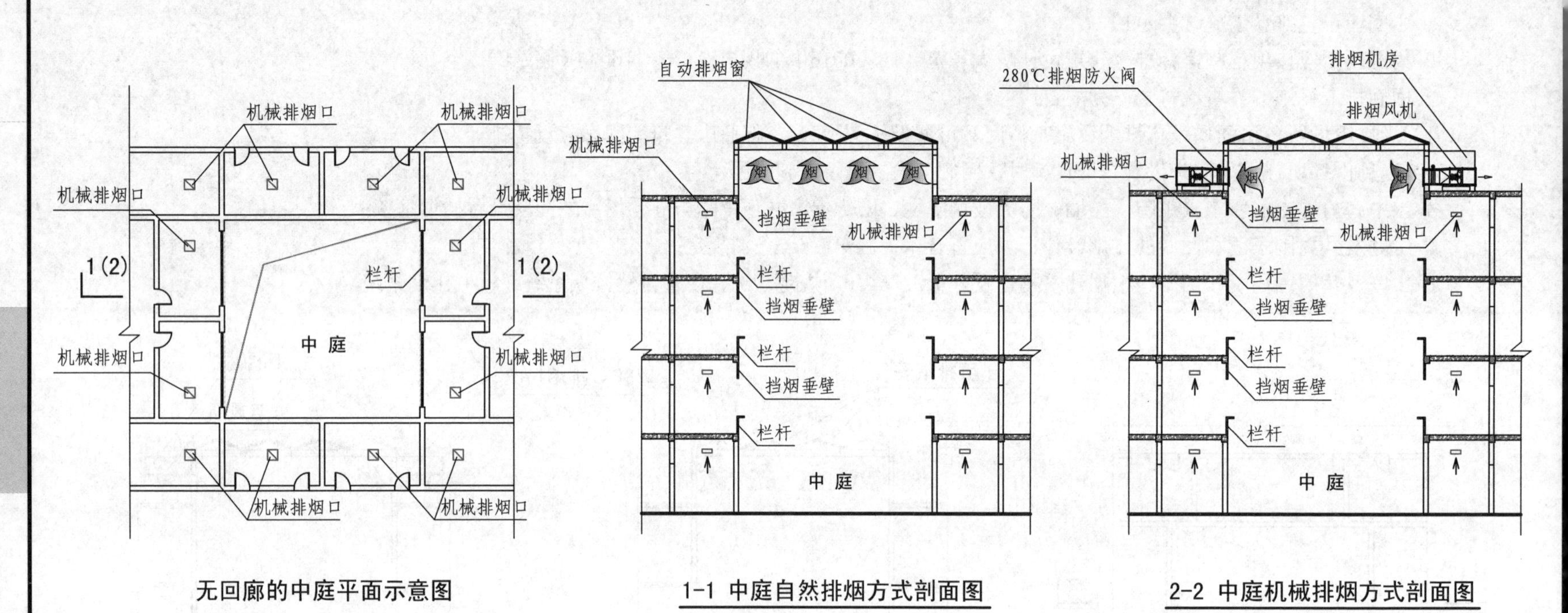

无回廊的中庭平面示意图

1-1 中庭自然排烟方式剖面图

2-2 中庭机械排烟方式剖面图

4.1.3 图示2

〖注释〗

1. 对于无回廊的中庭，与中庭相连的使用房间空间应优先采用机械排烟方式，强化排烟措施。
2. 公共建筑内建筑面积大于100m²且经常有人停留的地上房间，应设置排烟设施。
3. 公共建筑内建筑面积大于300m²且可燃物较多的地上房间，应设置排烟设施。

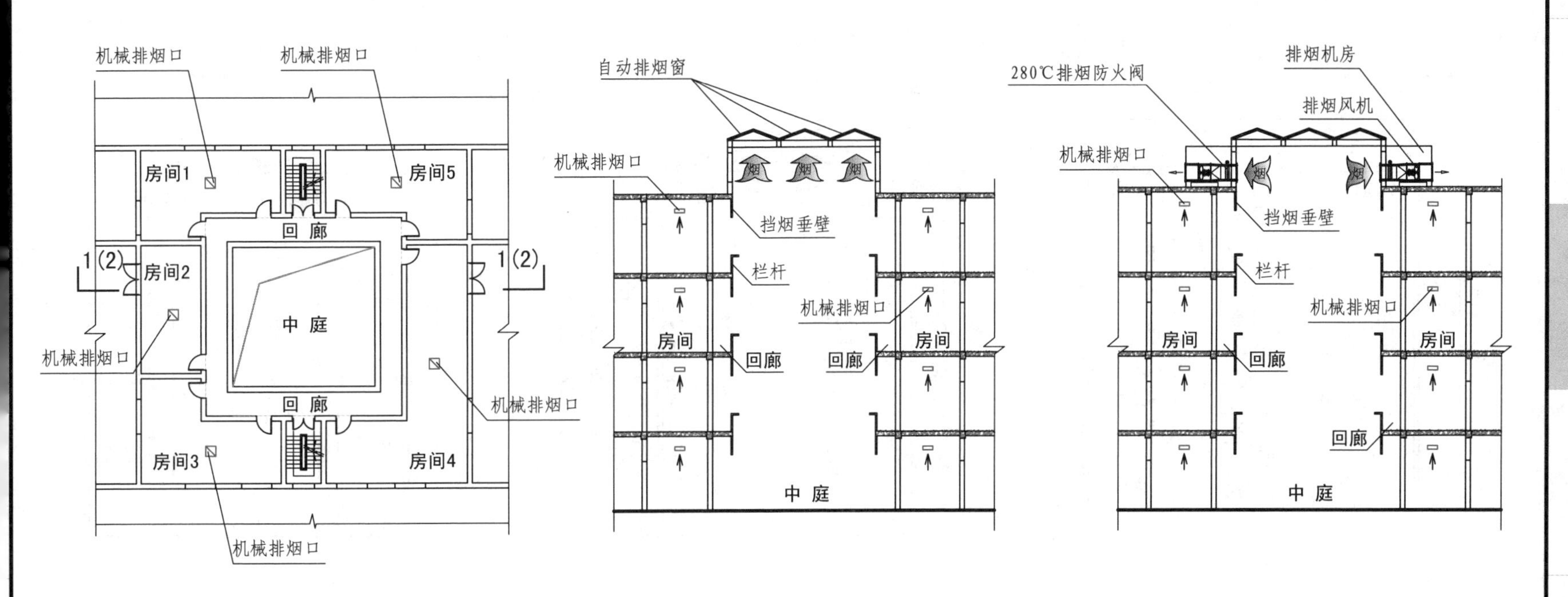

有回廊的中庭平面示意图

1-1 中庭自然排烟方式剖面图

2-2 中庭机械排烟方式剖面图

4.1.3 图示3

〖注释〗

对于商业建筑中有回廊的中庭，即使周围场所各房间均设置排烟设施，回廊也应设置排烟设施。

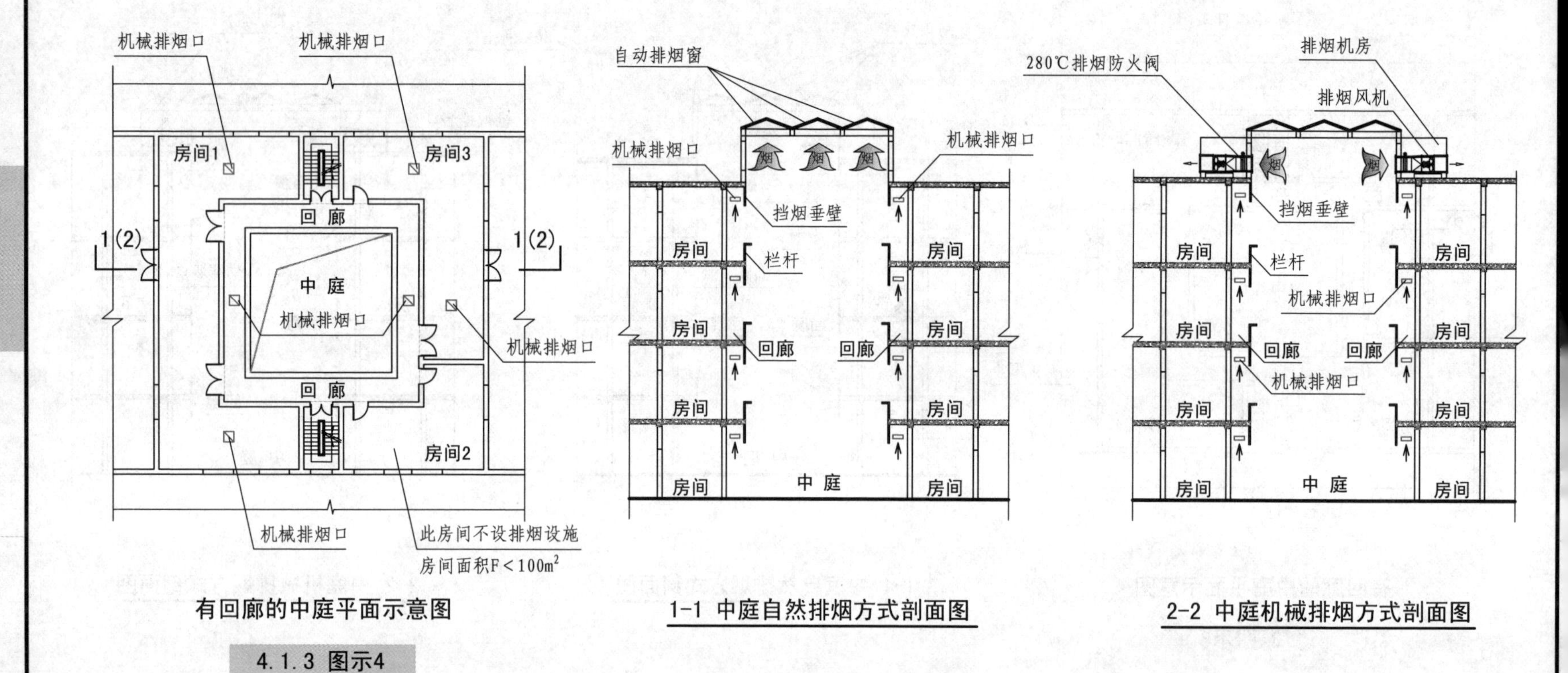

有回廊的中庭平面示意图

1-1 中庭自然排烟方式剖面图

2-2 中庭机械排烟方式剖面图

4.1.3 图示4

4.1 一般规定									图集号	15K606
审核	寿炜炜	寿炜炜	校对	束庆	束庆	设计	彭琼	彭琼	页	66

4.1.4 下列地上建筑或部位，当设置机械排烟系统时，尚应按本标准第4.4.14条～第4.4.16条的要求在外墙或屋顶设置固定窗：

1 任一层建筑面积大于2500m²的丙类厂房（仓库）【图示1】；

2 任一层建筑面积大于3000m²的商店建筑、展览建筑及类似功能的公共建筑【图示2】；

3 总建筑面积大于1000m²的歌舞、娱乐、放映、游艺场所【图示3】；

4 商店建筑、展览建筑及类似功能的公共建筑中长度大于60m的走道【图示4】；

5 靠外墙或贯通至建筑屋顶的中庭【图示5】。

注：当符合本标准第4.4.17条规定的场所时，可采用可熔性采光带（窗）替代作固定窗。

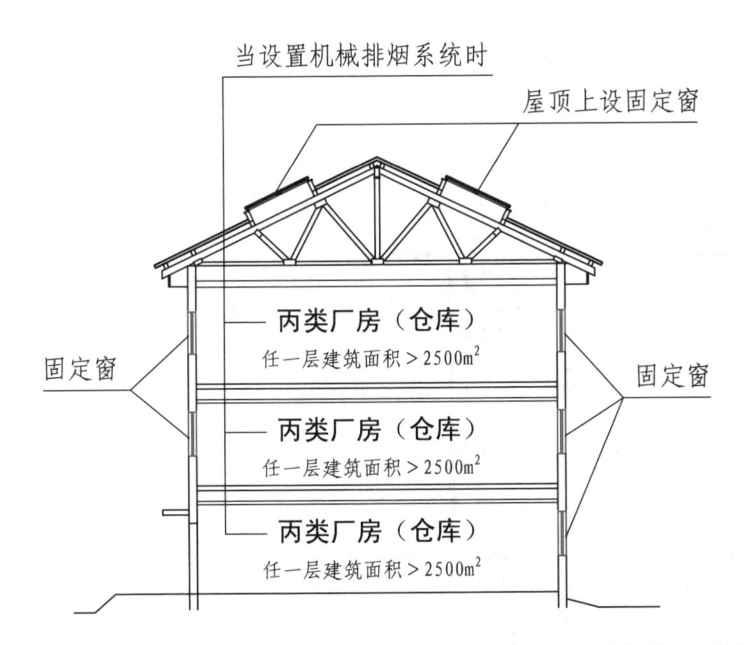

地上多层丙类工业建筑（厂房、仓库）应设置固定窗示意图

4.1.4 图示1a

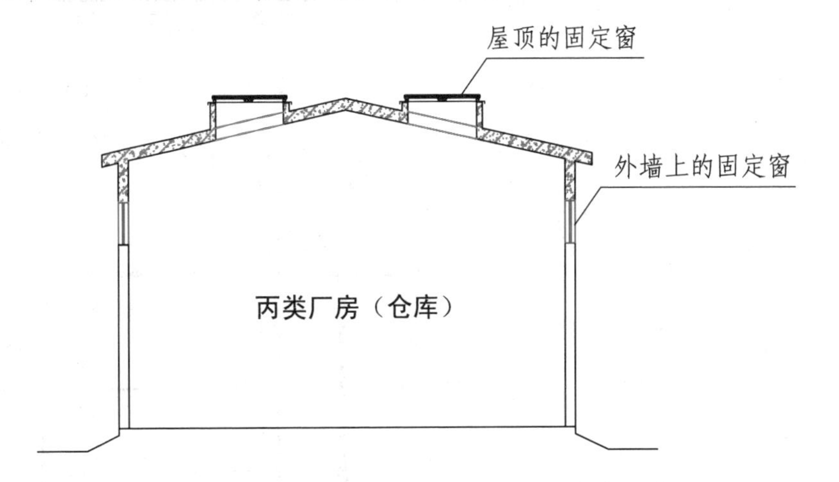

地上单层丙类工业建筑（厂房、仓库）应设置固定窗示意图

4.1.4 图示1b

注：对于未设置自动喷水灭火系统的或采用钢结构屋顶或预应力钢筋混凝土屋面板的地上单层丙类厂房(仓库)建筑应在其屋顶设置固定窗。

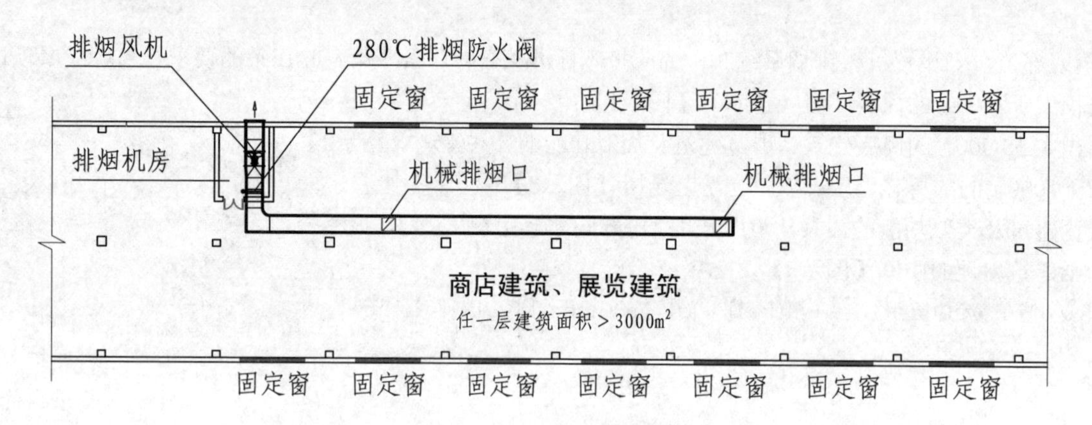

地上商店建筑、展览建筑等应设置固定窗示意图

4.1.4 图示2

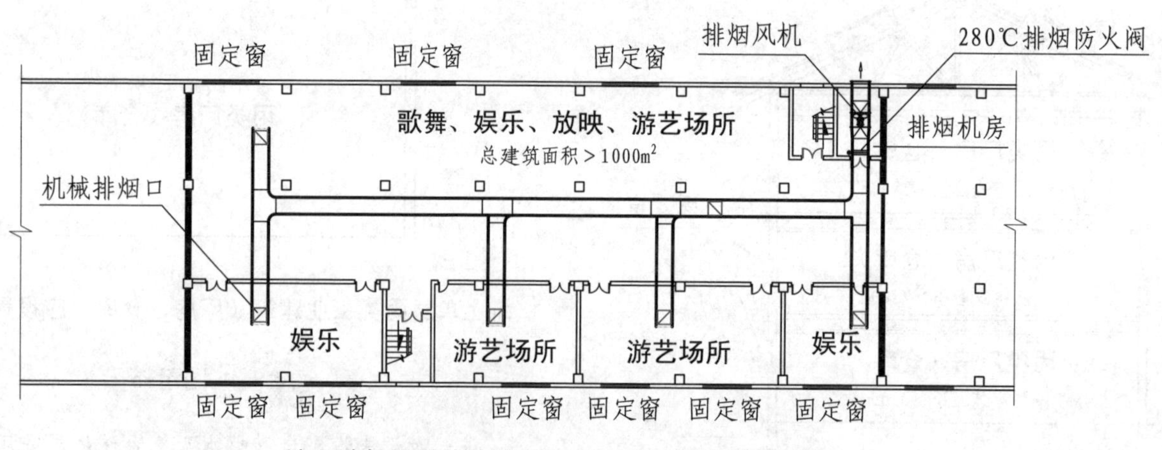

地上歌舞娱乐放映游艺场所应设置固定窗示意图

4.1.4 图示3

<table>
<tr><td colspan="6" rowspan="1">4.1 一般规定</td><td>图集号</td><td>15K606</td></tr>
<tr><td>审核</td><td>寿炜炜</td><td>校对</td><td>陈逸</td><td>设计</td><td>张兢</td><td>页</td><td>68</td></tr>
</table>

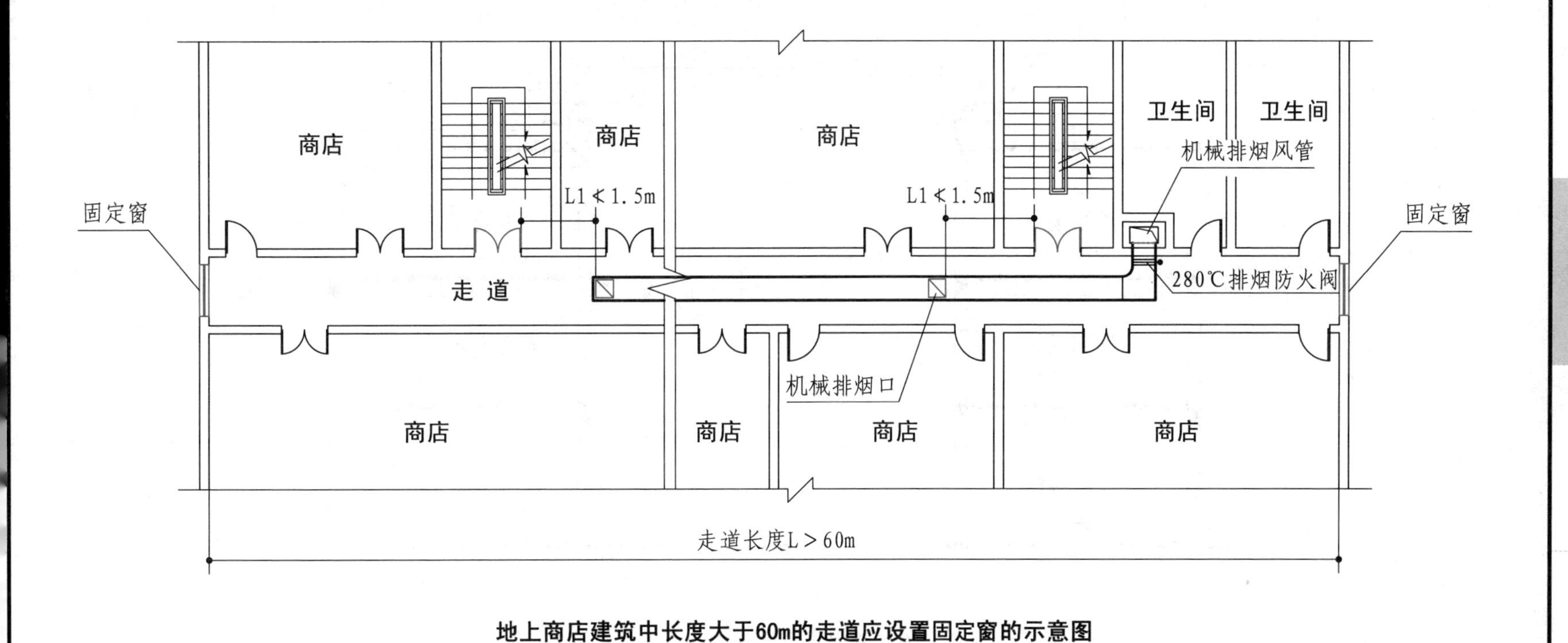

地上商店建筑中长度大于60m的走道应设置固定窗的示意图

4.1.4 图示4

4.1 一般规定						图集号	15K606
审核	寿炜炜	校对	陈逸	设计	张兢	页	69

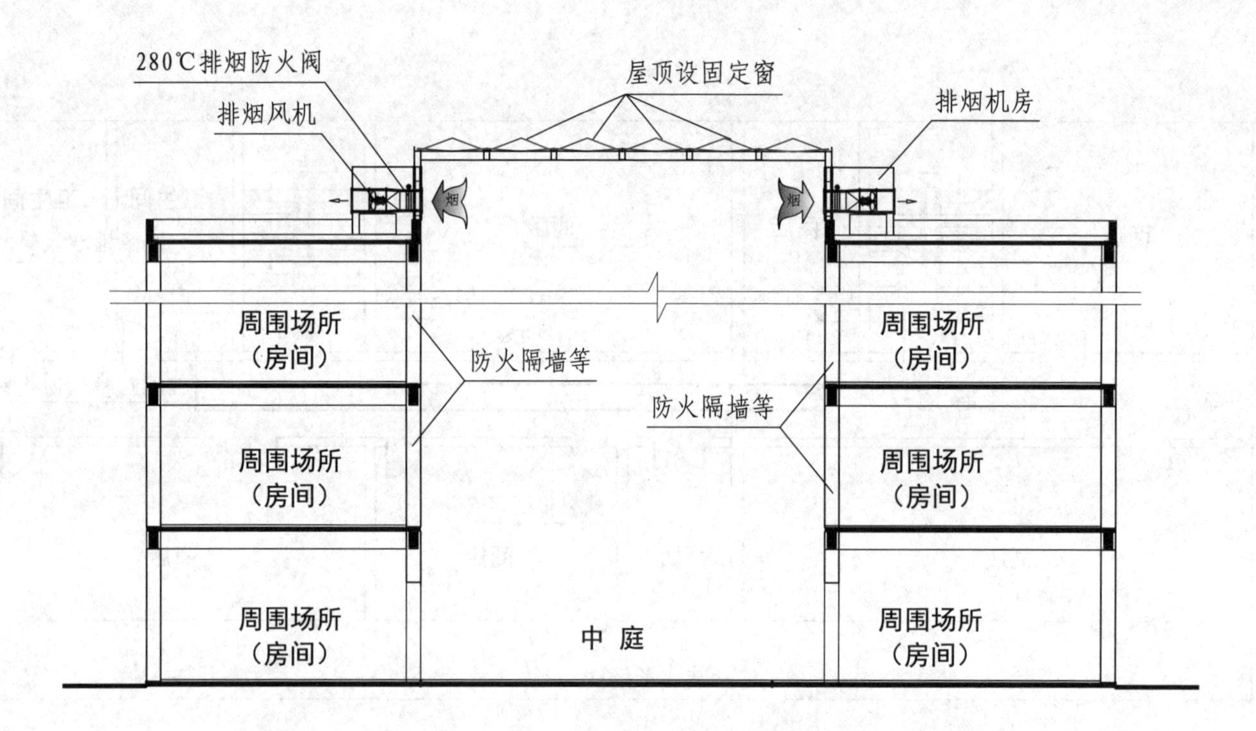

贯通至屋顶的中庭应设置固定窗的示意图

4.1.4 图示5

4.2 防烟分区

4.2.1 设置排烟系统的场所或部位应采用挡烟垂壁、结构梁及隔墙等划分防烟分区【图示1】。防烟分区不应跨越防火分区【图示2】。

4.2.2 挡烟垂壁等挡烟分隔设施的深度不应小于本标准第4.6.2条规定的储烟仓厚度。对于有吊顶的空间，当吊顶开孔不均匀或开孔率小于或等于25%时，吊顶内空间高度不得计入储烟仓厚度。

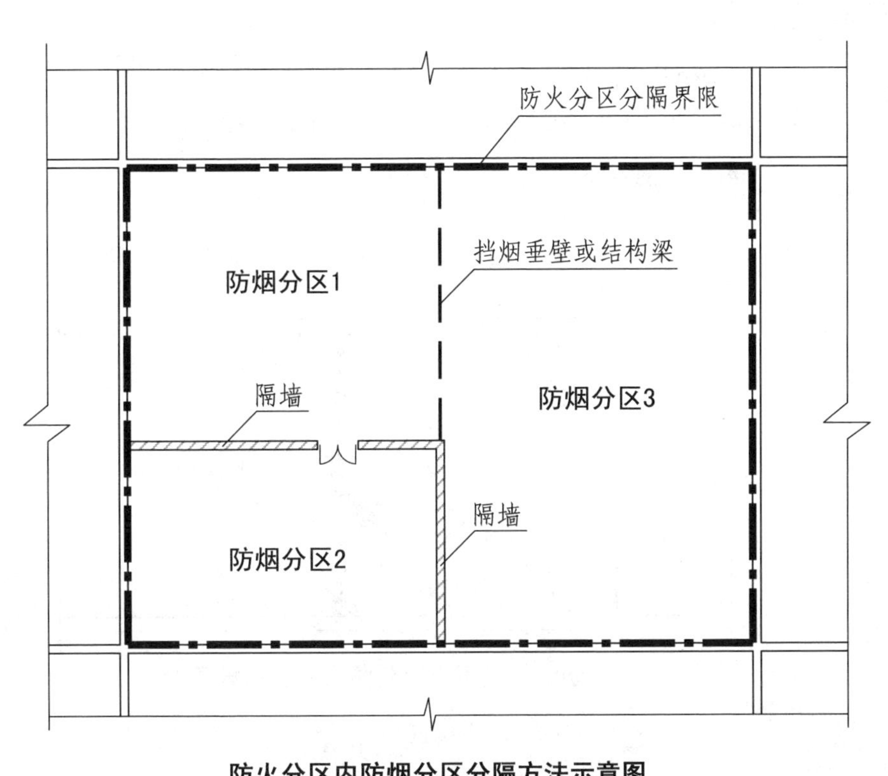

防火分区内防烟分区分隔方法示意图

4.2.1 图示1a

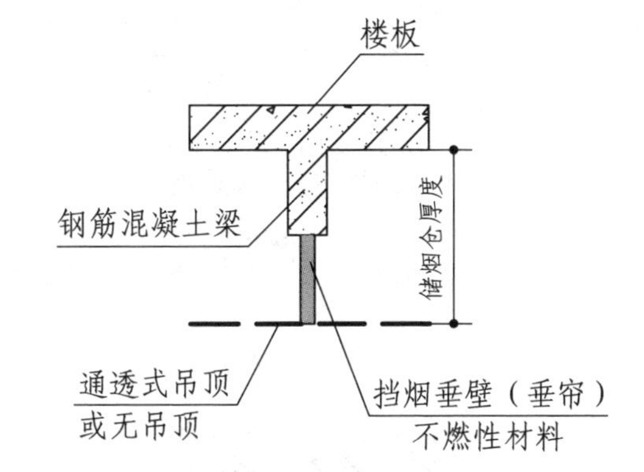

无吊顶或有通透式吊顶时，
采用挡烟垂壁分隔防烟分区

4.2.1 图示1b

第4.2.1条〖注释〗

设置挡烟垂壁（垂帘）是划分防烟分区的主要措施。挡烟垂壁（垂帘）所需高度应根据室内空间所需的清晰高度以及排烟口位置、面积和排烟量等因素确定。

4.2　防烟分区	图集号	15K606
审核 寿炜炜 校对 束庆 设计 彭琼	页	71

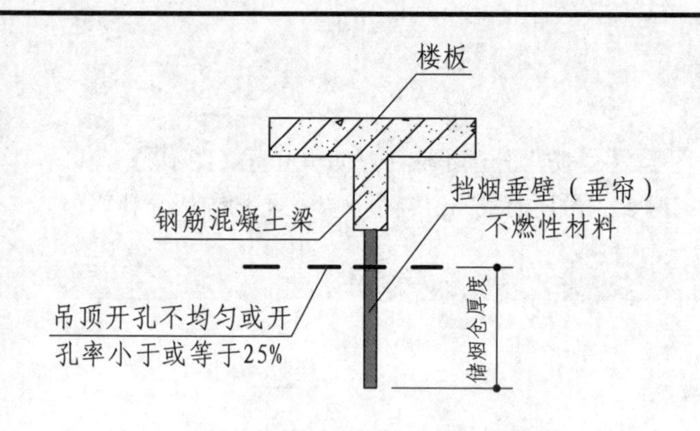

吊顶开孔不均匀或开孔率小于或等于25%时，
采用挡烟垂壁分隔防烟分区

4.2.1 图示1c

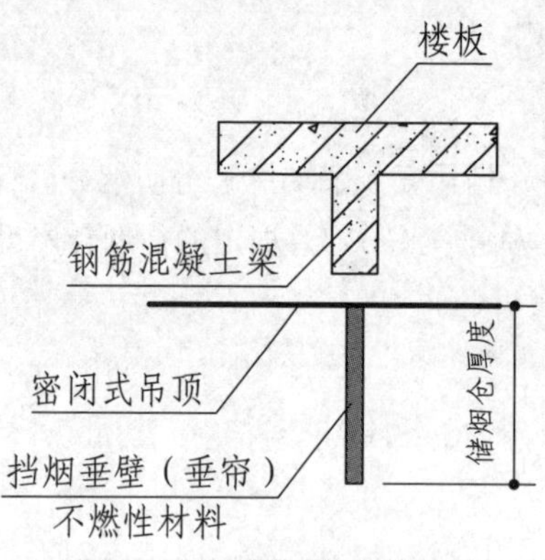

有密闭式吊顶时，
采用挡烟垂壁分隔防烟分区

4.2.1 图示1d

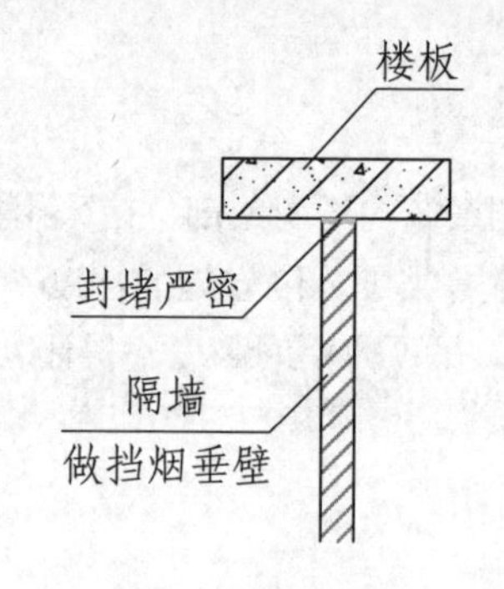

利用隔墙分隔防烟分区

4.2.1 图示1e

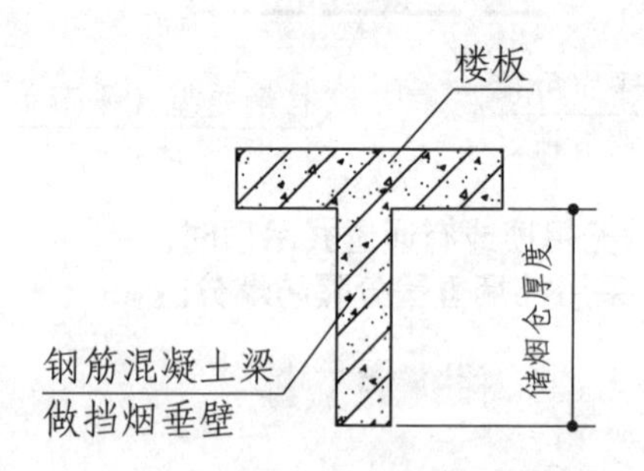

利用结构梁分隔防烟分区

4.2.1 图示1f

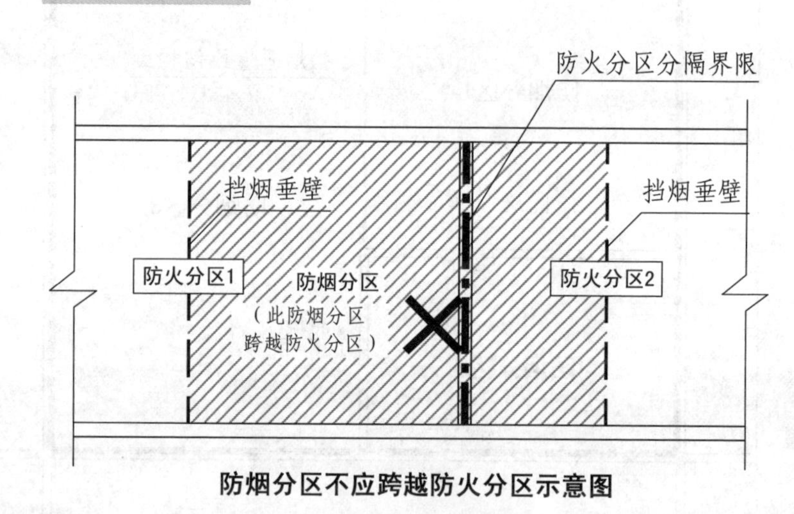

防烟分区不应跨越防火分区示意图

4.2.1 图示2

〖注释〗

储烟仓的厚度应根据本标准第4.6.2条的规定计算确定，且不应小于500mm。

4.2 防烟分区							图集号	15K606
审核	寿炜炜	[签名]	校对	束庆	[签名]	设计	彭琼	[签名]	页	72

4.2.3 设置排烟设施的建筑内，敞开楼梯和自动扶梯穿越楼板的开口部应设置挡烟垂壁等设施【图示】。

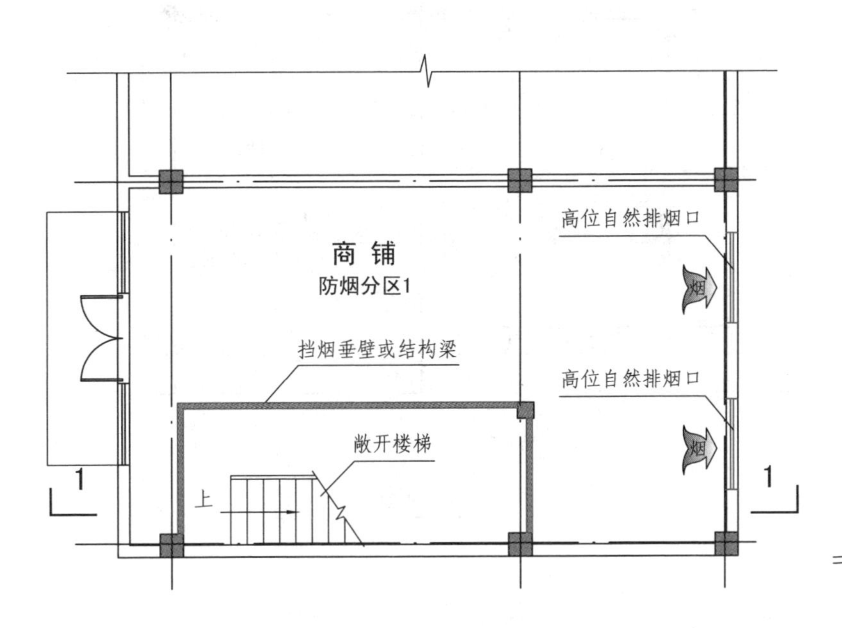

敞开楼梯穿越楼板处设置挡烟垂壁示意图

4.2.3 图示a

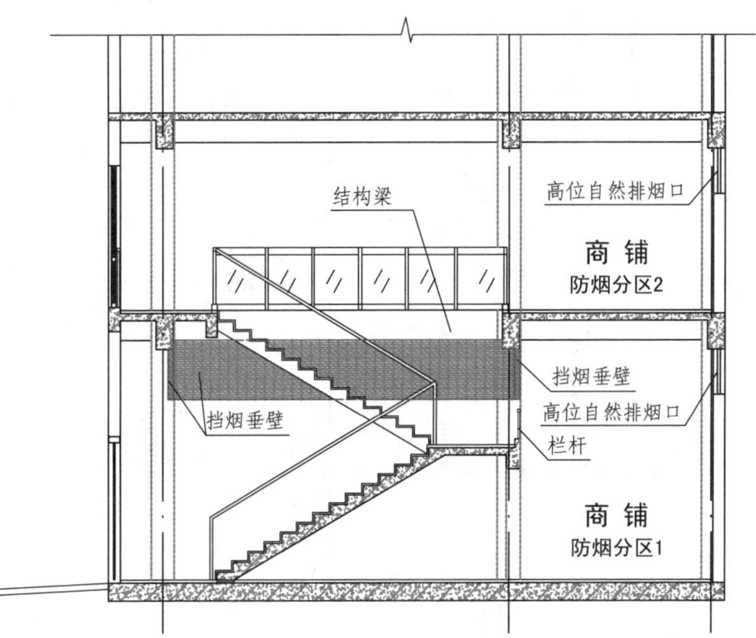

1-1 剖面图

4.2 防烟分区						图集号	15K606
审核	寿炜炜	校对	束庆	设计	彭琼	页	73

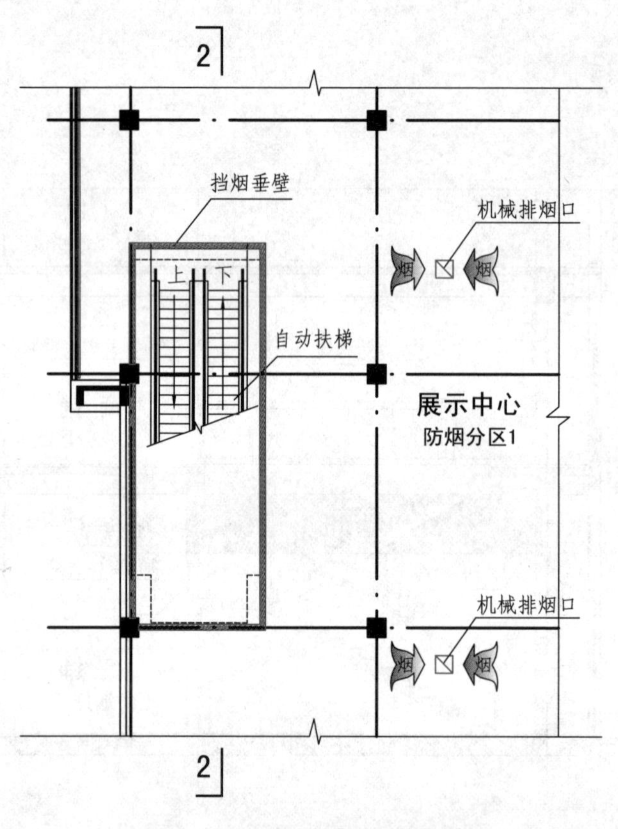

自动扶梯穿越楼板处设置挡烟垂壁示意图

4.2.3 图示b

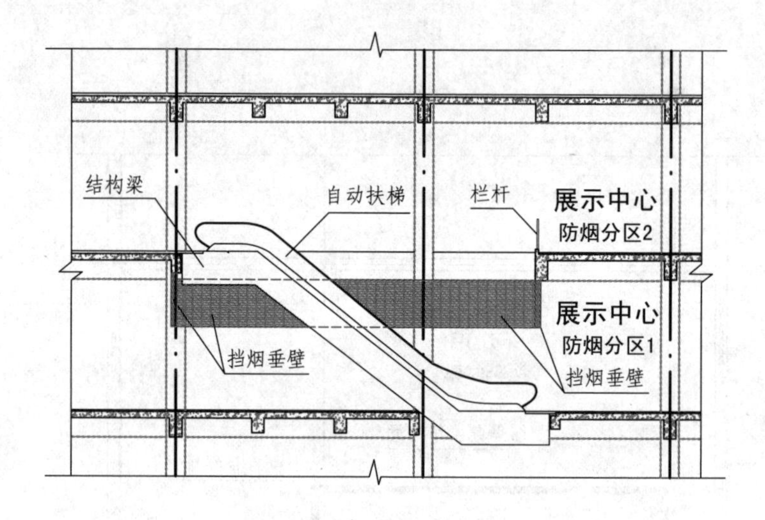

2-2 剖面图

4.2 防烟分区								图集号	15K606
审核	寿炜炜	[signature]	校对	束庆	[signature]	设计	彭琼	页	74

4.2.4 公共建筑、工业建筑防烟分区的最大允许面积及其长边最大允许长度应符合表4.2.4的规定【图示1】，当工业建筑采用自然排烟系统时，其防烟分区的长边长度尚不应大于建筑内空间净高的8倍【图示2】。

表4.2.4 公共建筑、工业建筑防烟分区的最大允许面积，及其长边最大允许长度

空间净高H（m）	最大允许面积（m^2）	长边最大允许长度（m）
$H≤3.0$	500	24
$3.0<H≤6.0$	1000	36
$H>6.0$	2000	60m；具有自然对流条件时，不应大于75m

注：1 公共建筑、工业建筑中的走道宽度不大于2.5m时，其防烟分区的长边长度不应大于60m【图示3】。
2 当空间净高大于9m时，防烟分区之间可不设置挡烟设施。
3 汽车库防烟分区的划分及其排烟量应符合现行国家规范《汽车库、修车库、停车场设计防火规范》GB 50067的相关规定【图示4】。

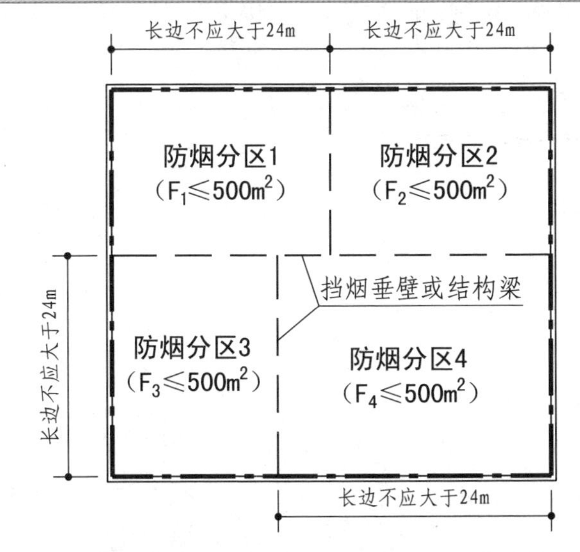

空间净高H≤3.0m，公共建筑、工业建筑防烟分区长边最大允许长度要求的示意图

4.2.4 图示1a

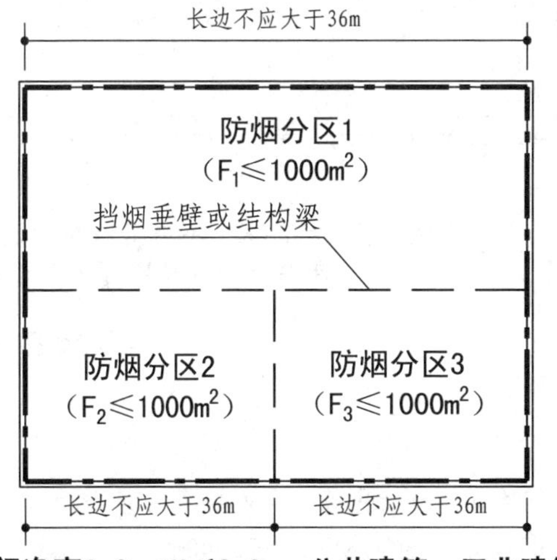

空间净高3.0m<H≤6.0m，公共建筑、工业建筑防烟分区长边最大允许长度要求的示意图

4.2.4 图示1b

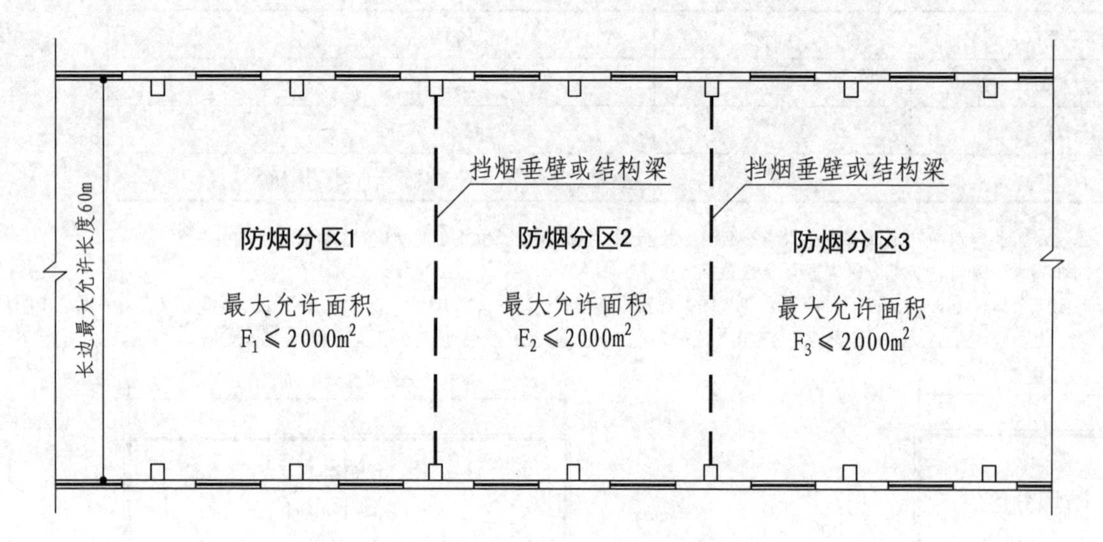

空间净高H＞6.0m、不具有自然对流条件的公共建筑、工业建筑其防烟分区长边最大允许长度要求的示意图

4.2.4 图示1c

〖注释〗

不具有对流条件的场所应符合下列要求:

1. 防烟分区最大允许面积不大于$2000m^2$;
2. 排防烟分区长边最大允许长度不大于60m,如本图所示;
3. 补风口的设置位置、排烟口与补风口的面积应满足本标准的计算要求。

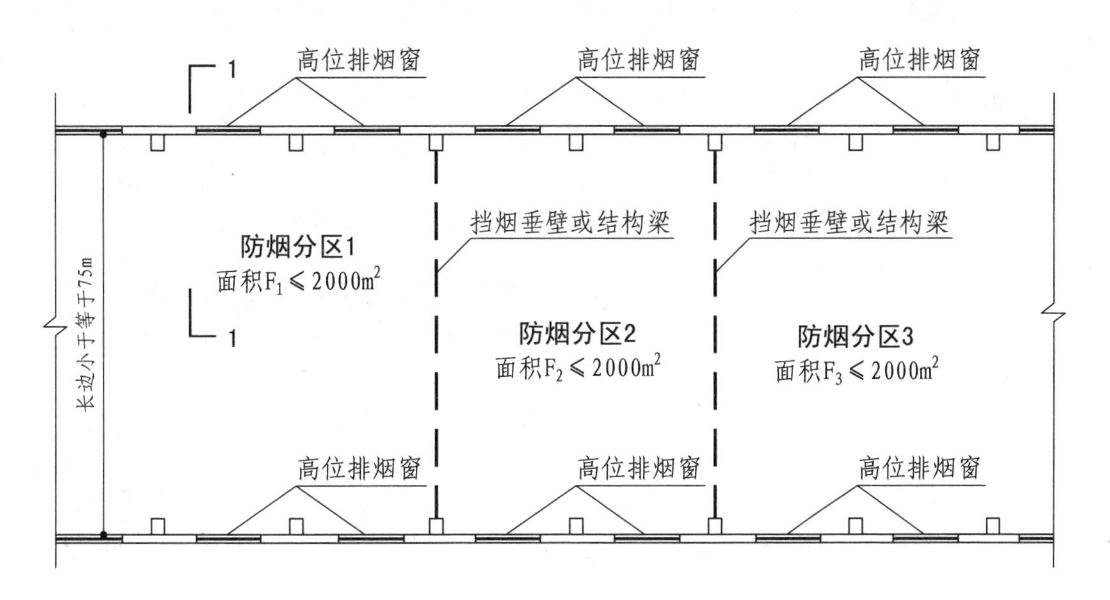

空间净高H＞6.0m、具有自然对流条件的公共建筑、工业建筑
其防烟分区长边最大允许长度要求的示意图

1-1 剖面图

4.2.4 图示1d

〖注释〗

具有对流条件的场所应符合下列要求:

1. 室内场所采用自然对流排烟的方式;
2. 排烟窗应设在防烟分区两个短边外墙面的同一高度位置上，且应均匀布置,如上图所示；窗的下缘应在室内2/3高度以上，且应在储烟仓内;
3. 房间补风口应设置在室内1/2高度以下,且不高于10m;
4. 排烟窗与补风口的面积应满足本标准第4.6.15条的计算要求。

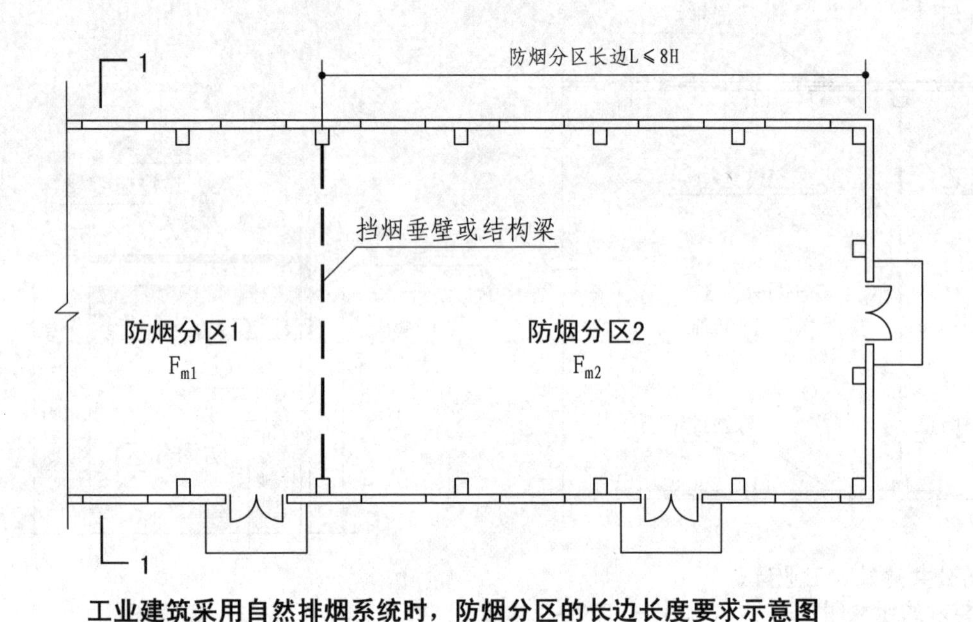

工业建筑采用自然排烟系统时，防烟分区的长边长度要求示意图

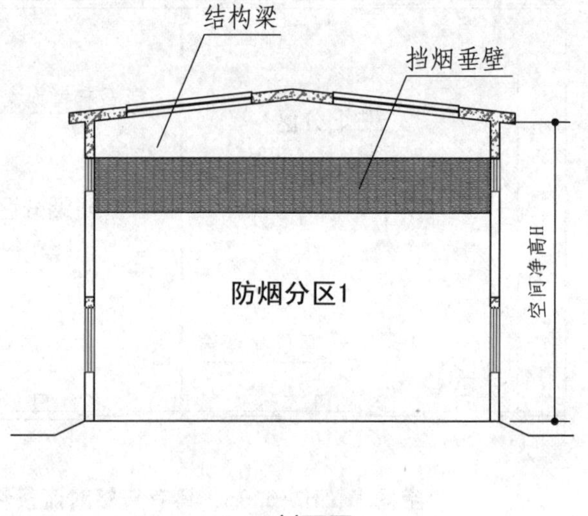

1-1 剖面图

4.2.4 图示2

〖注释〗

当工业建筑采用自然排烟方式时，防烟分区的长边长度除应符合本图集第75页表4.2.4规定外，尚应不大于空间净高的8倍。

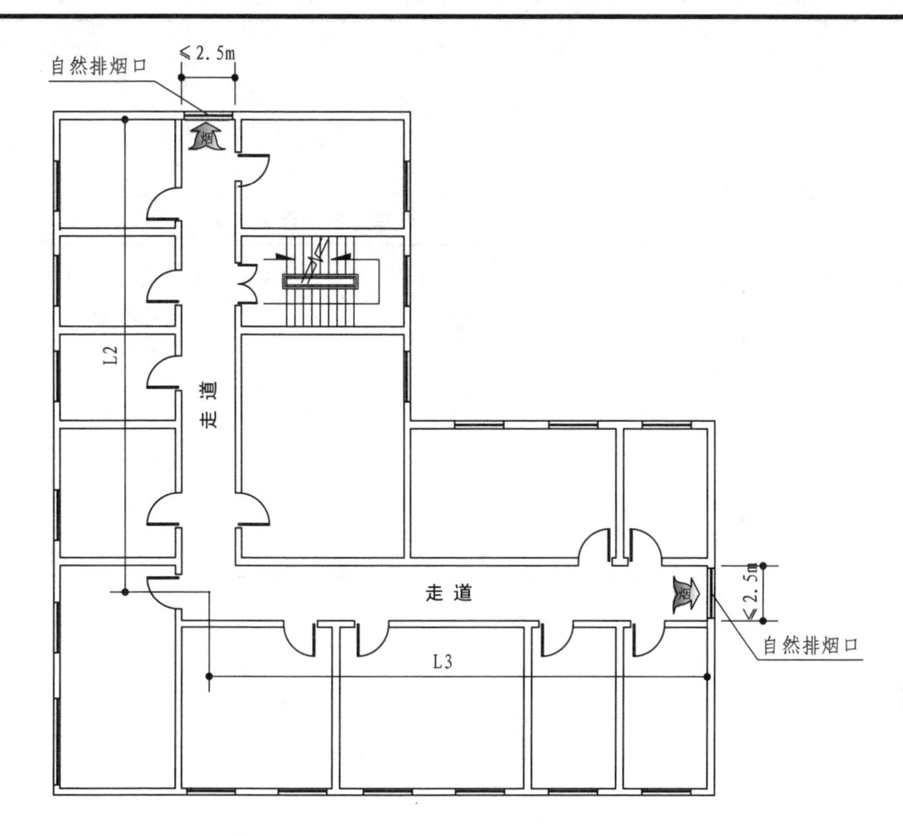

公共建筑中走道防烟分区规定平面示意图（自然排烟）

4.2.4 图示3a

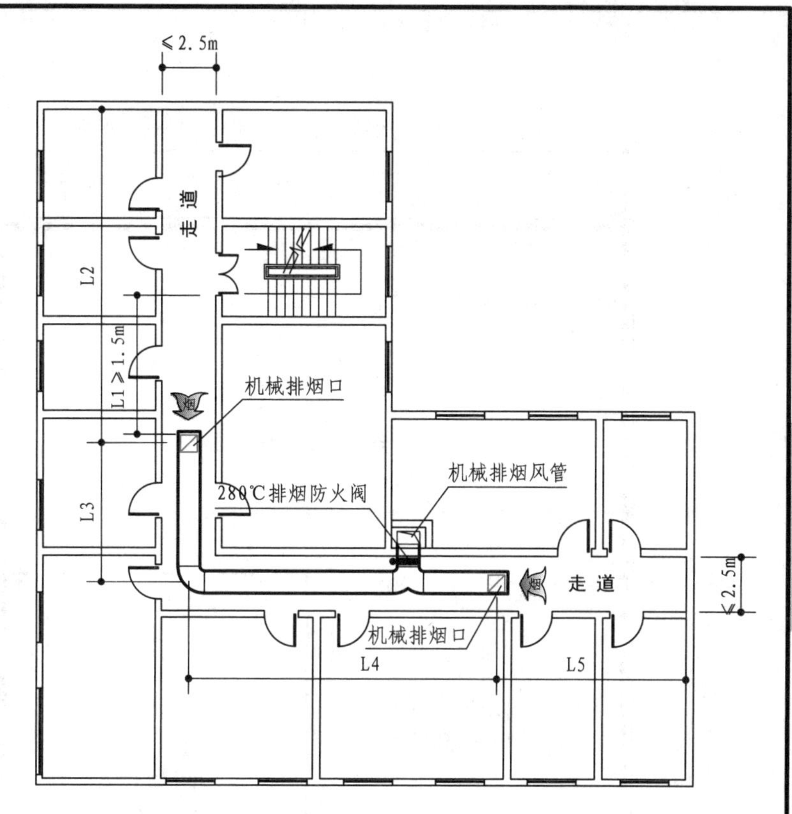

公共建筑中走道防烟分区规定平面示意图（机械排烟）

4.2.4 图示3b

〖注释〗

1. 本页图示是针对宽度不大于2.5m走道的。
2. 4.2.4图示3a所示L形内走道自然排烟口布置应注意：
   L2 + L3 ≤ 60m。
3. 4.2.4图示3b所示L形内走道机械排烟口布置应注意：
   L1 ≥ 1.5m;　　L2 ≤ 30m;　　L5 ≤ 30m;
   且L2 + L3 + L4 + L5 ≤ 60m；如L2 + L3 + L4 + L5 > 60m，应加设挡烟垂壁，将走道划分为两个防烟分区。
4. 当走道宽度大于2.5m时，其防烟分区的长边最大允许长度L应按本图集第75页表4.2.4规定取值。

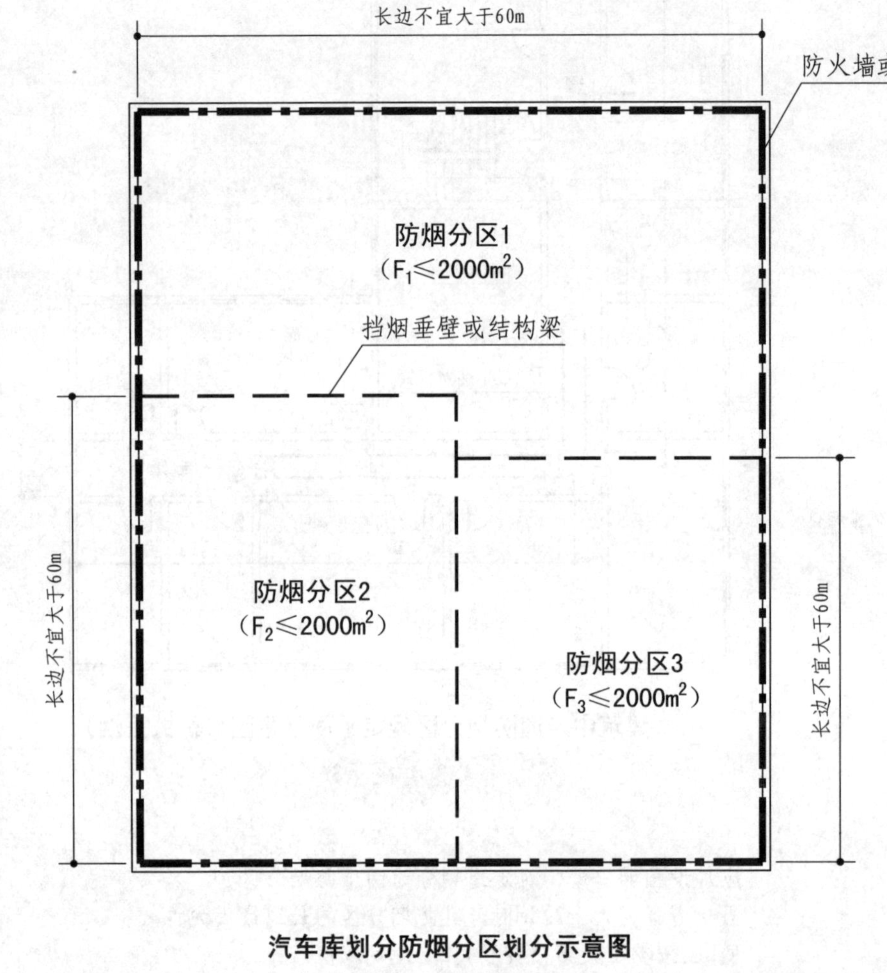

汽车库划分防烟分区划分示意图

4.2.4 图示4

表4.2.4 汽车库的排烟量

汽车库、停车库的净高（m）	汽车库、停车库的排烟量（m^3/h）	汽车库、停车库的净高（m）	汽车库、停车库的排烟量（m^3/h）
3.0及以下	30,000	7.0	36,000
4.0	31,500	8.0	37,500
5.0	33,000	9.0	39,000
6.0	34,500	9.0以上	40,500

〖注释〗

1. 本页内容摘自现行国家标准《汽车库、停车库停车场防火规范》GB 50067-2014。
2. 汽车库、停车库内每个防烟分区排烟风机的排烟量不应小于本页表4.2.4的规定。

4.3 自然排烟设施

4.3.1 采用自然排烟系统的场所应设置自然排烟窗（口）。

4.3.2 防烟分区内自然排烟窗（口）的面积、数量、位置应按本标准第4.6.3条规定经计算确定，且防烟分区内任一点与最近的自然排烟窗（口）之间的水平距离不应大于30m【图示1】。当工业建筑采用自然排烟方式时，其水平距离尚不应大于建筑内空间净高的2.8倍【图示2】；当公共建筑空间净高大于或等于6m，且具有自然对流条件时，其水平距离不应大于37.5m【图示3】。

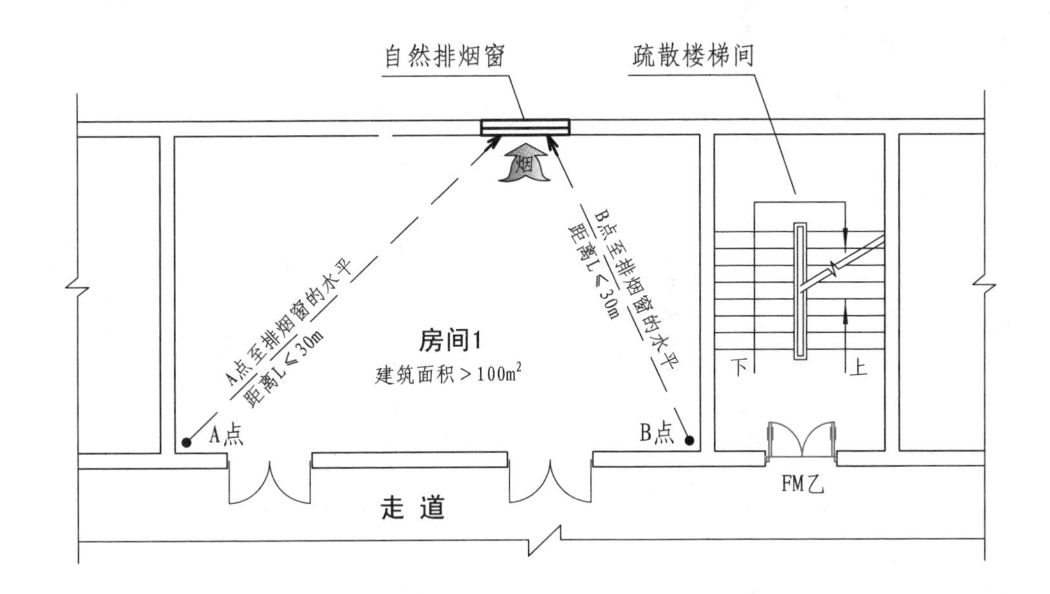

室内任一点至最近的自然排烟窗（口）之间水平距离要求示意图

4.3.2 图示1

1 1
至排烟窗的水平距离L≤2.8H
A点
挡烟垂壁或结构梁
挡烟垂壁或结构梁
防烟分区1
F_{m1}
防烟分区2
F_{m2}
（同防烟分区1）
防烟分区3
F_{m3}
（同防烟分区1）
防烟分区长边L≤8H
烟

工业建筑中任一点与最近的自然排烟窗（口）之间的水平距离要求示意图

4.3.2 图示2

挡烟垂壁或结构梁
防烟分区1
空间净高H
防烟分区长边L≤8H

1-1 剖面图

4.3 自然排烟设施								图集号	15K606 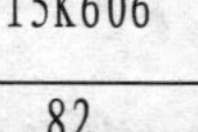
审核	寿炜炜	（签名）	校对	束庆	（签名）	设计	彭琼	（签名） 页	82

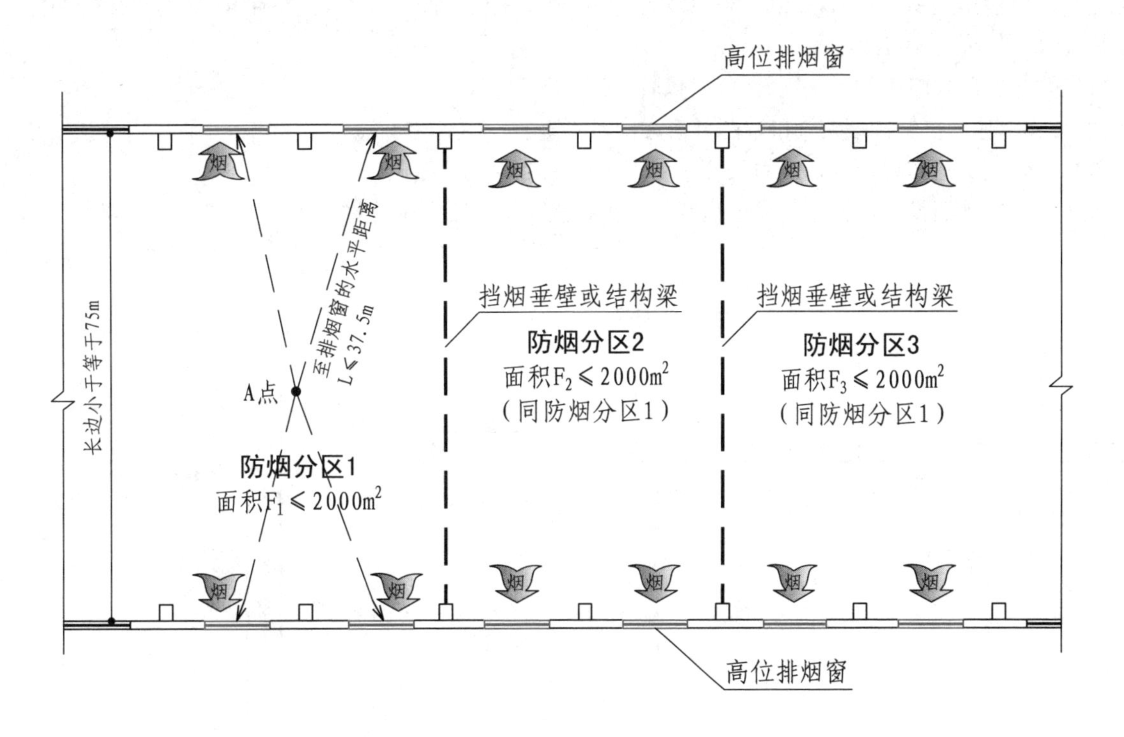

公共建筑空间净高H≥6m，具备自然对流条件的，任一点与最近的自然排烟窗（口）之间的水平距离要求示意图

4.3.2 图示3

4.3.3 自然排烟窗（口）应设置在排烟区域的顶部或外墙，并应符合下列规定：

1 当设置在外墙上时，自然排烟窗（口）应在储烟仓以内，但走道、室内空间净高不大于3m的区域的自然排烟窗（口）可设置在室内净高度的1/2以上【图示1】；

2 自然排烟窗（口）的开启形式应有利于火灾烟气的排出；

3 当房间面积不大于200m²时，自然排烟窗（口）的开启方向可不限；

4 自然排烟窗（口）宜分散均匀布置，且每组的长度不宜大于3.0m【图示2】；

5 设置在防火墙两侧的自然排烟窗（口）之间最近边缘的水平距离不应小于2.0m【图示2】。

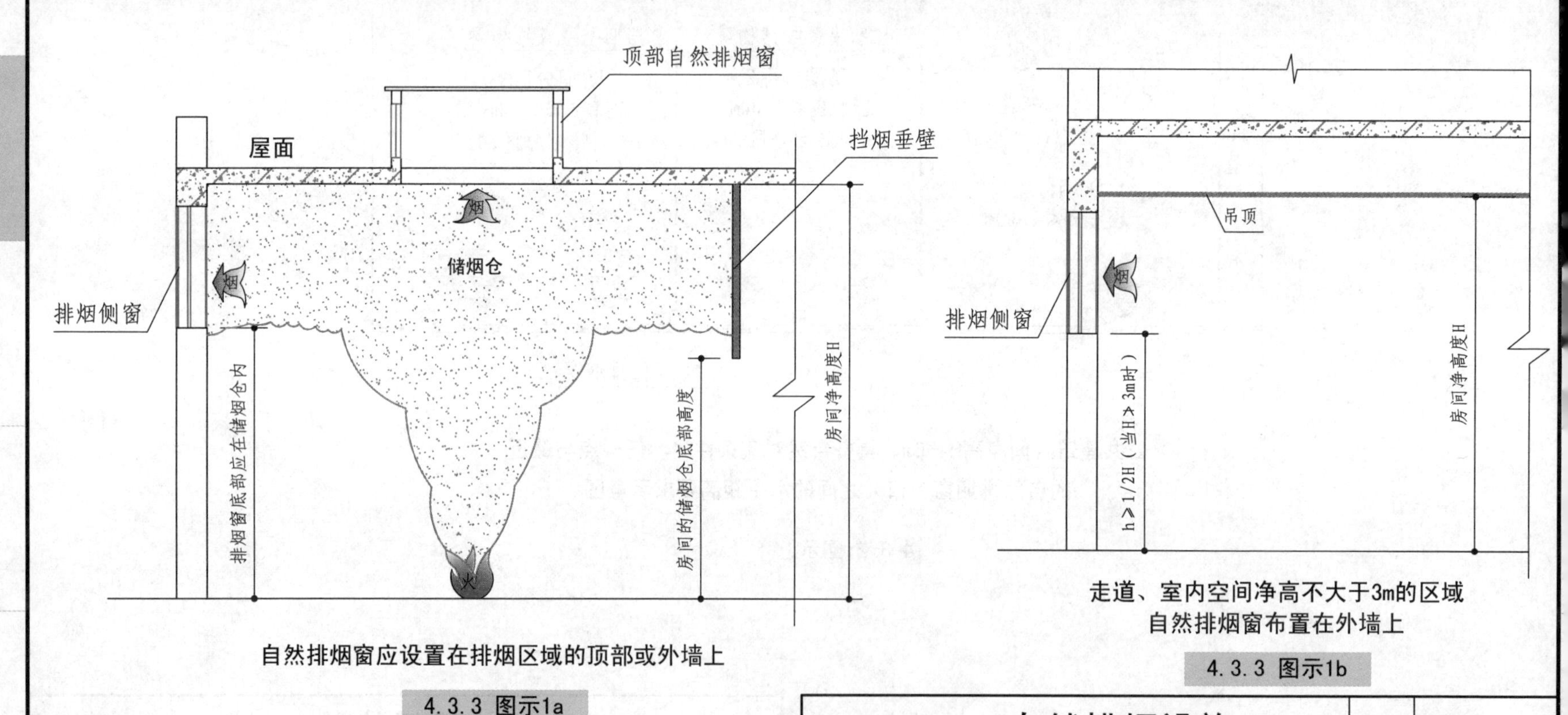

自然排烟窗应设置在排烟区域的顶部或外墙上

4.3.3 图示1a

走道、室内空间净高不大于3m的区域
自然排烟窗布置在外墙上

4.3.3 图示1b

4.3 自然排烟设施								图集号	15K606
审核	寿炜炜		校对	彭琼		设计	束庆	页	84

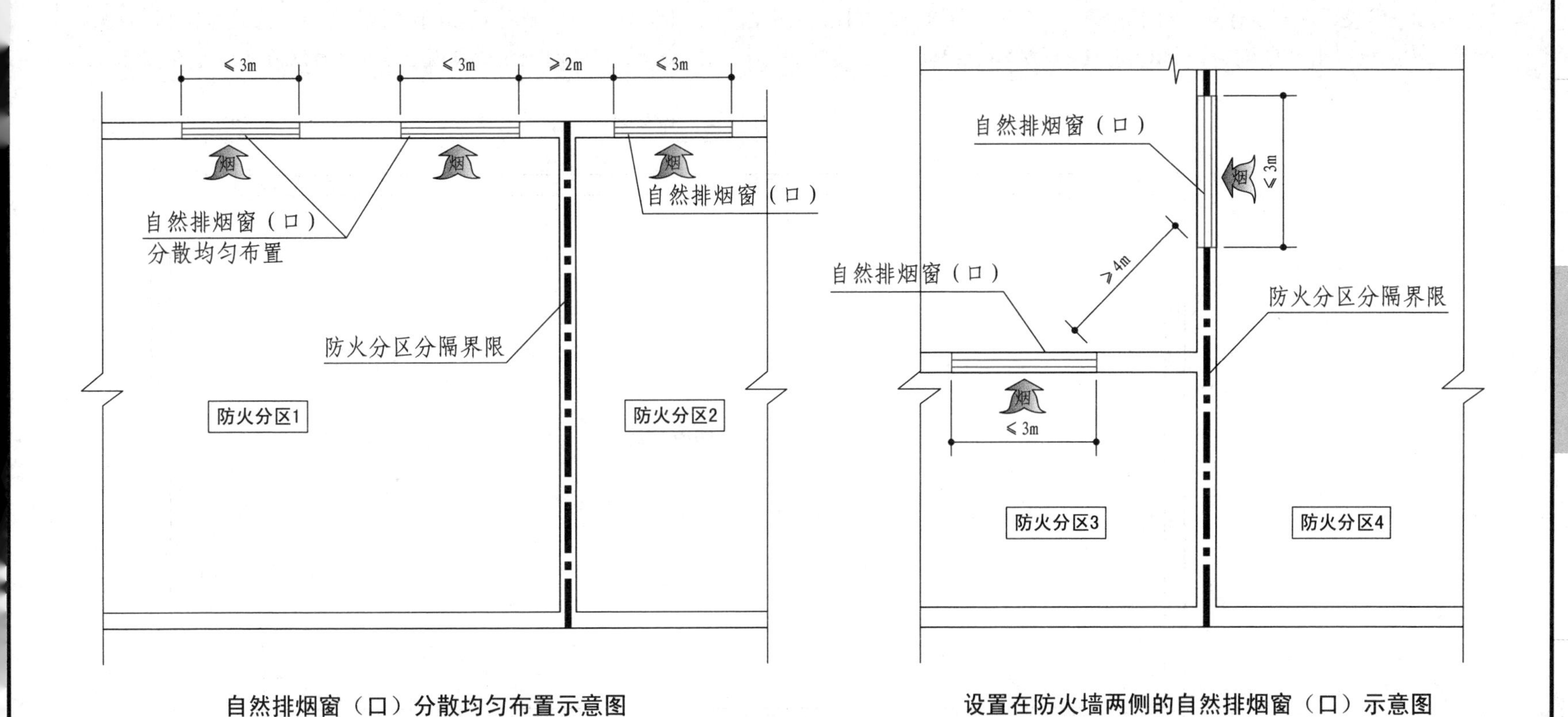

自然排烟窗（口）分散均匀布置示意图

4.3.3 图示2a

设置在防火墙两侧的自然排烟窗（口）示意图

4.3.3 图示2b

〖注释〗

对防火墙两侧自然排烟窗（口）之间水平距离提出最小距离要求是为了防止火灾对邻近防火分区的影响和蔓延。

4.3 自然排烟设施						图集号	15K606
审核	寿炜炜	校对	彭琼	设计	束庆	页	85

4.3.4 厂房、仓库的自然排烟窗(口)设置尚应符合下列规定：

1 当设置在外墙时，自然排烟窗(口)应沿建筑物的两条对边均匀布置【图示1】；

2 当设置在屋顶时，自然排烟窗(口)应在屋面均匀设置且宜采用自动控制方式开启；当屋面斜度小于或等于12°时，每200m^{2}的建筑面积应设置相应的自然排烟窗(口)【图示2】；当屋面斜度大于12°时，每400m^{2}的建筑面积应设置相应的自然排烟窗(口)【图示3】。

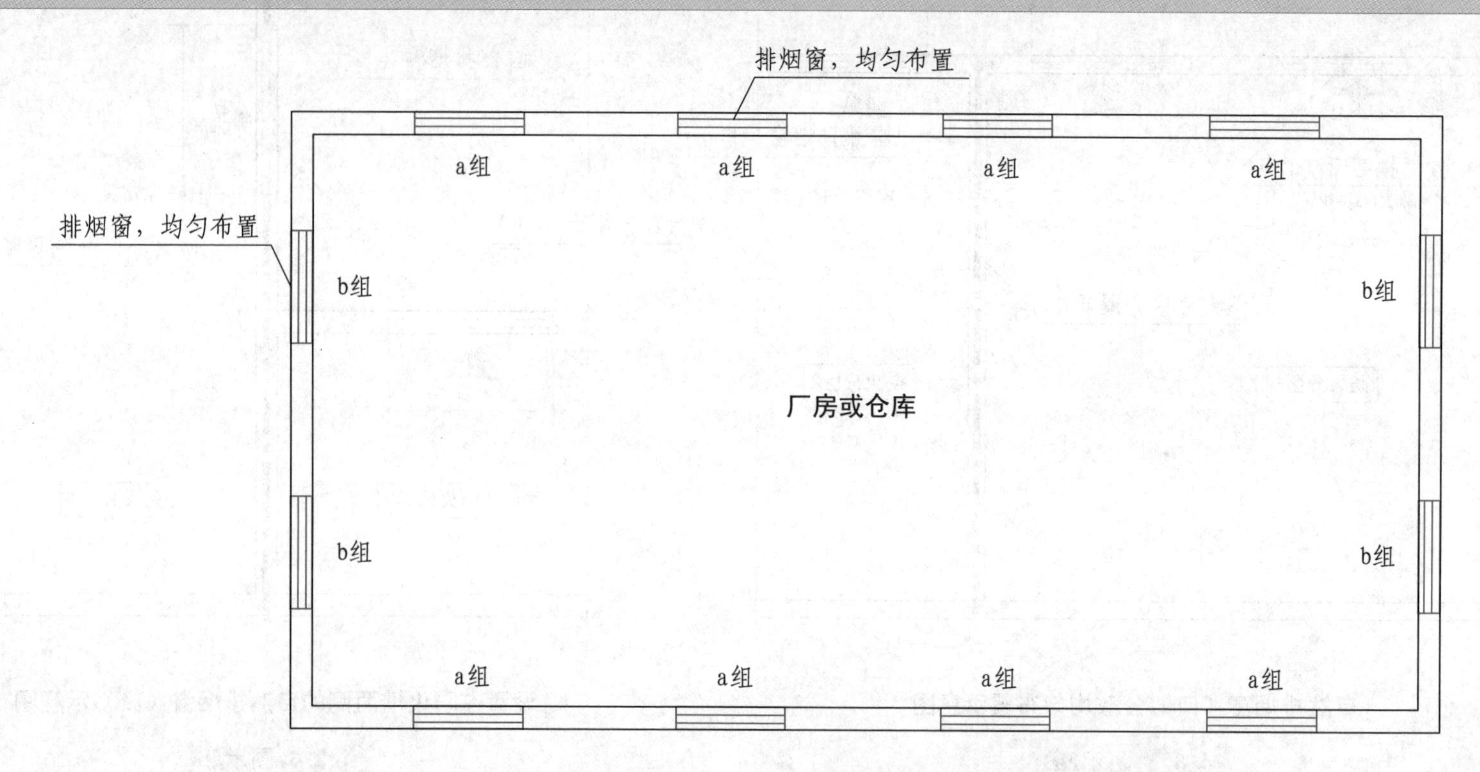

自然排烟窗（口）沿建筑物外墙的两条对边均匀布置

〖注释〗

1. 在外墙上设置的排烟窗，应尽量在建筑的两侧长边的高位均匀、对称布置（如图示中的a组），形成对流，窗的开启方向应顺烟气流动方向；
2. 侧向排烟窗可采用手动排烟窗或自动排烟窗。

4.3.4 图示1

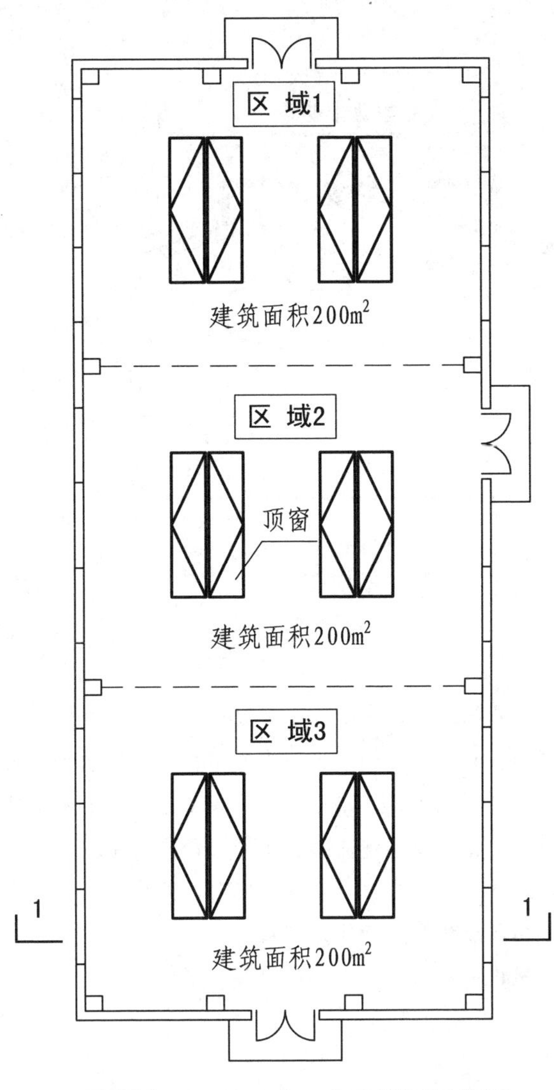

屋面斜角≤12° 厂房、仓库平面示意图

4.3.4 图示2

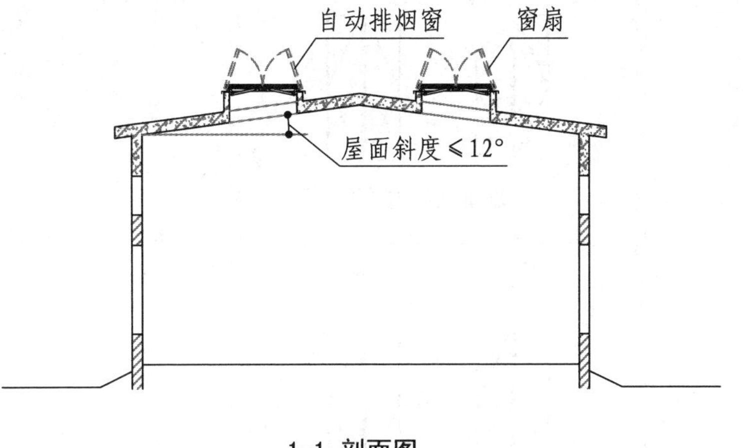

1-1 剖面图

〖注释〗

1. 厂房、仓库采用顶部设置可开启外窗的排烟方式的，如果火灾时靠人员手动开启不太现实，为便于火灾时能及时开启排烟窗，标准优先推荐采用自动排烟窗。
2. 厂房、仓库采用自然排烟方式时，其可开启外窗的排烟面积应符合标准的相关规定。
3. 自动排烟窗的开启方式应有防冻措施。

4.3 自然排烟设施							图集号	15K606
审核	寿炜炜	寿炜炜	校对	彭琼	彭琼	设计	束庆	束庆	页	87

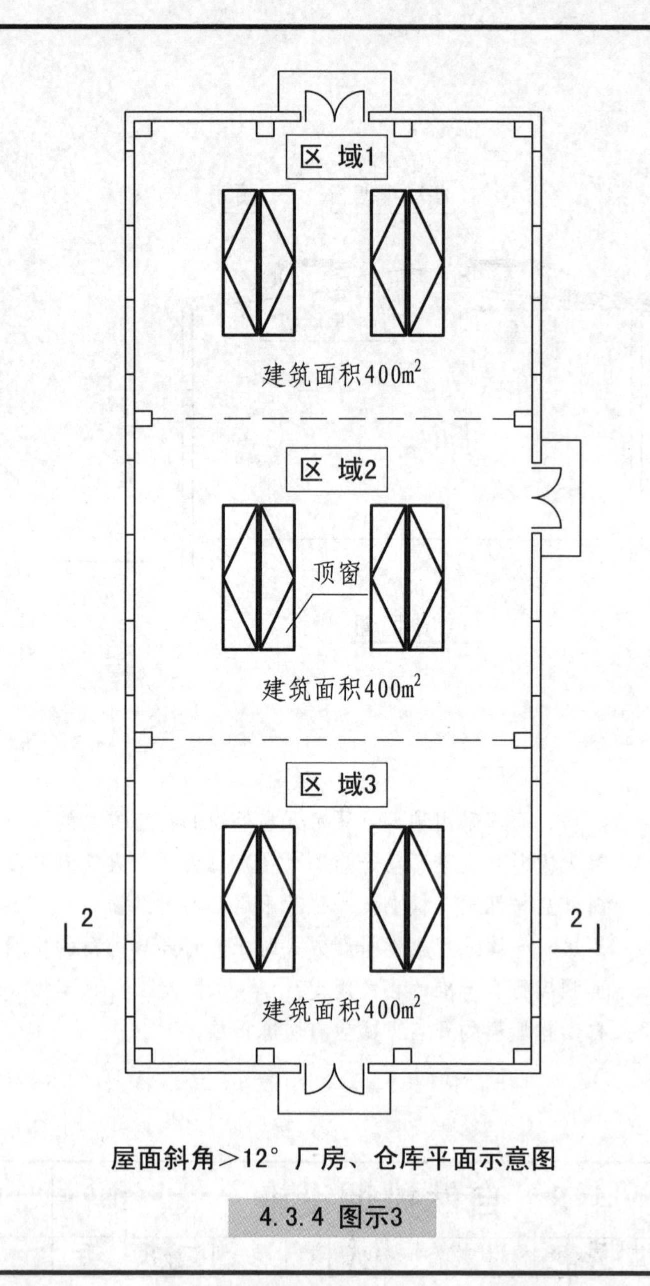

屋面斜角＞12° 厂房、仓库平面示意图

4.3.4 图示3

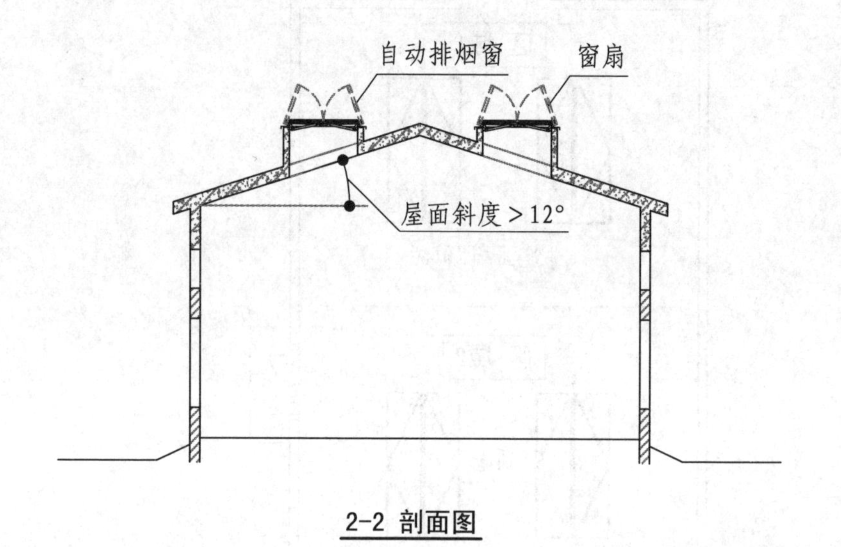

2-2 剖面图

〖注释〗

1. 厂房、仓库采用顶部设置可开启外窗的排烟方式的，如果火灾时靠人员手动开启不太现实，为便于火灾时能及时开启排烟窗，优先推荐采用自动排烟窗。
2. 厂房、仓库采用自然排烟方式时，其可开启外窗的排烟面积应符合标准的相关规定。
3. 自动排烟窗的开启方式应有防冻措施。

4.3 自然排烟设施								图集号	15K606
审核	寿炜炜	[signature]	校对	彭琼	[signature]	设计	束庆	页	88

4.3.5 除本标准另有规定外，自然排烟窗（口）开启的有效面积尚应符合下列规定：

1 当采用开窗角大于70°的悬窗时，其面积应按窗的面积计算；当开窗角小于或等于70°时，其面积应按窗最大开启时的水平投影面积计算【图示1】；

2 当采用开窗角大于70°的平开窗时，其面积应按窗的面积计算；当开窗角小于或等于70°时，其面积应按窗最大开启时的竖向投影面积计算【图示2】；

3 当采用推拉窗时，其面积应按开启的最大窗口面积计算【图示3】；

4 当采用百叶窗时，其面积应按窗的有效开口面积计算【图示4】；

5 当平推窗设置在顶部时，其面积可按窗的1/2周长与平推距离乘积计算，且不应大于窗面积【图示5】；

6 当平推窗设置在外墙时，其面积可按窗的1/4周长与平推距离乘积计算，且不应大于窗面积【图示6】。

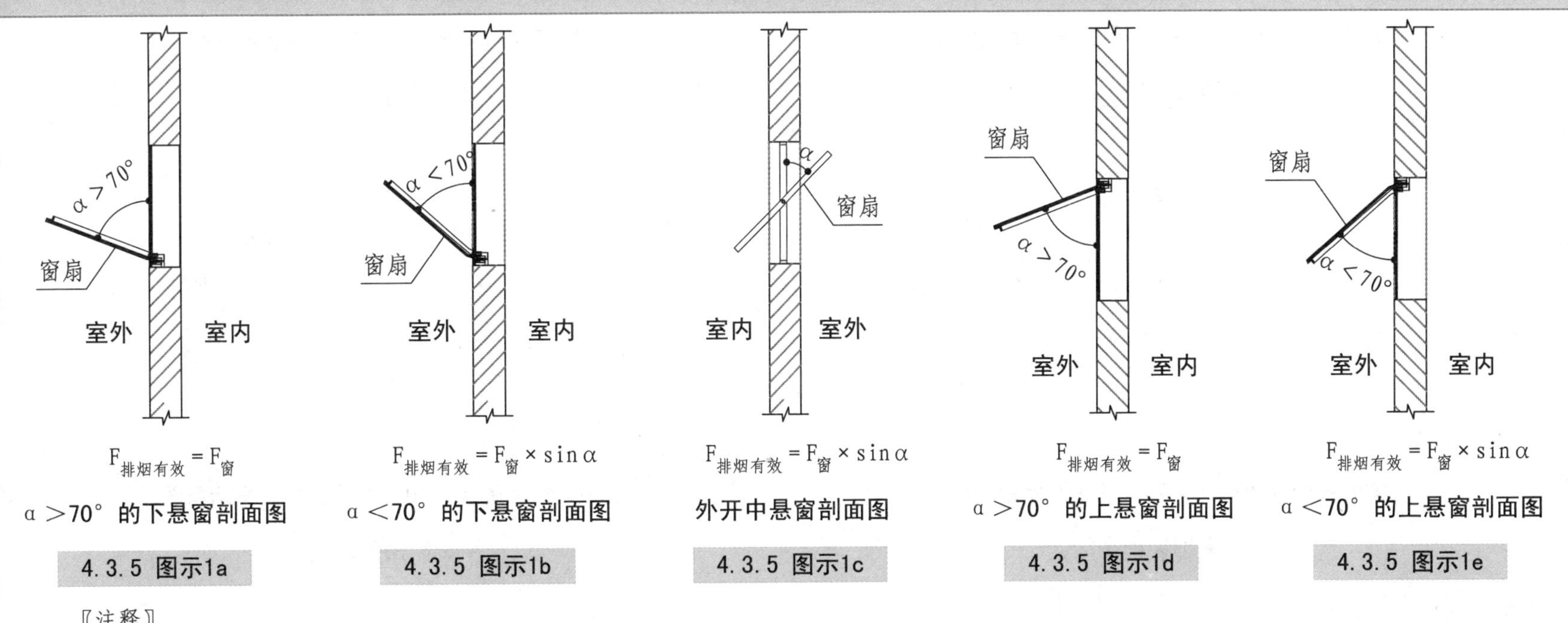

$F_{排烟有效}=F_{窗}$

α＞70°的下悬窗剖面图

4.3.5 图示1a

$F_{排烟有效}=F_{窗}\times\sin\alpha$

α＜70°的下悬窗剖面图

4.3.5 图示1b

$F_{排烟有效}=F_{窗}\times\sin\alpha$

外开中悬窗剖面图

4.3.5 图示1c

$F_{排烟有效}=F_{窗}$

α＞70°的上悬窗剖面图

4.3.5 图示1d

$F_{排烟有效}=F_{窗}\times\sin\alpha$

α＜70°的上悬窗剖面图

4.3.5 图示1e

〖注释〗

对于悬窗，排烟有效面积应按水平投影面积计算；如果中悬窗的下开口部分不在储烟仓内，这部分的面积不能计入有效排烟面积之内。

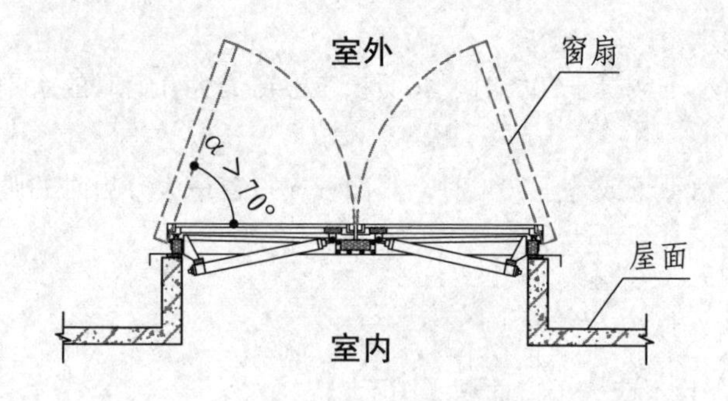

$F_{排烟有效} = F_{窗}$

安装在屋顶的α＞70°的平开窗剖面示意图

4.3.5 图示2a

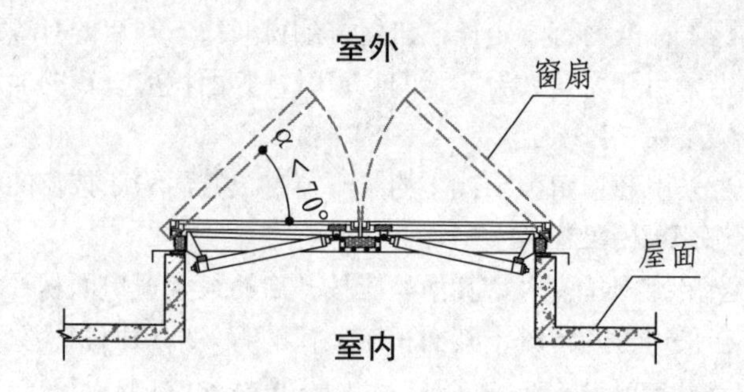

$F_{排烟有效} = F_{窗} \times \sin\alpha$

安装在屋顶的α＜70°的平开窗剖面示意图

4.3.5 图示2b

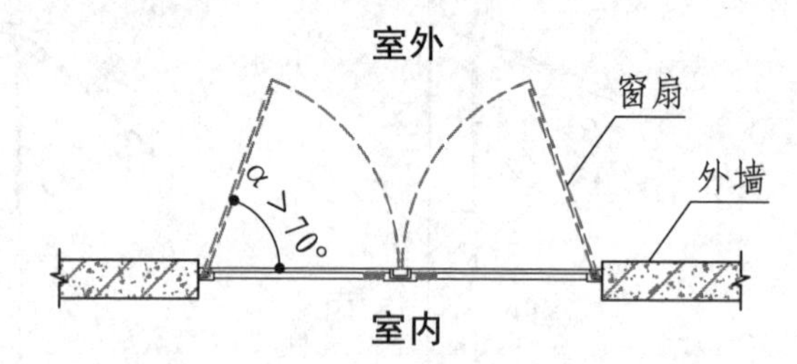

$F_{排烟有效} = F_{窗}$

安装在外墙上的α＞70°的平开窗剖面示意图

4.3.5 图示2c

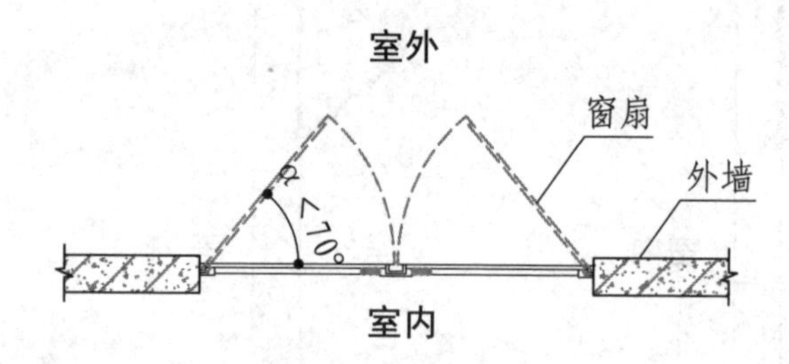

$F_{排烟有效} = F_{窗} \times \sin\alpha$

安装在外墙上的α＜70°的平开窗剖面示意图

4.3.5 图示2d

〖注释〗

1. 对于平开窗，排烟有效面积应按垂直投影面积计算；
2. 作为排烟使用的平开窗必须设在储烟仓内。

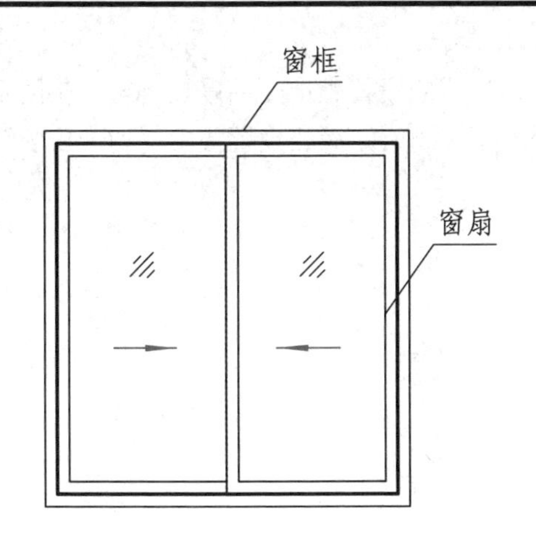

$F_{排烟有效}$ = 开启的最大窗口面积

推拉窗立面示意图

4.3.5 图示3

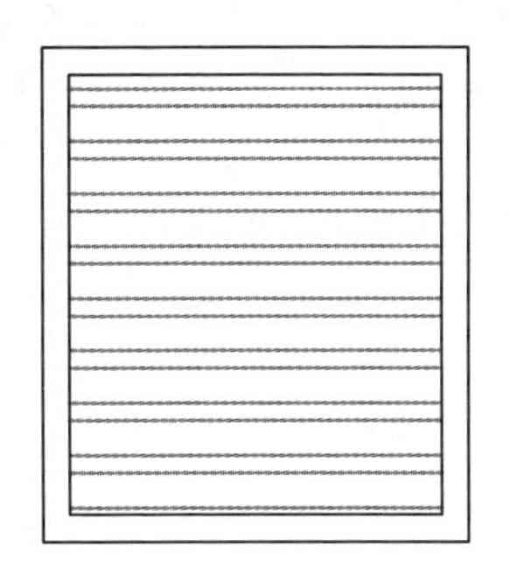

$F_{排烟有效} = F_{窗} \times$ 有效面积系数

百叶窗立面示意图

4.3.5 图示4

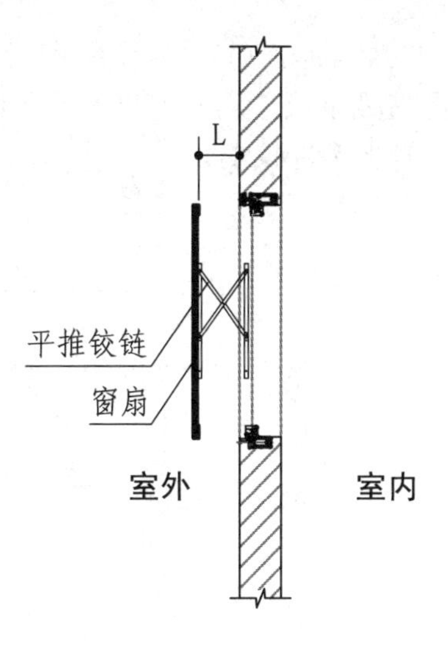

$F_{排烟有效} = 0.25 \times F_{窗周长} \times L \leqslant F_{窗面积}$

设置在外墙上的平推窗剖面示意图

4.3.5 图示6

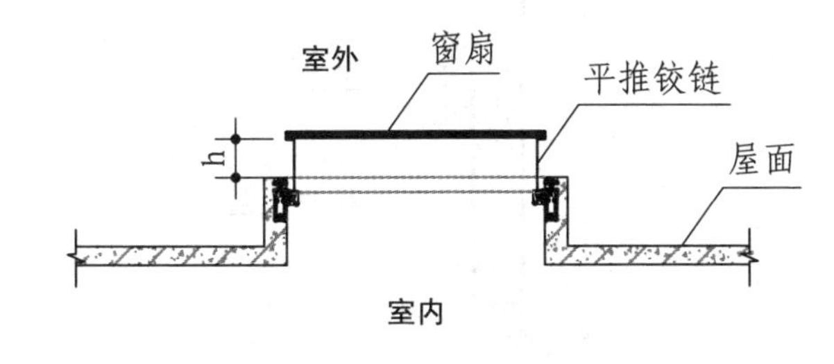

$F_{排烟有效} = 0.50 \times F_{窗周长} \times h \leqslant F_{窗面积}$

设置在顶部的平推窗剖面示意图

4.3.5 图示5

〖注释〗

对于百叶窗，窗的有效面积为窗的净面积乘以有效面积系数。根据工程实际经验，当采用防雨百叶时系数取0.6，当采用一般百叶时系数取0.8。

4.3.6　自然排烟窗（口）应设置手动开启装置，设置在高位不便于直接开启的自然排烟窗（口），应设置距地面高度1.3m～1.5m的手动开启装置【图示1】。净空高度大于9m的中庭、建筑面积大于2000m²的营业厅、展览厅、多功能厅等场所，尚应设置集中手动开启装置和自动开启设施【图示2】。

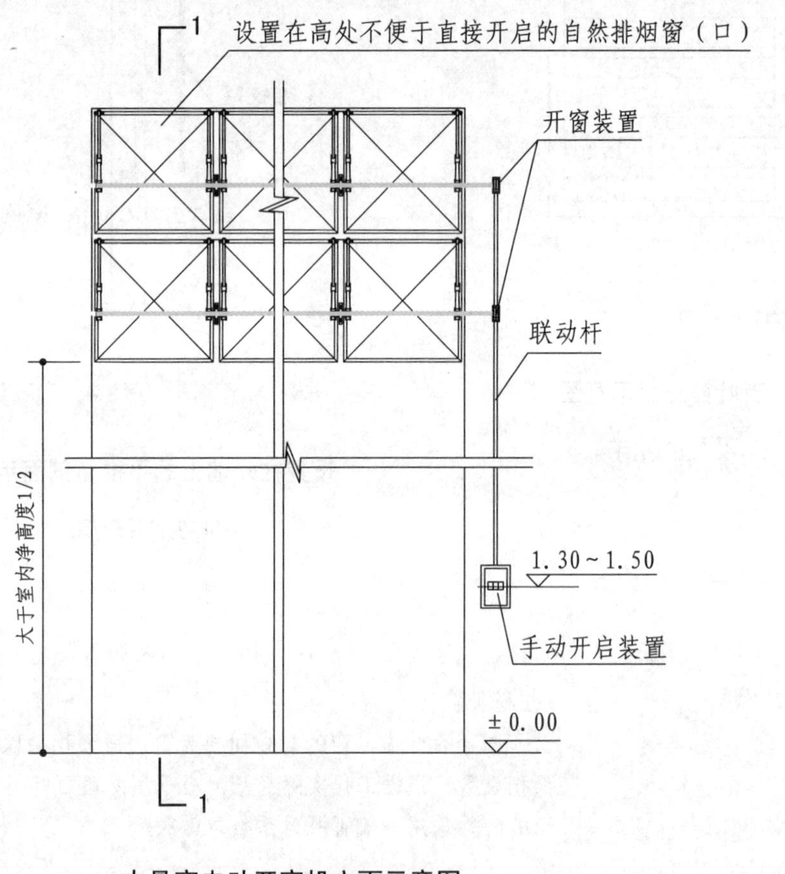

中悬窗电动开窗机立面示意图

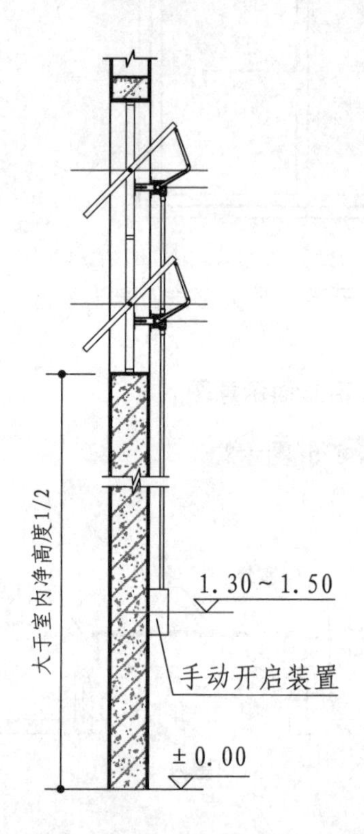

1-1 剖面

4.3.6 图示1

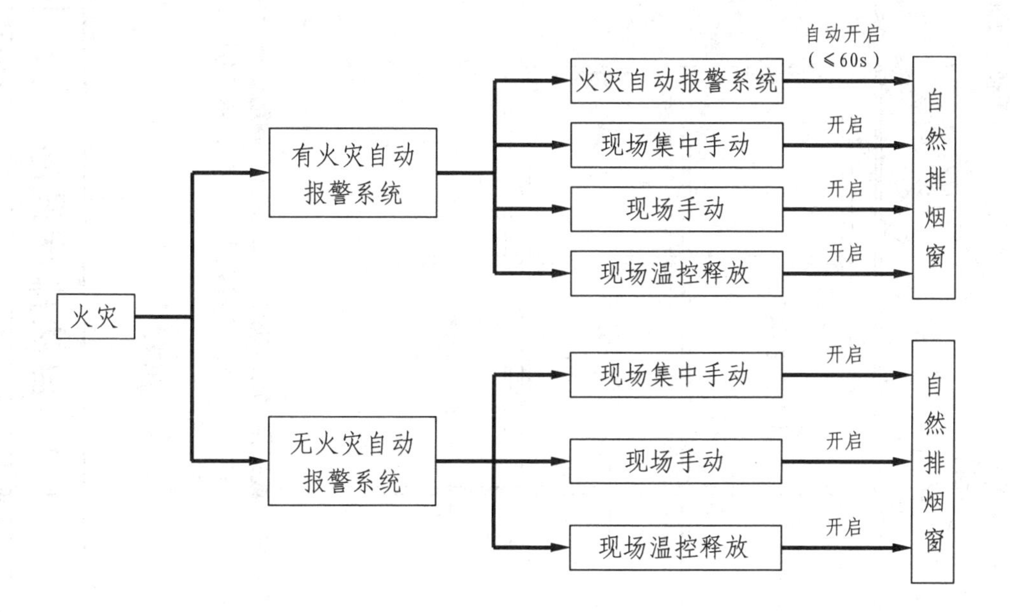

净空高度大于9m的中庭、建筑面积大于2000m²的营业厅、展览厅、多功能厅等场所设自然排烟的措施手段

4.3.6 图示2

第4.3.6条〖注释〗

对于室内净空高度大于9m的中庭、建筑面积大于2000m²的营业厅、展览厅、多功能厅等场所，由于自然排烟窗设置位置通常较高（如顶部或外墙上），且区域较大，为保证火灾时自然排烟窗能及时、顺利开启，本条文要求排烟窗应具有现场集中手动开启、现场手动开启和温控释放开启功能；或者与报警联动。

4.3.7 除洁净厂房外，设置自然排烟系统的任一层建筑面积大于2500m²的制鞋、制衣、玩具、塑料、木器加工储存等丙类工业建筑，除自然排烟所需排烟窗（口）外，尚宜在屋面上增设可熔性采光带（窗），其面积应符合下列规定：

1 未设置自动喷水灭火系统的，或采用钢结构屋顶，或采用预应力钢筋混凝土屋面板的建筑，不应小于楼地面面积的10%【图示1】；

2 其他建筑不应小于楼地面面积的5%【图示2】。

注：可熔性采光带（窗）的有效面积应按其实际面积计算。

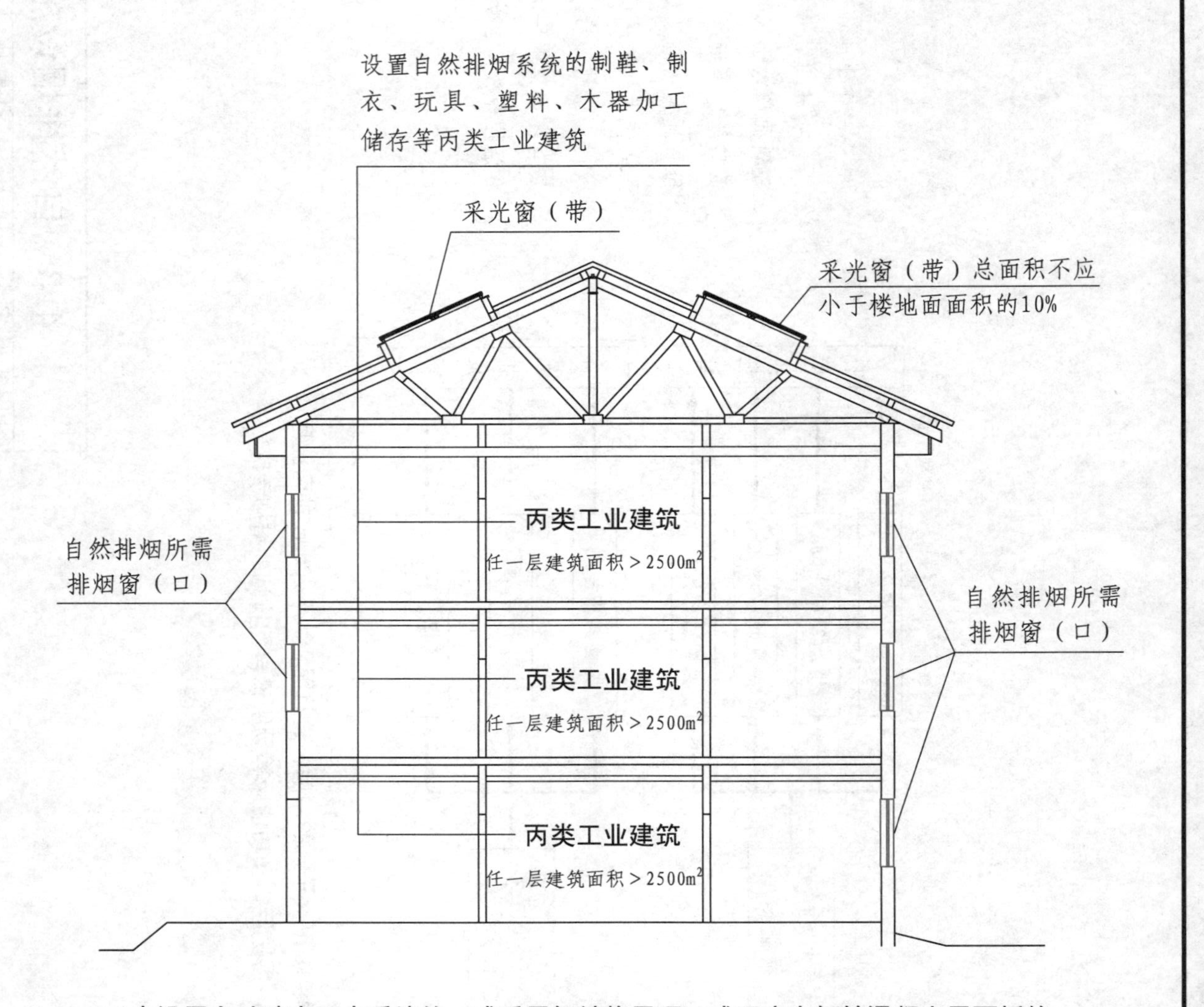

未设置自动喷水灭火系统的，或采用钢结构屋顶，或预应力钢筋混凝土屋面板的丙类工业建筑（洁净厂房除外）设置采光带（窗）示意图

4.3.7 图示1

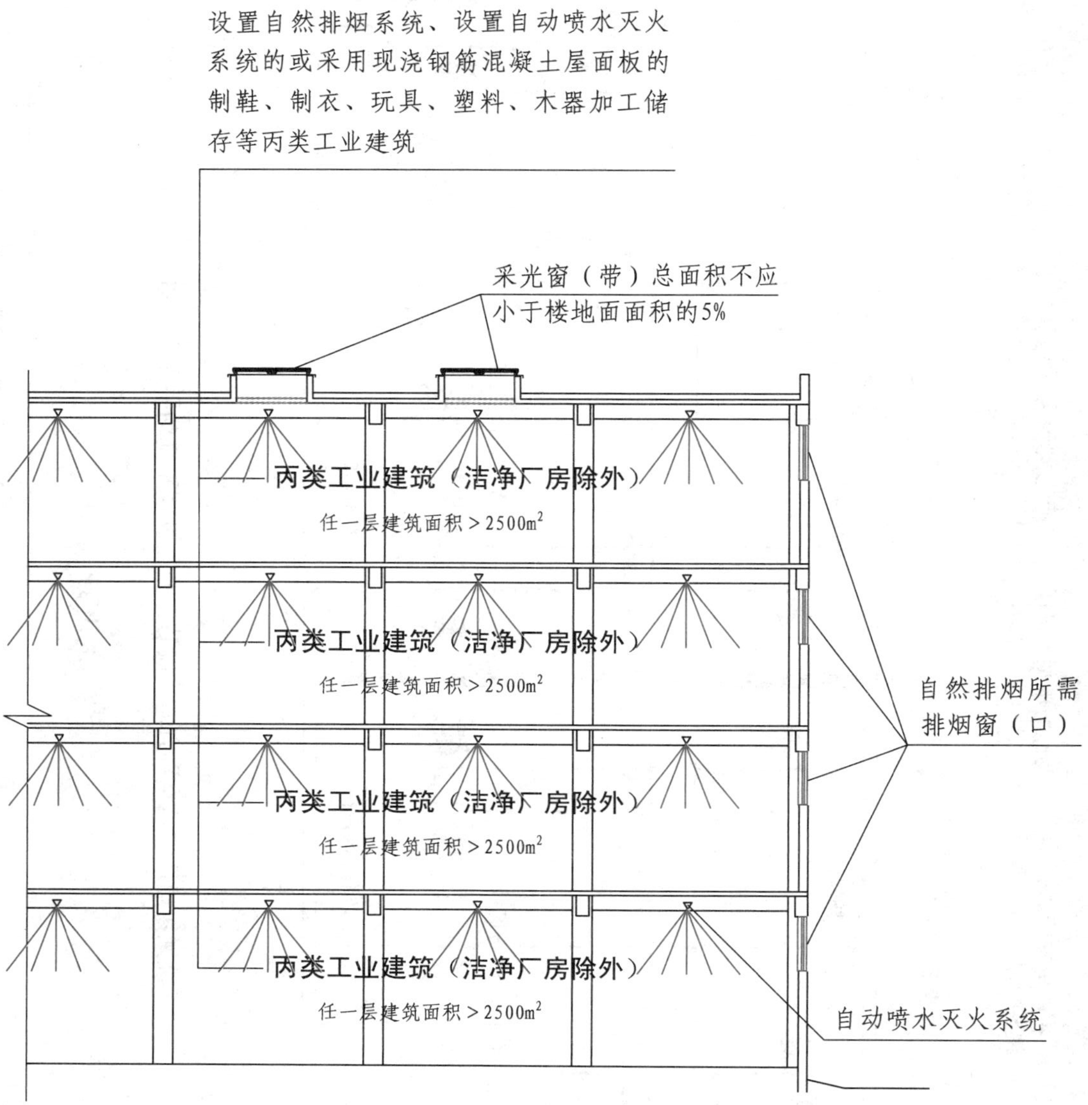

设置自动喷水灭火系统的或采用现浇钢筋混凝土屋面板丙类工业建筑（洁净厂房除外）设置采光带（窗）示意图

4.3.7 图示2

4.3 自然排烟设施							图集号	15K606
审核	寿炜炜	寿炜炜	校对	陈逸	陈逸	设计	张兢	张兢	页	95

4.4 机械排烟设施

4.4.1 当建筑的机械排烟系统沿水平方向布置时，每个防火分区的机械排烟系统应独立设置【图示】。

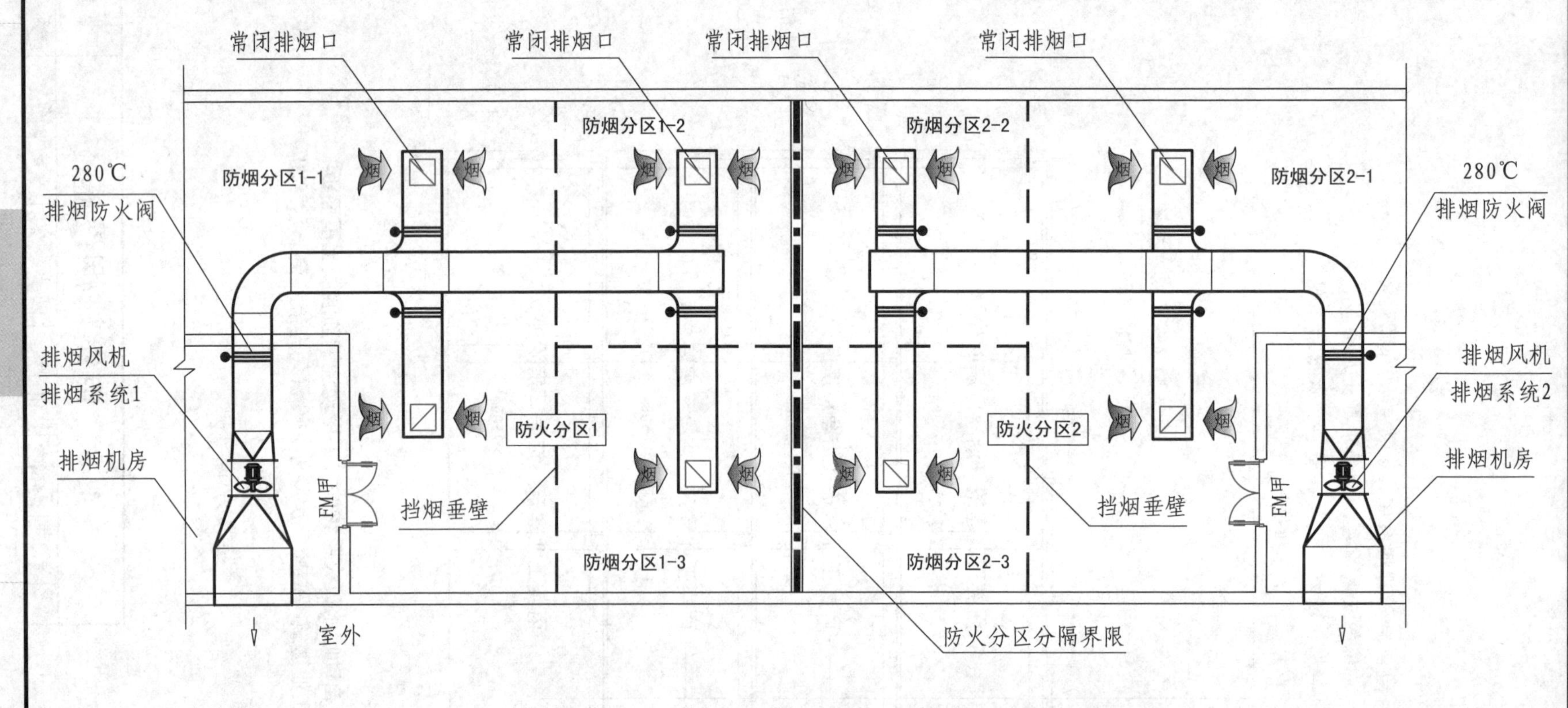

机械排烟系统沿水平方向、按防火分区设置系统的平面示意图

4.4.1 图示

4.4.2 建筑高度超过50m的公共建筑和建筑高度超过100m的住宅，其排烟系统应竖向分段独立设置，且公共建筑每段高度不应超过50m，住宅建筑每段高度不应超过100m【图示】。

〖注释〗

1. 条文的制定：

本条文制定的目的是为了提高系统的可靠性，防止排烟系统担负楼层数太多或竖向高度过高，不利于烟气的及时排除，且一旦系统出现故障，容易造成大面积失控，对建筑整体安全构成威胁。

2. 设计要点

2.1 竖向分段最好是结合设备层、避难层的布置设定，为提高系统的安全性，应尽量减少一个排烟系统服务的楼层数。

2.2 当火灾确认后，担负两个及以上防烟分区的排烟系统，应仅打开着火防烟分区的排烟阀（口），其他防烟分区的排烟阀（口）应呈关闭状态。

2.3 排烟风机宜设置在系统的顶部，室外排烟口应高于加压送风机和补风机的进风口。

4.4.2 图示

4.4 机械排烟设施							图集号	15K606
审核	寿炜炜	[签名]	校对	束庆	[签名]	设计	彭琼	[签名]	页	97

4.4.3 排烟系统与通风、空气调节系统应分开设置；当确有困难时可以合用，但应符合排烟系统的要求【图示】，且当排烟口打开时，每个排烟合用系统的管道上需联动关闭的通风和空气调节系统的控制阀门不应超过10个。

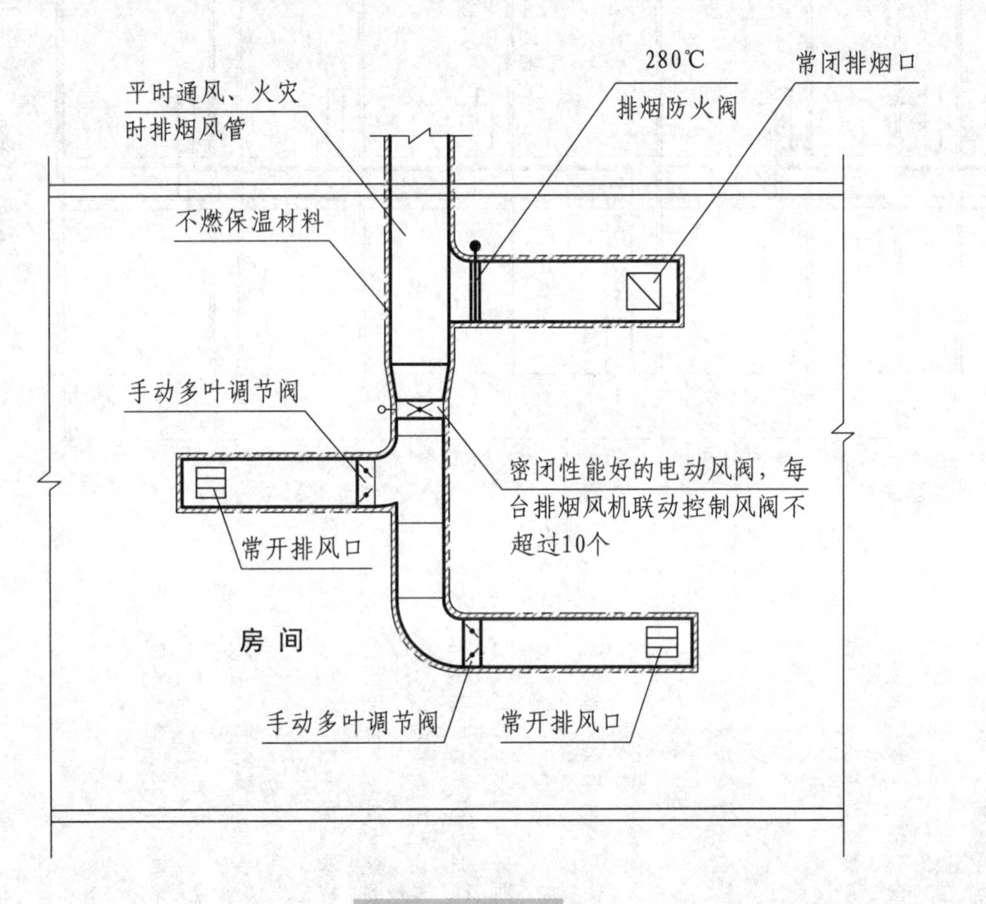

风口控制要求：

1. 密闭性能好的电动风阀：平时常开，火灾时电动关闭；
2. 常闭排烟口：平时常闭，火灾需排烟时快速打开。

4.4.3 图示

4.4 机械排烟设施								图集号	15K606
审核	寿炜炜	寿炜炜	校对	束庆	束庆	设计	彭琼	页	98

第4.4.3条〖注释〗

1. 条文的制定:

在实际工程中，通风、空调系统的风口一般都是常开风口，为了确保排烟量，当按防烟分区进行排烟时，只有着火处防烟分区内的排烟口开启排烟，其他排烟口应呈关闭状态。当通风、空调系统与排烟系统合用时，每个风口上都需安装自动控制阀,或在相关的风管上安装自动控制阀（如4.4.3图示）,才能满足排烟的要求；同时通风、空调系统与消防排烟系统合用，系统的漏风量大、风阀的控制复杂。因此，本标准优先推荐排烟系统与通风、空调系统分开设置。但对某些工程，因建筑条件限制，通风、空调系统与排烟系统合用同一系统时，在控制方面必须采取可靠的技术措施，避免系统误动作。系统中的风口、阀门、风管和风机等都应符合防火要求，风管的保温材料应采用不燃材料。

2. 设计要点

2.1 用于消防排烟的风机应能满足在280℃的环境条件下连续工作30min的要求。

2.2 系统风量应满足消防排烟的排烟量。

2.3 系统上的柔性接管必须为不燃材料，同时一定要满足在280℃的环境条件下能够连续工作不少于30min的要求。

2.4 火灾时的烟气不应通过通风、空调系统中的过滤器、加热器等设备。

2.5 密闭性能好的电动风阀应根据控制要求，自动动作。

2.6 应加厚钢制风管的钢板厚度，风管的消声器、保温材料等必须采用不燃材料。

4.4.4　排烟风机宜设置在排烟系统的最高处【图示】，烟气出口宜朝上，并应高于加压送风机和补风机的进风口，两者垂直距离或水平距离应符合本标准第3.3.5条第3款的规定。

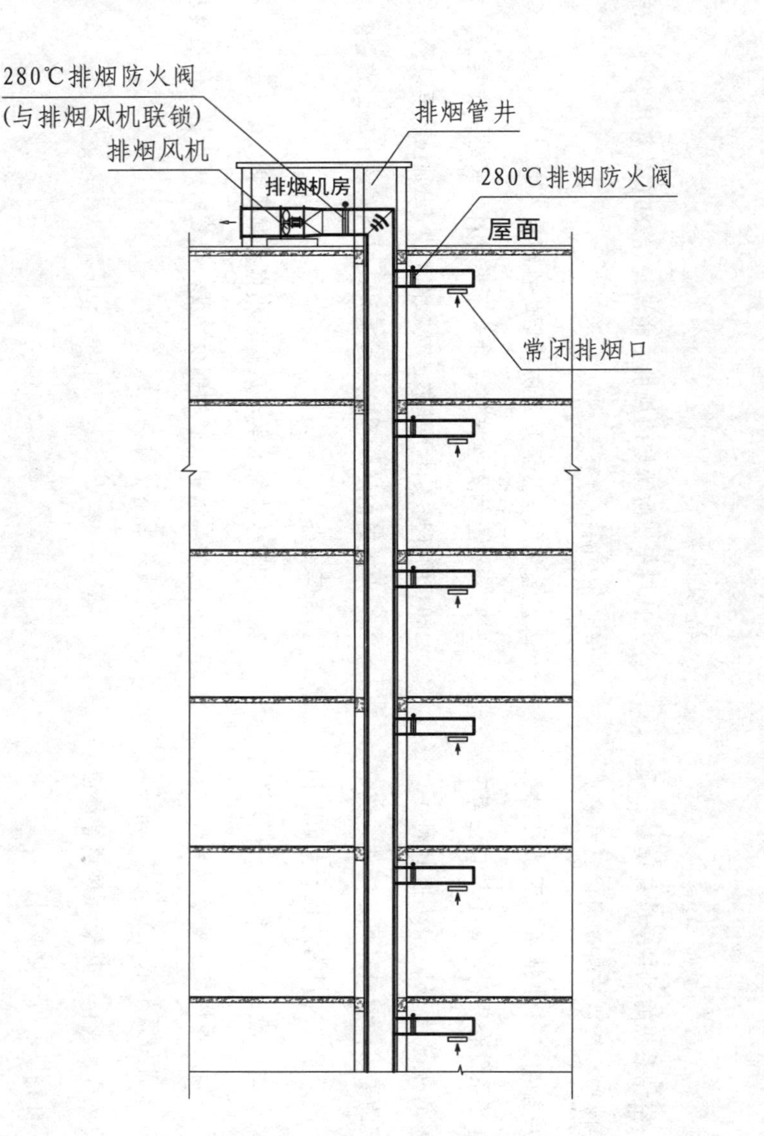

排烟风机设在排烟系统的最高处

4.4.4 图示

〖注释〗

排烟风机的烟气排出口距加压送风机或补风机的进风口，两者垂直距离或水平距离的规定，参见本图集第40页、第41页。

4.4.5 排烟风机应设置在专用机房内，并应符合本标准第3.3.5条第5款的规定，且风机两侧应有600mm以上的空间【图示1】。对于排烟系统与通风空气调节系统共用的系统，其排烟风机与排风风机的合用机房应符合下列规定：

1 机房内应设置自动喷水灭火系统【图示2】；

2 机房内不得设置用于机械加压送风的风机与管道【图示3】；

3 排烟风机与排烟管道的连接部件应能在280℃时连续30min保证其结构完整性【图示4】。

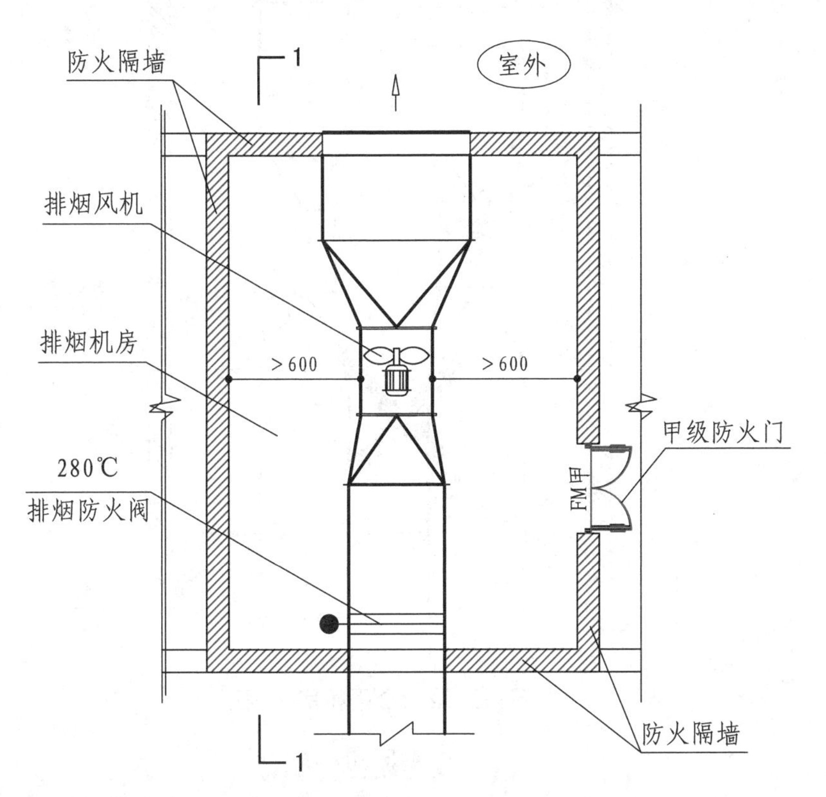

排烟风机置于专用机房内平面示意图

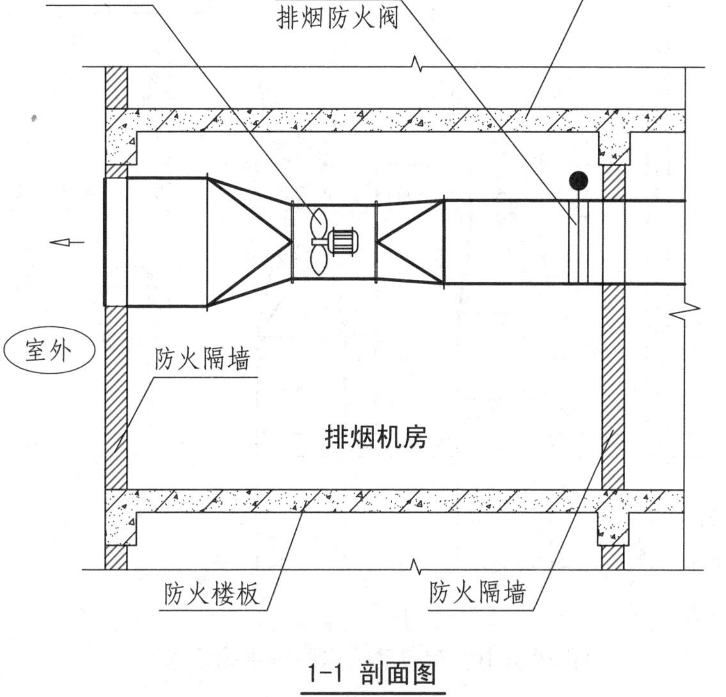

1-1 剖面图

4.4.5 图示1

4.4 机械排烟设施						图集号	15K606
审核	寿炜炜	校对	束庆	设计	彭琼	页	101

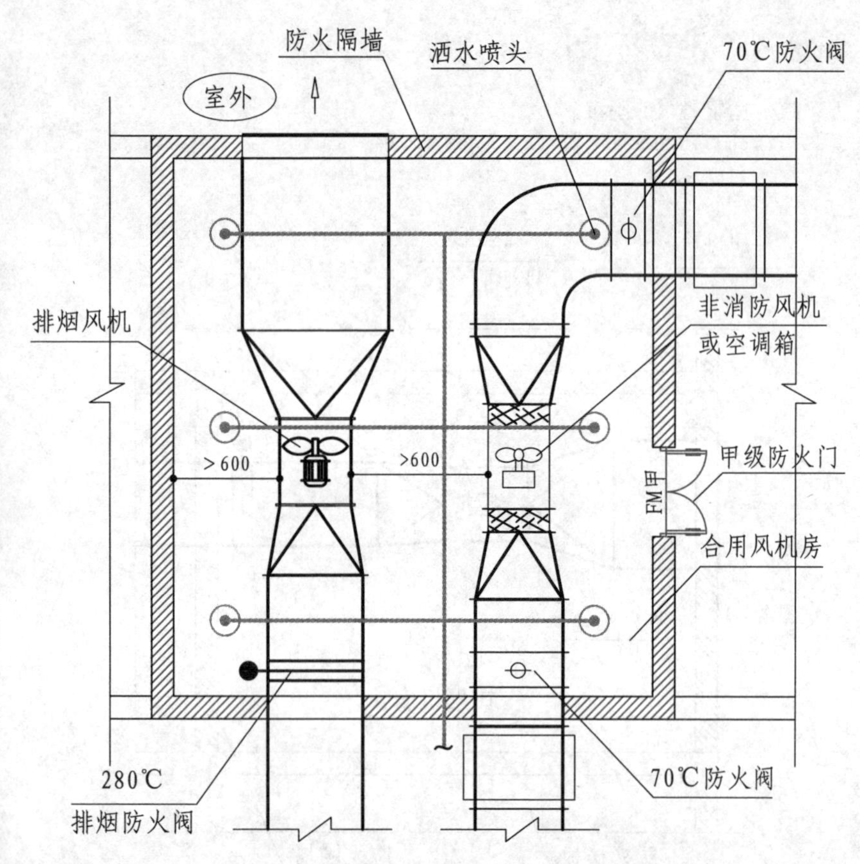

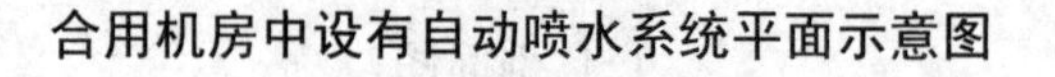
合用机房中设有自动喷水系统平面示意图

4.4.5 图示2

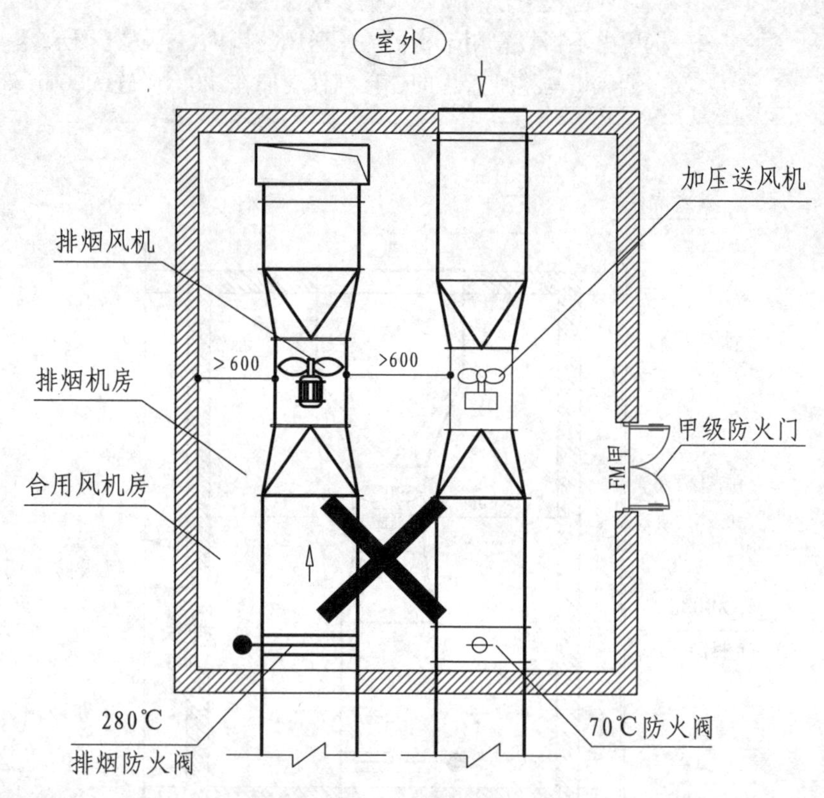

不得采用的合用机房平面图

4.4.5 图示3

4.4 机械排烟设施								图集号	15K606
审核	寿炜炜	[签名]	校对	束庆	[签名]	设计	彭琼	页	102

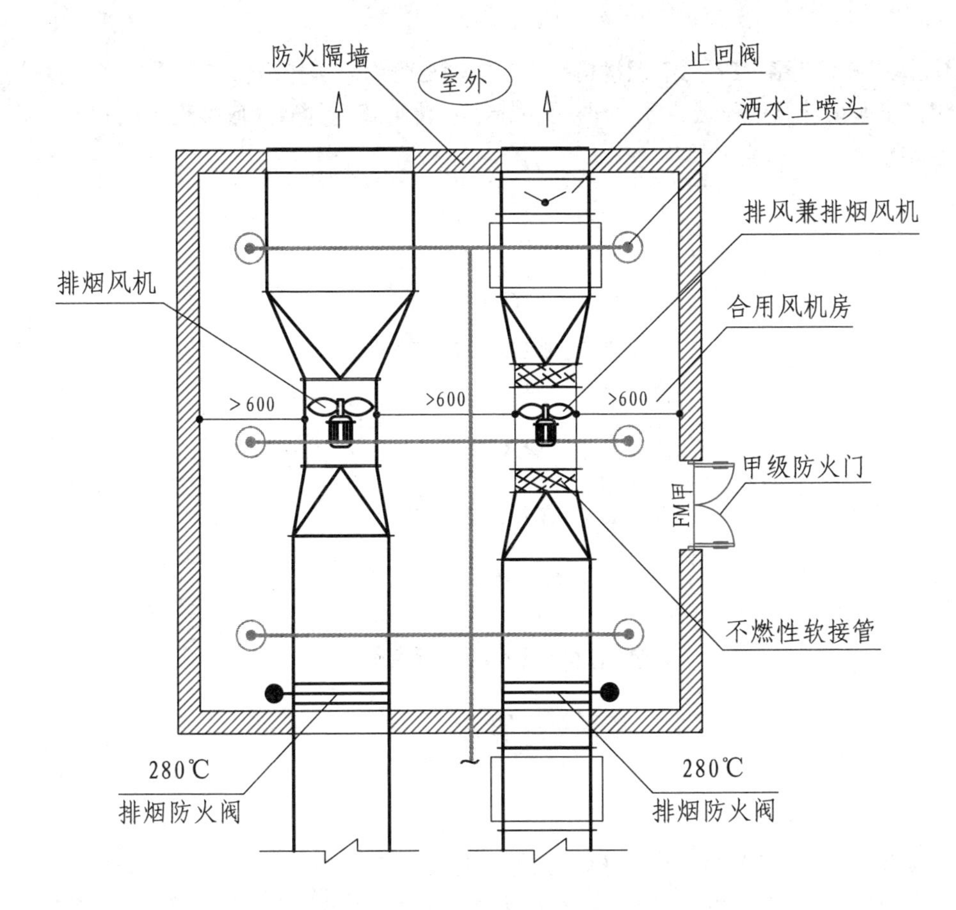

合用机房中排风兼排烟管道上设有软接管的平面示意图

4.4.5 图示4

〖注释〗

1. 条文的制定:

排烟管道作为排烟系统的组成部分，与排烟风机一样，应有一定的耐温要求。通常排烟管道上不设软接管，但对于排风兼排烟的系统而言，由于要兼顾平时排风对周边环境的减振减噪要求，排烟风机与管道间需设软接管。为提高系统运行的安全性、可靠性，标准规定软接管应能在280℃的环境条件下连续工作不少于30min。

2. 设计要点:

2.1 设于排风兼排烟系统上的软接管必须为不燃性材料，同时一定要满足在280℃的环境条件下能够连续工作不少于30min的要求。

2.2 对于排风兼排烟系统中装设的消声器，其消声材料应为不燃材料。

4.4.6 排烟风机应满足280℃时连续工作30min的要求，排烟风机应与风机入口处的排烟防火阀连锁，当该阀关闭时，排烟风机应能停止运转。

4.4.7 机械排烟系统应采用管道排烟，且不应采用土建风道。排烟管道应采用不燃材料制作且内壁应光滑。当排烟管道内壁为金属时，管道设计风速不应大于20m/s；当排烟管道内壁为非金属时，管道设计风速不应大于15m/s【图示】；排烟管道的厚度应按现行国家标准《通风与空调工程施工质量验收规范》GB 50243的有关规定执行。

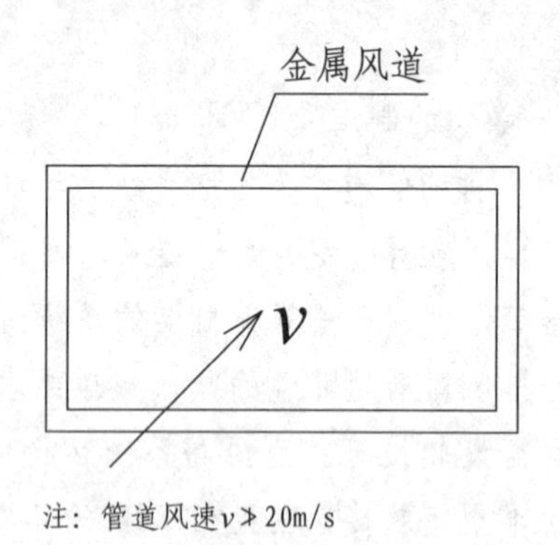

注：管道风速v≯20m/s

金属排烟风道截面示意图

4.4.7 图示a

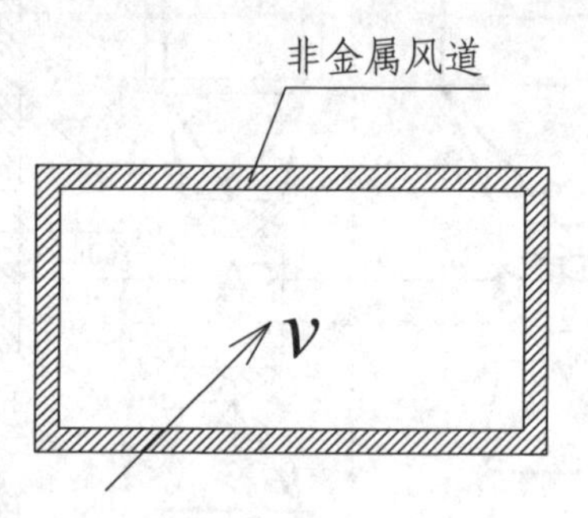

注：管道风速v≯15m/s。

非金属排烟风道截面示意图

4.4.7 图示b

〖注释〗

1. 条文的制定

为保证火灾时排烟系统安全可靠地运行，本条文对风管的制作材料、风速以及风管的板材厚度等做出了强制性规定。

2. 设计要点

2.1 排烟管道无论是什么材质，都必须是不燃材料制作的。金属风管的板材厚度应按现行国家标准《通风与空调工程施工质量验收规范》GB 50243的有关要求进行设计。

2.2 非金属风管的材料品种、规格、性能与厚度等应符合设计和现行国家产品标准的规定。

2.3 排烟风管应按中压系统风管的规定，进行强度和严密性检验。

4.4.8　排烟管道的设置和耐火极限应符合下列规定：

1　排烟管道及其连接部件应能在280℃时连续30min保证其结构完整性。

2　竖向设置的排烟管道应设置在独立的管道井内，排烟管道的耐火极限不应低于0.50h【图示1】。

3　水平设置的排烟管道应设置在吊顶内，其耐火极限不应低于0.50h；当确有困难时，可直接设置在室内，但管道的耐火极限不应小于1.00h。

4　设置在走道部位吊顶内的排烟管道，以及穿越防火分区的排烟管道，其管道的耐火极限不应小于1.00h，但设备用房和汽车库的排烟管道耐火极限可不低于0.50h【图示2】。

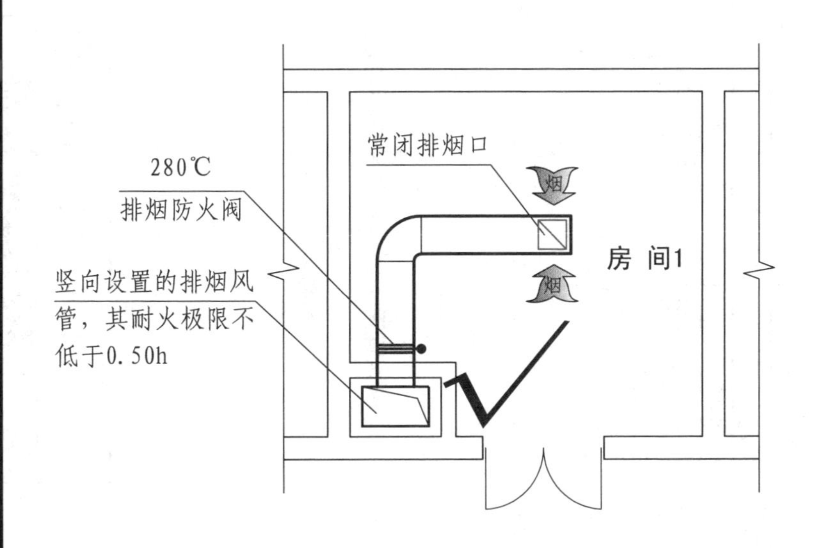

竖向设置的排烟风管
在独立管道井内平面示意图

4.4.8 图示1a

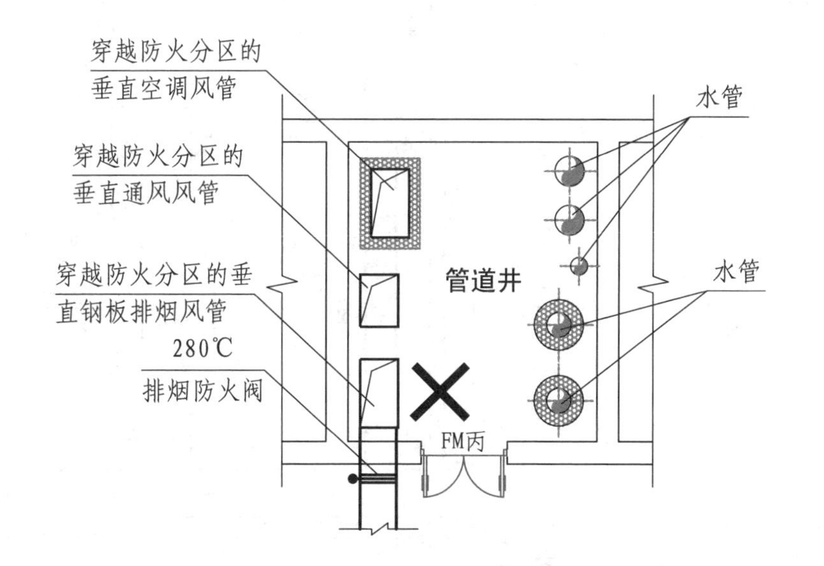

竖向设置的排烟风管
未安装在独立管道井内平面示意图

4.4.8 图示1b

4.4　机械排烟设施						图集号	15K606
审核	寿炜炜	校对	東庆	设计	彭琼	页	105

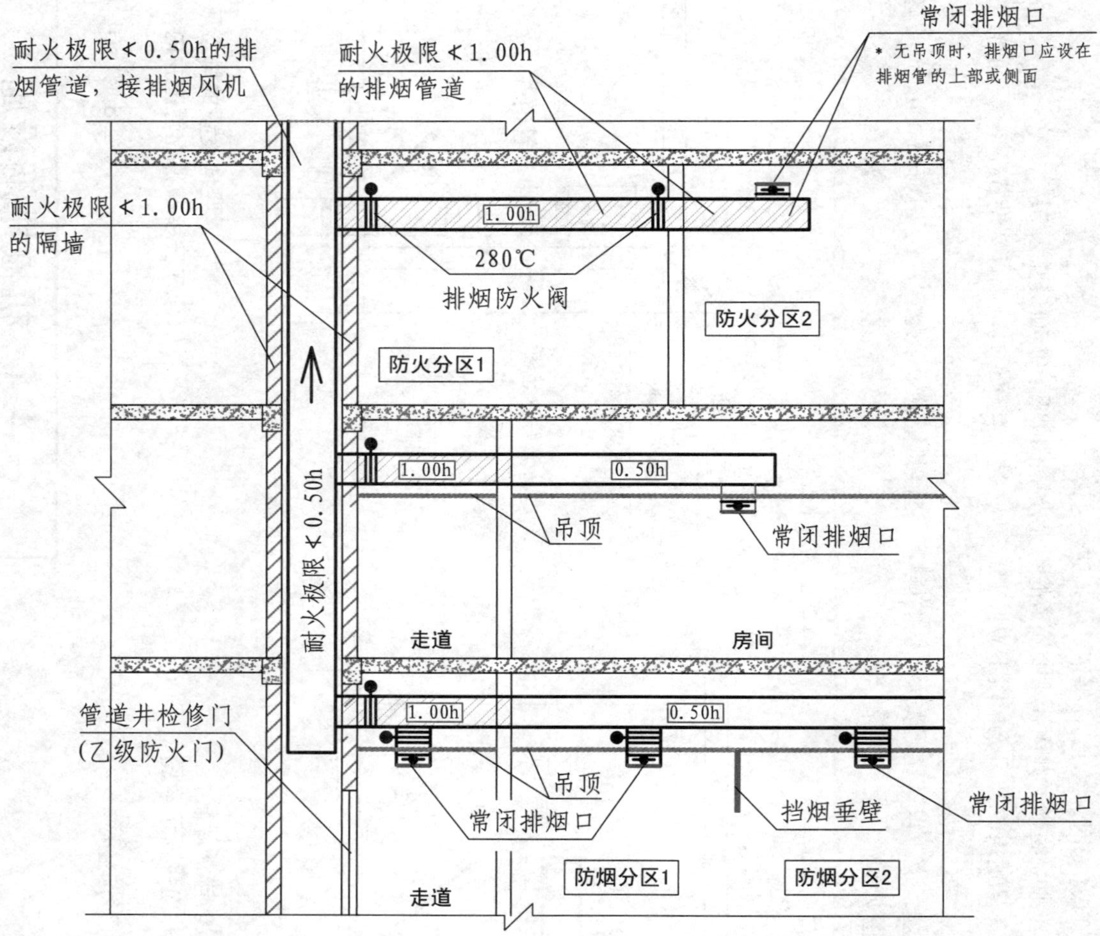

排烟管道的耐火极限要求示意图

4.4.8 图示2

4.4 机械排烟设施								图集号	15K606
审核	寿炜炜	[签名]	校对	束庆	[签名]	设计	彭琼	页	106

4.4.9　当吊顶内有可燃物时，吊顶内的排烟管道应采用不燃材料进行隔热，并应与可燃物保持不小于150mm的距离【图示】。

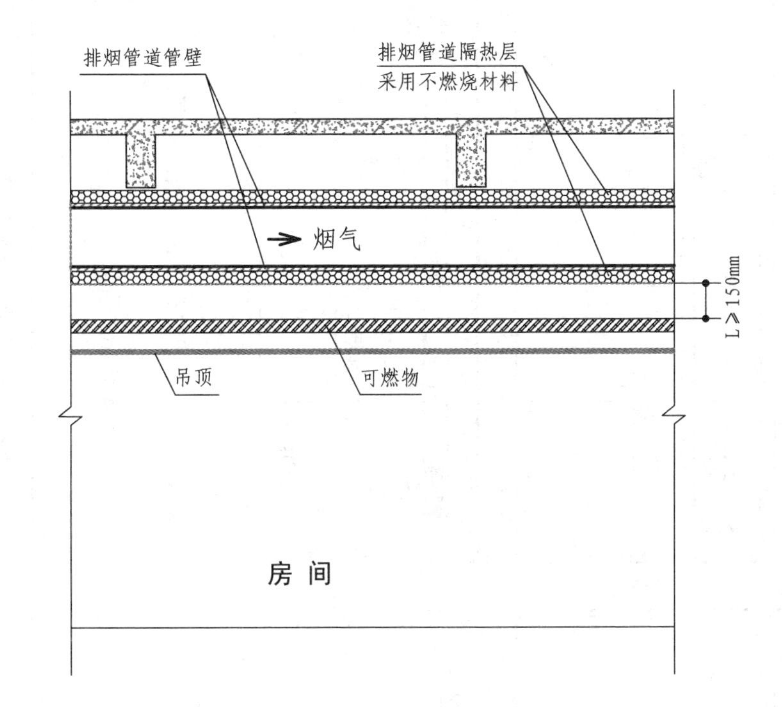

敷设在吊顶中的排烟管道示意图

4.4.9 图示

〖注释〗

为了防止排烟管道本身的高温引燃吊顶中的可燃物，本条文规定安装在吊顶内的排烟风管与可燃物或难燃物之间应保持一定的间隙，即不小于150mm的距离；或应采取隔热措施，并保证在排烟时，隔热层外表面温度不大于80℃。

举例：以不燃的玻璃棉卷材作为隔热材料为例。计算环境温度35℃，烟气温度280℃，表面放热系数8.141W/(m^2·K)，隔热层外表面温度按80℃计算。

隔热层厚度按表面温度法计算，结果如下：

δ=34.5mm

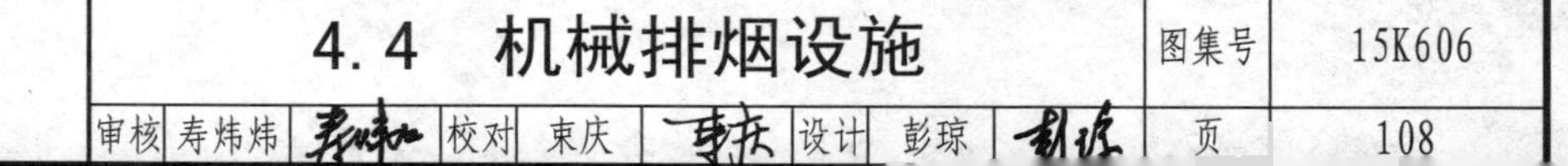

4.4.10 排烟管道下列部位应设置排烟防火阀【图示】：

1 垂直风管与每层水平风管交接处的水平管段上；

2 一个排烟系统负担多个防烟分区的排烟支管上；

3 排烟风机入口处；

4 穿越防火分区处。

4.4.11 设置排烟管道的管道井应采用耐火极限不小于1.00h的隔墙与相邻区域分隔；当墙上必须设置检修门时，应采用乙级防火门。

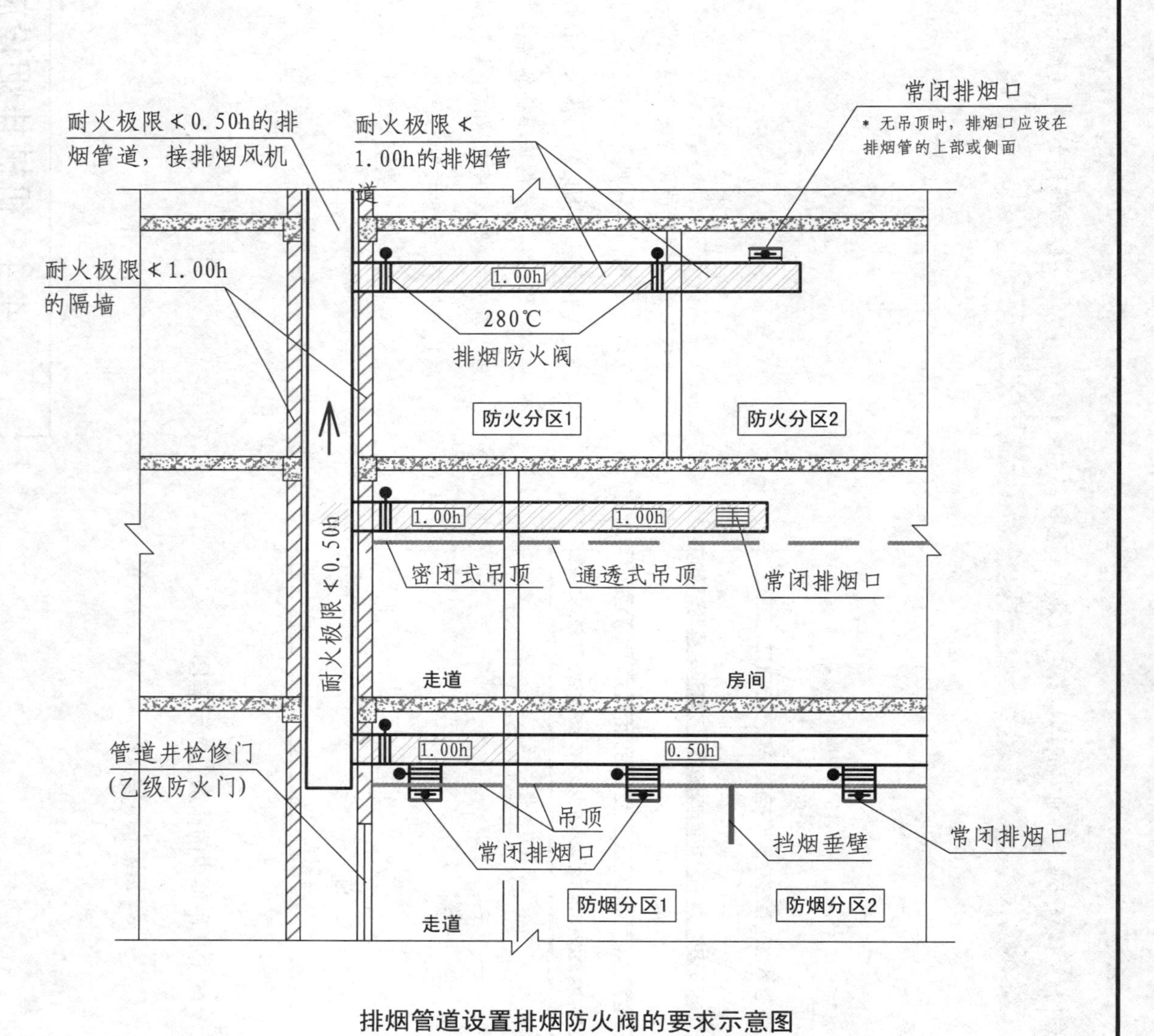

排烟管道设置排烟防火阀的要求示意图

4.4.10 图示a

4.4 机械排烟设施								图集号	15K606
审核	寿炜炜	[签名]	校对	束庆	[签名]	设计	彭琼	[签名]	页	108

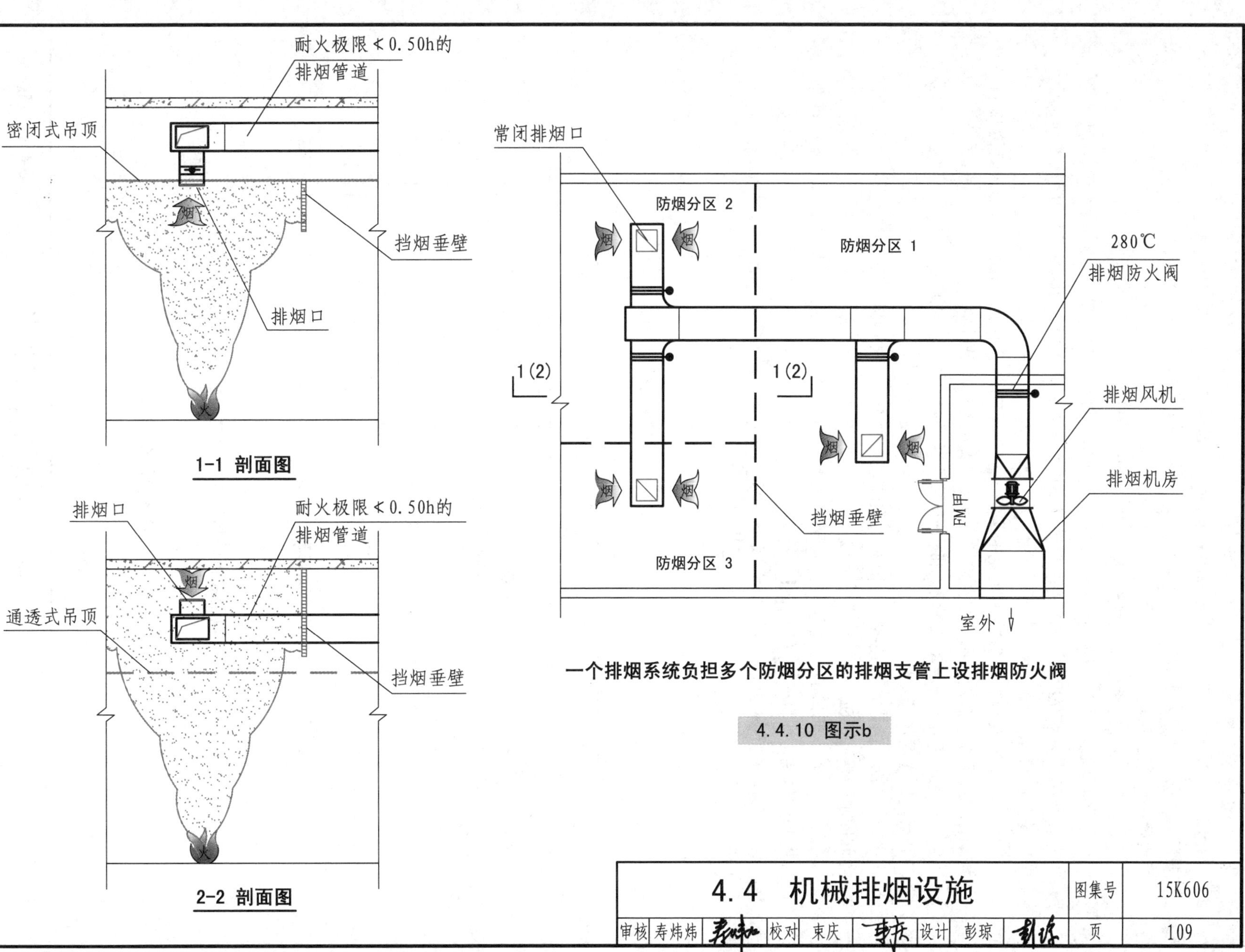

一个排烟系统负担多个防烟分区的排烟支管上设排烟防火阀

4.4.10 图示b

4.4.12　排烟口的设置应按本标准第4.6.3条经计算确定，且防烟分区内任一点与最近的排烟口之间的水平距离不应大于30m【图示1】。除本标准第4.4.13条规定的情况以外，排烟口的设置尚应符合下列规定：

1　排烟口宜设置在顶棚或靠近顶棚的墙面上。

2　排烟口应设在储烟仓内【图示2】，但走道、室内空间净高不大于3m的区域，其排烟口可设置在其净空高度的1/2以上；当设置在侧墙时，吊顶与其最近的边缘的距离不应大于0.5m【图示3】。

3　对于需要设置机械排烟系统的房间，当其建筑面积小于50m²时，可通过走道排烟，排烟口可设置在疏散走道；排烟量应按本标准第4.6.3条第3款计算。

4　火灾时由火灾自动报警系统联动开启排烟区域的排烟阀或排烟口，应在现场设置手动开启装置【图示4】。

5　排烟口的设置宜使烟流方向与人员疏散方向相反，排烟口与附近安全出口相邻边缘之间的水平距离不应小于1.5m【图示5】。

6　每个排烟口的排烟量不应大于最大允许排烟量，最大允许排烟量应按本标准第4.6.14条的规定计算确定【图示6】。

7　排烟口的风速不宜大于10m/s【图示6】。

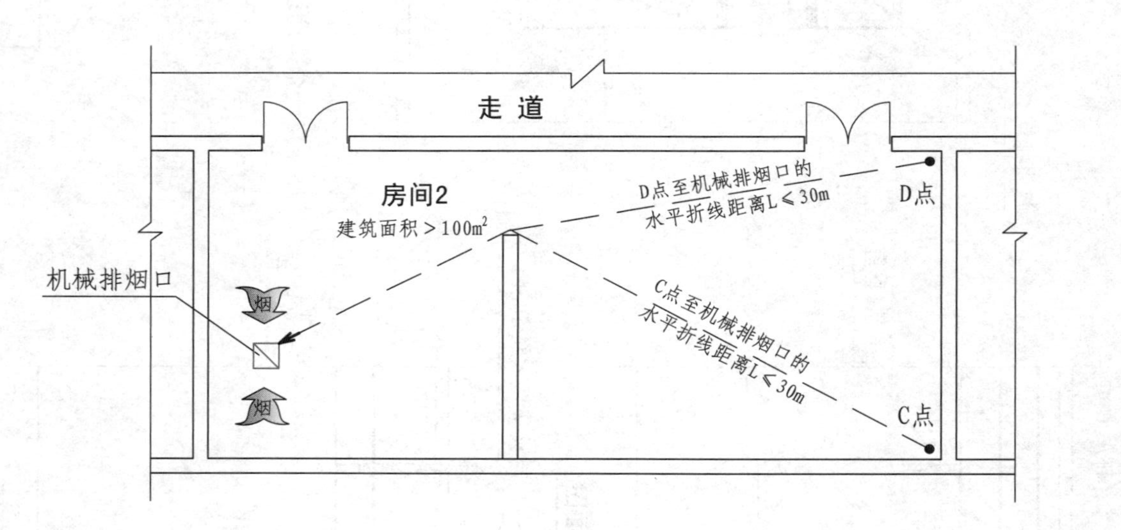

室内任一点至最近的机械排烟口之间水平距离要求示意图

4.4.12 图示1

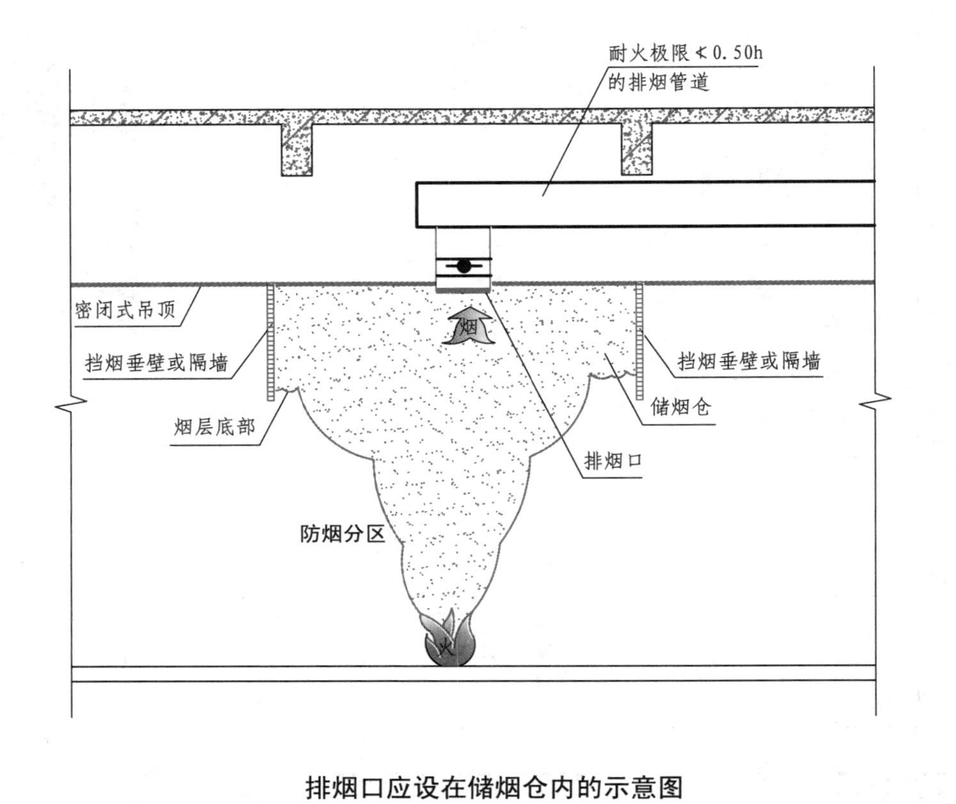

排烟口应设在储烟仓内的示意图

4.4.12 图示2

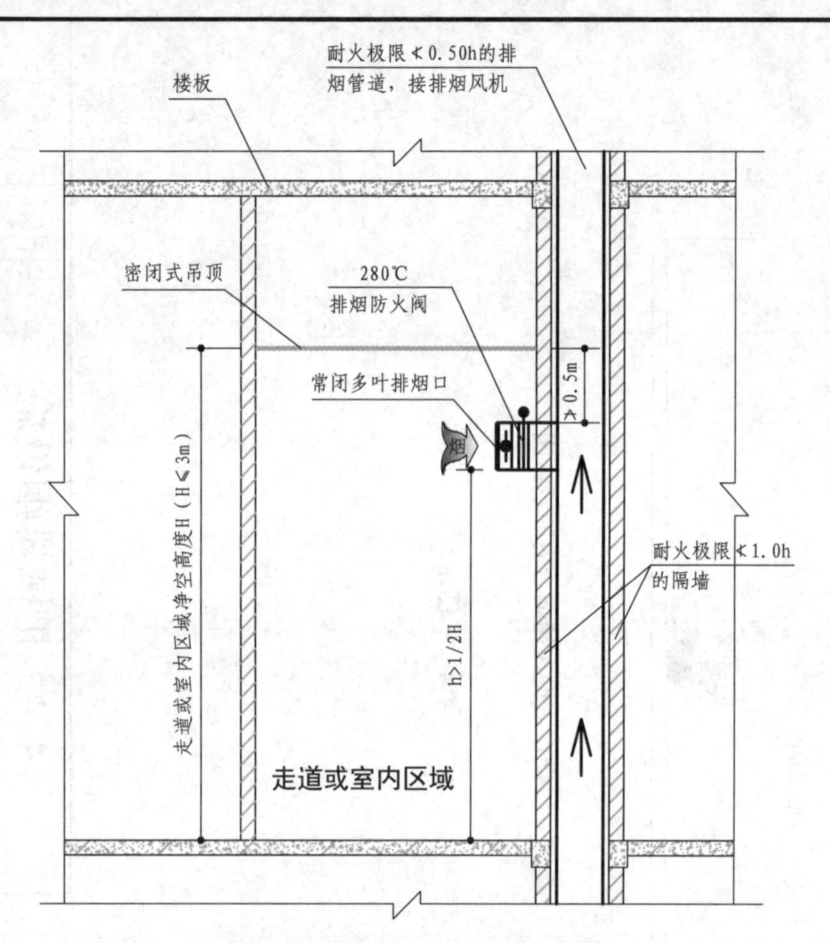

走道或室内净高不大于3m的区域
排烟口设置的示意图

4.4.12 图示3

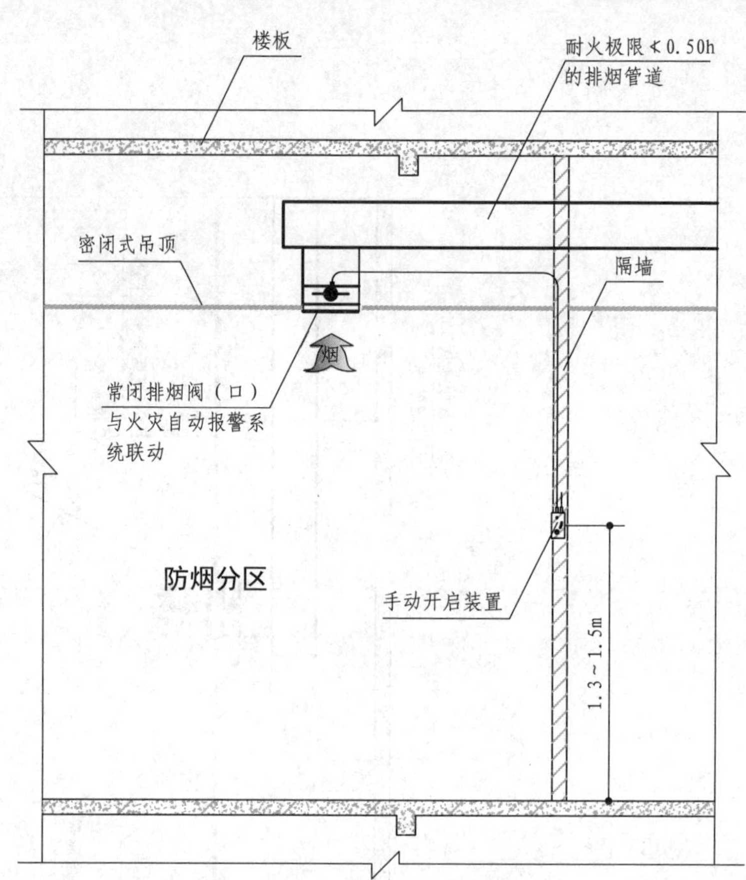

排烟口手动开启装置设置的示意图

4.4.12 图示4

〖注释〗

对排烟口设置高度的规定，目的就是为了及时将积聚在吊顶下的烟气排除，防止排烟口吸入过多的冷空气。

4.4 机械排烟设施						图集号	15K606
审核 寿炜炜	寿炜炜	校对 束庆	束庆	设计 彭琼	彭琼	页	112

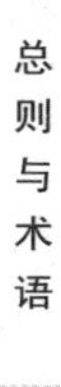

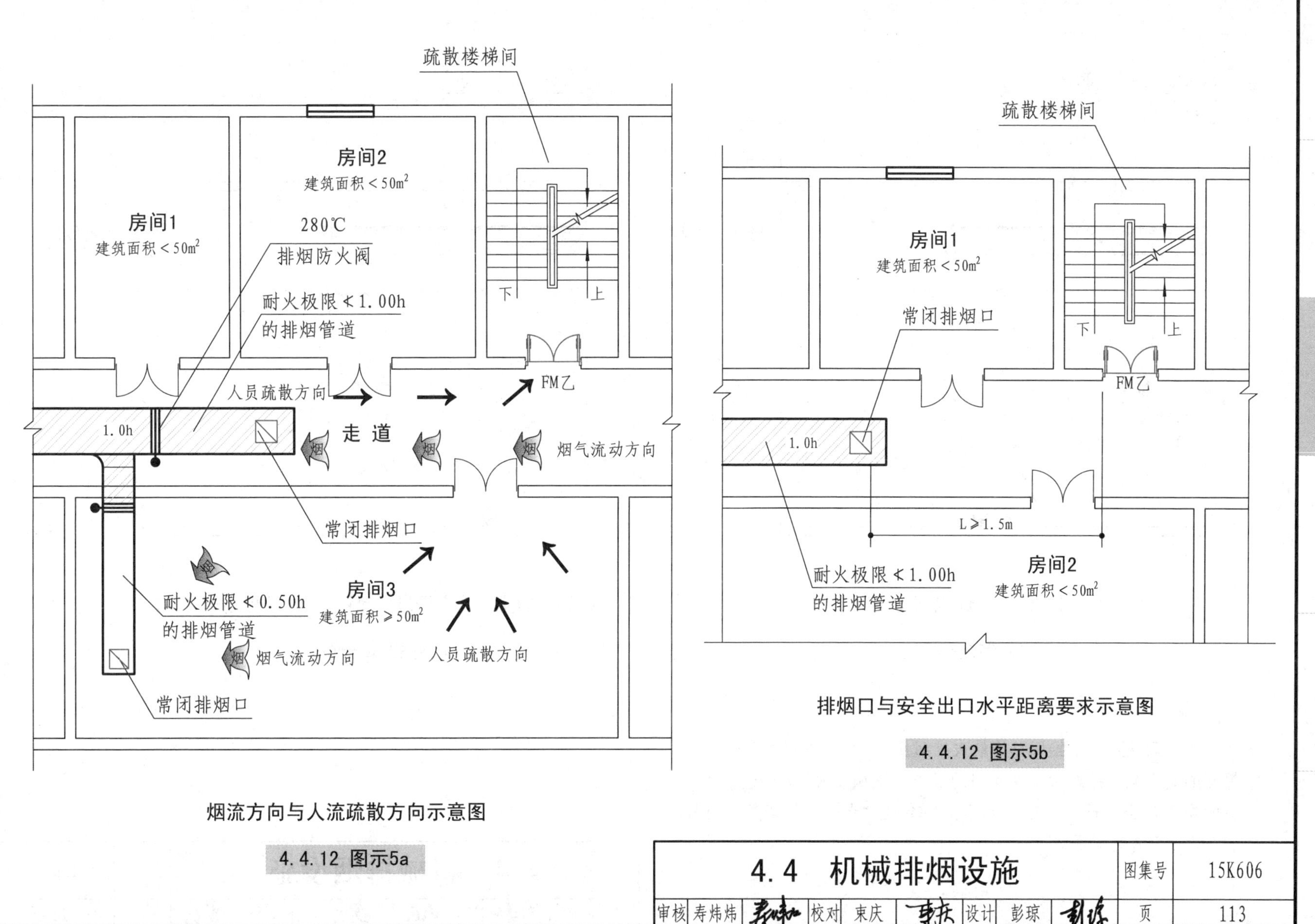

烟流方向与人流疏散方向示意图

4.4.12 图示5a

排烟口与安全出口水平距离要求示意图

4.4.12 图示5b

4.4 机械排烟设施							图集号	15K606
审核	寿炜炜	寿炜炜	校对	束庆	束庆	设计	彭琼	彭琼	页	113

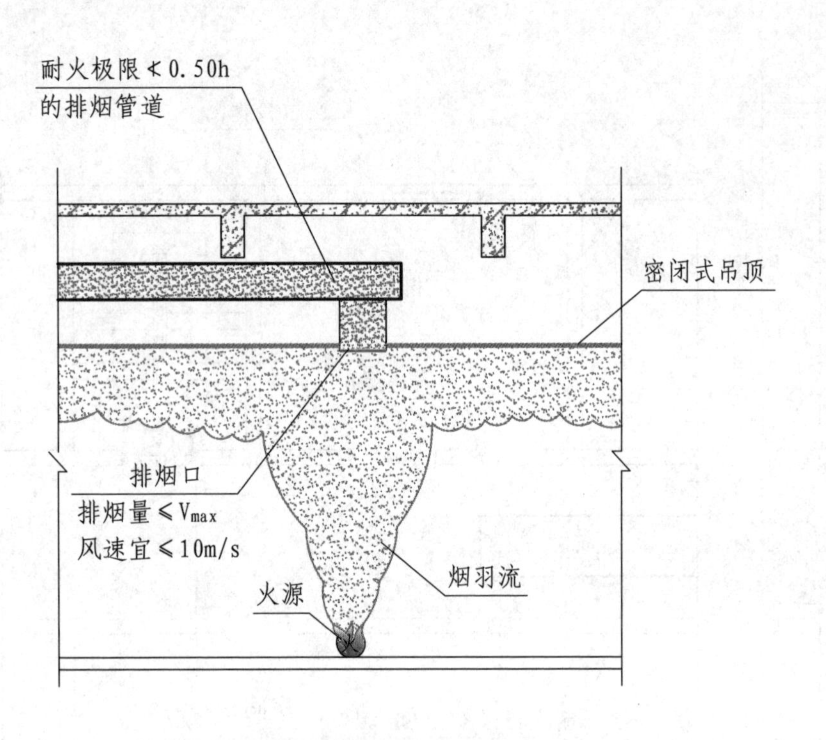

排烟口的排烟量和风速要求示意图

4.4.12 图示6a

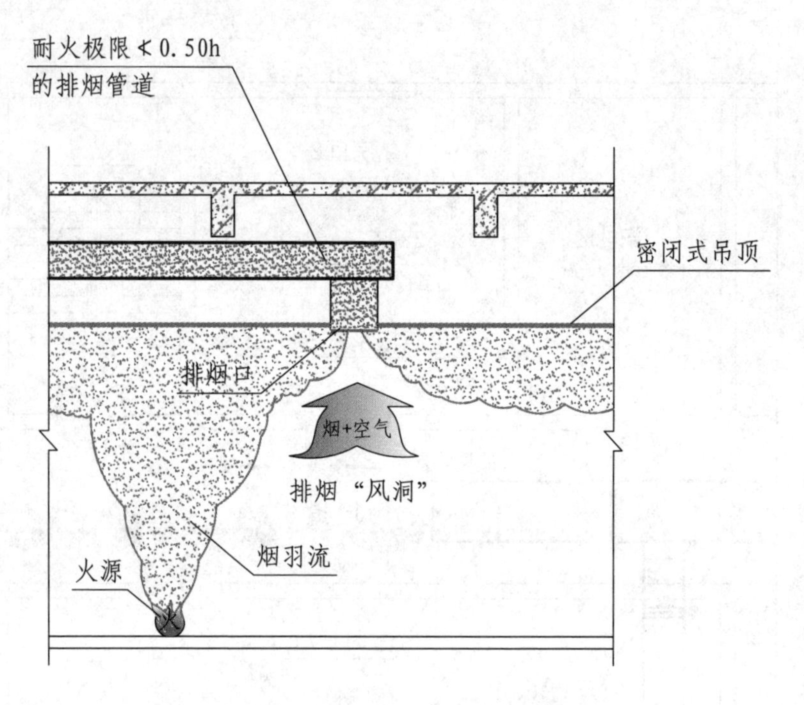

排烟口的排烟量大于最大允许排烟量的情景示意图

4.4.12 图示6b

〖注释〗

本条款规定每个排烟口的最大排烟量不得大于标准第4.6.14条规定的最大允许排烟量。其原因是当排烟口风量大于V_{max}时，排烟口下的烟气层会被破坏，室内无烟空气会被“卷吸”与烟气一同排出，导致有效排烟量减少。

4.4.13 当排烟口设在吊顶内且通过吊顶上部空间进行排烟时，应符合下列规定：

1 吊顶应采用不燃材料，且吊顶内不应有可燃物；

2 封闭式吊顶上设置的烟气流入口的颈部烟气速度不宜大于1.5m/s【图示1】；

3 非封闭式吊顶的开孔率不应小于吊顶净面积的25%，且孔洞应均匀布置【图示2】。

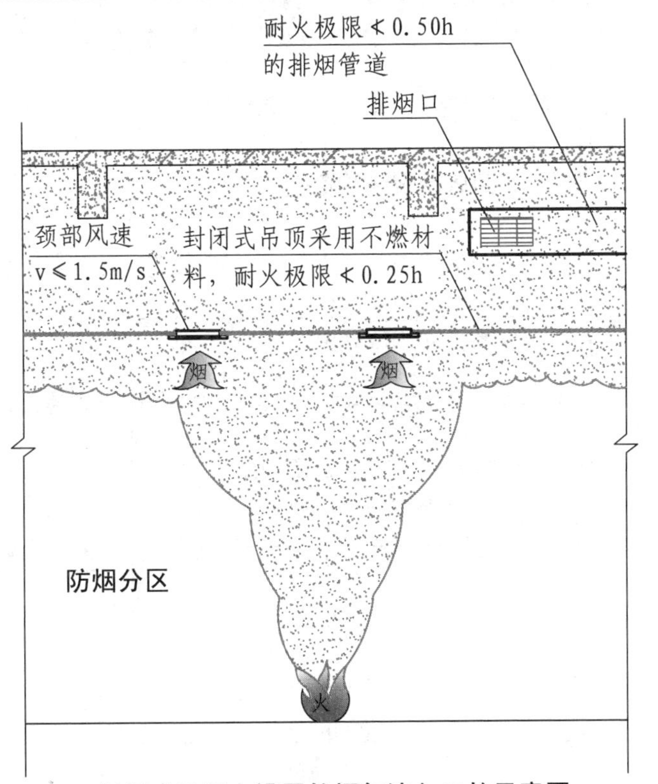

封闭式吊顶上设置的烟气流入口的示意图

4.4.13 图示1

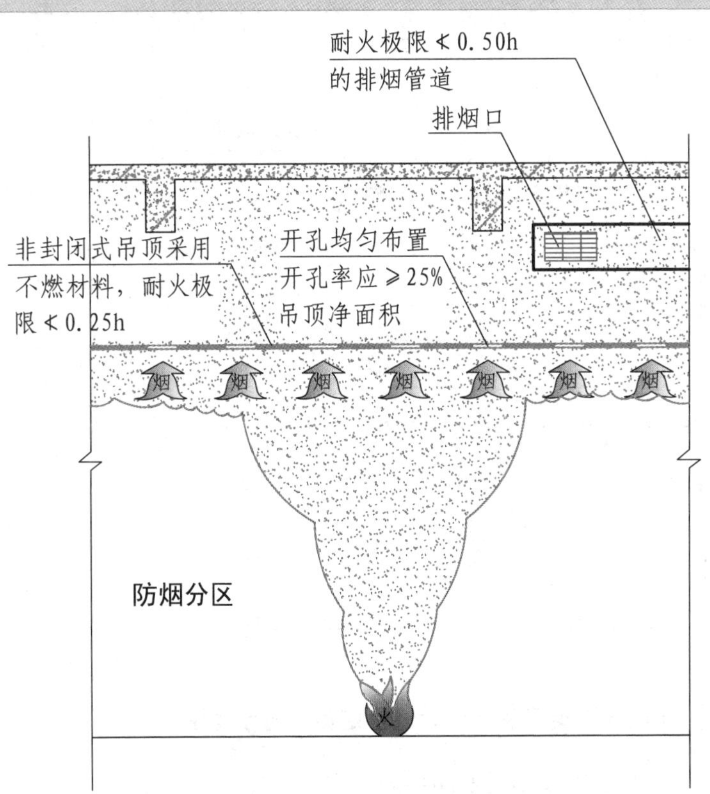

非封闭式吊顶吊顶上开孔率设置要求的示意图

4.4.13 图示2

4.4 机械排烟设施						图集号	15K606
审核	寿炜炜	校对	束庆	设计	彭琼	页	115

4.4.14 按本标准第4.1.4条规定需要设置固定窗时，固定窗的布置应符合下列规定：

1 非顶层区域的固定窗应布置在每层的外墙上；

2 顶层区域的固定窗应布置在屋顶或顶层的外墙上，但未设置自动喷水灭火系统的以及采用钢结构屋顶或预应力钢筋混凝土屋面板的建筑应布置在屋顶【图示】。

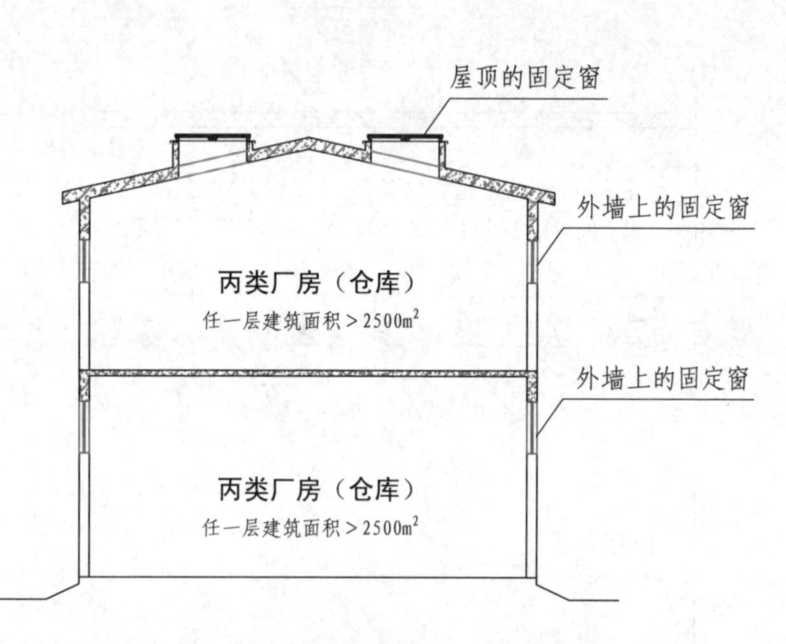

顶层、非顶层丙类厂房（仓库）固定窗布置示意图

4.4.14 图示a

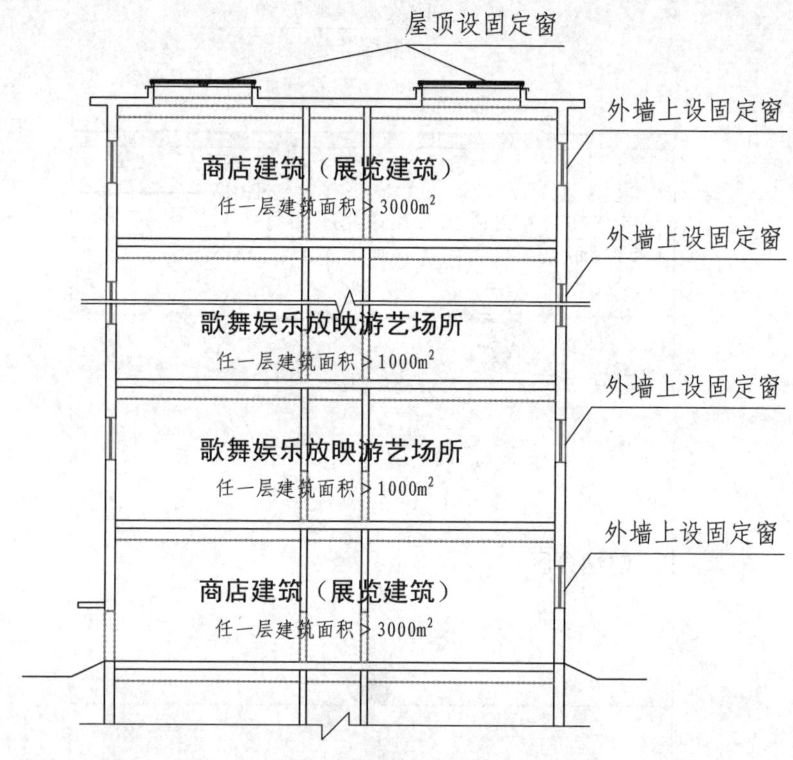

商店建筑、展览建筑等地上部位固定窗布置示意图

4.4.14 图示b

〖注释〗

未设置自动喷水灭火系统的以及采用钢结构屋顶或预应力钢筋混凝土屋面板的建筑，固定窗应布置在屋顶。

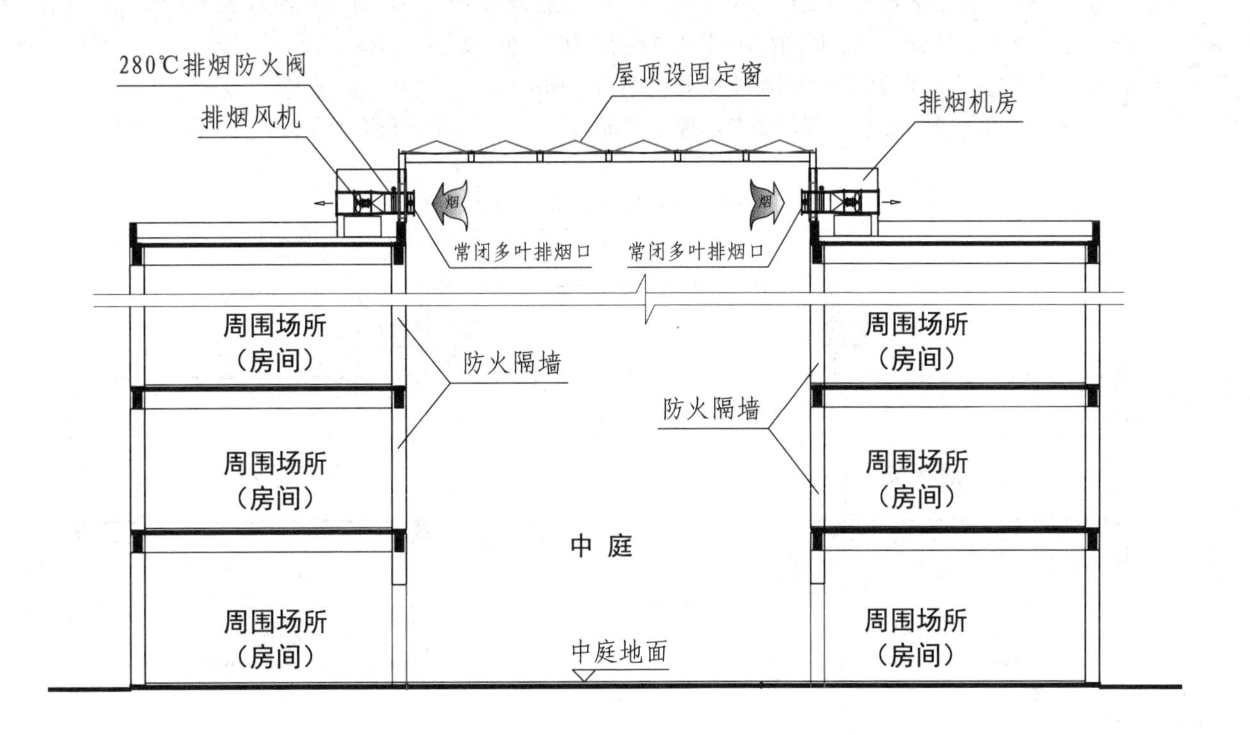

贯通至屋顶的中庭固定窗的布置示意图

4.4.14 图示d

〖注释〗

未设置自动喷水灭火系统的以及采用钢结构屋顶或预应力钢筋混凝土屋面板的建筑，固定窗应布置在屋顶。

4.4.15 固定窗的设置和有效面积应符合下列要求【图示】：

1 设置在顶层区域的固定窗，其总面积不应小于楼地面面积的2%；

2 设置在靠外墙且不位于顶层区域的固定窗，单个固定窗的面积不应小于$1m^2$，且间距不宜大于20m，其下沿距室内地面的高度不宜小于层高的1/2。供消防救援人员进入的窗口面积不计入固定窗面积，但可组合布置；

3 设置在中庭区域的固定窗，其总面积不应小于中庭楼地面面积的5%；

4 固定玻璃窗应按可破拆的玻璃面积计算，带有温控功能的可开启设施应按开启时的水平投影面积计算。

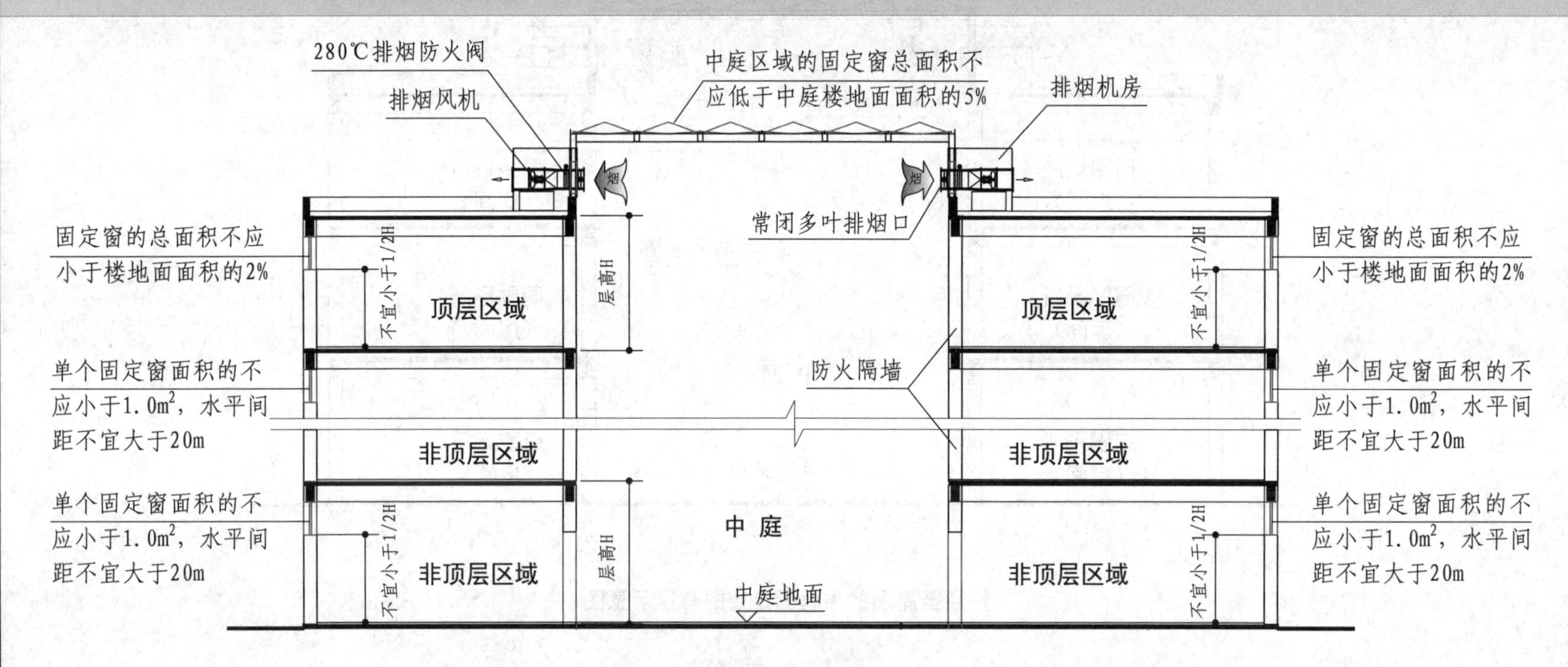

固定窗的有效面积要求示意图

4.4.15 图示

〖注释〗

供消防救援人员进入的窗口面积不计入固定窗面积。

4.4 机械排烟设施							图集号	15K606
审核	寿炜炜	[签名]	校对	陈逸	[签名]	设计 张兢 [签名]	页	118

4.4.16　固定窗宜按每个防烟分区在屋顶或建筑外墙上均匀布置且不应跨越防火分区【图示】。

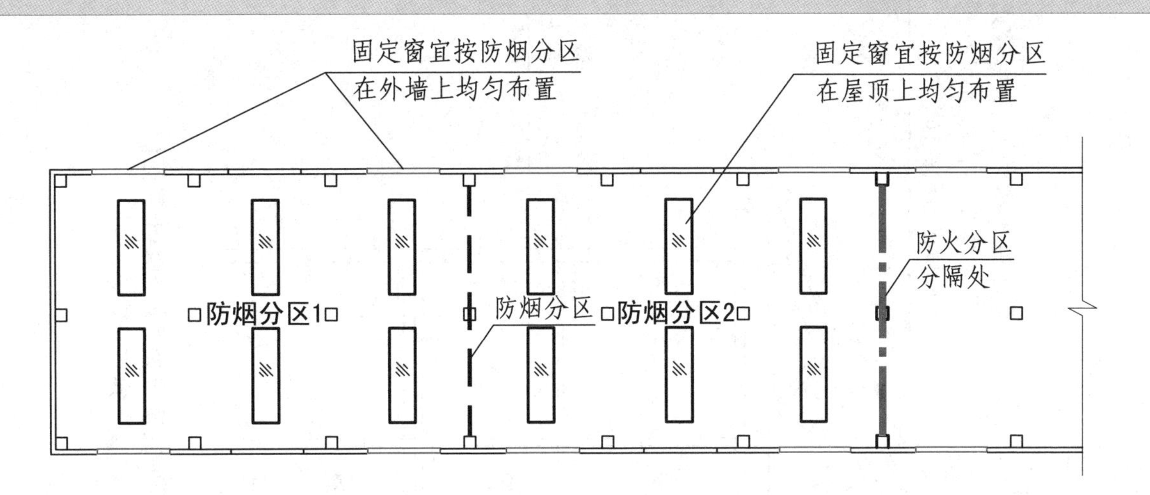

固定窗的设置原则示意图

4.4.16 图示a

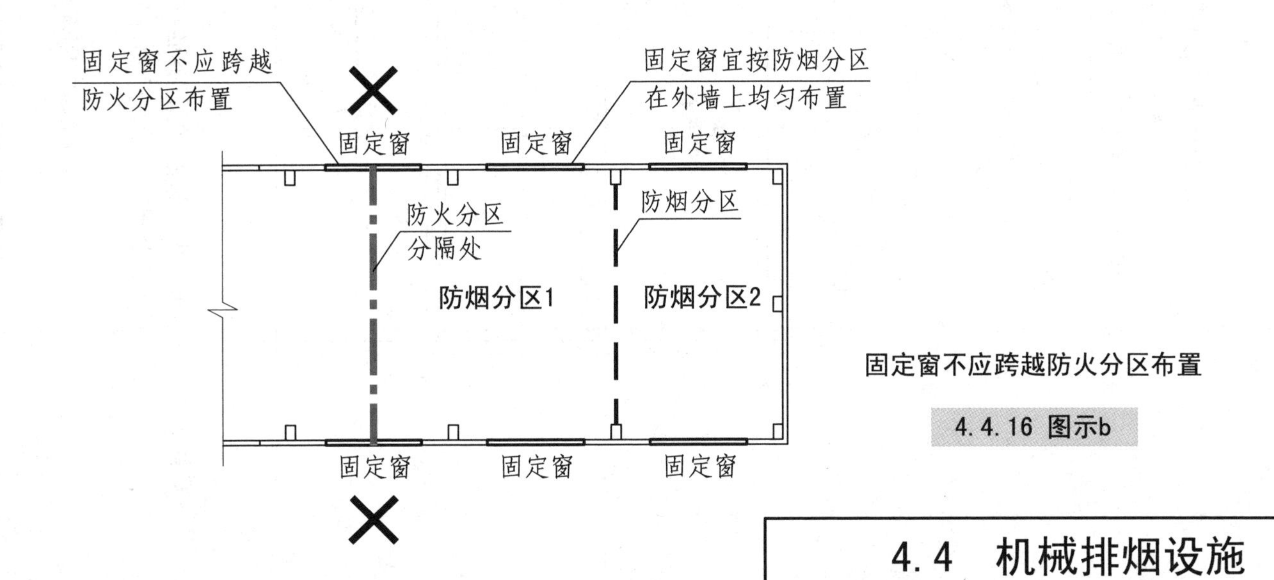

固定窗不应跨越防火分区布置

4.4.16 图示b

4.4　机械排烟设施						图集号	15K606
审核	寿炜炜	校对	陈逸	设计	张兢	页	119

4.4.17　除洁净厂房外，设置机械排烟系统的任一层建筑面积大于2000m²的制鞋、制衣、玩具、塑料、木器加工储存等丙类工业建筑，可采用可熔性采光带（窗）替代固定窗，其面积应符合下列规定：

1　未设置自动喷水灭火系统的或采用钢结构屋顶或预应力钢筋混凝土屋面板的建筑，不应小于楼地面面积的10%【图示1】；

2　其他建筑不应小于楼地面面积的5%【图示2】。

注：可熔性采光带（窗）的有效面积应按其实际面积计算。

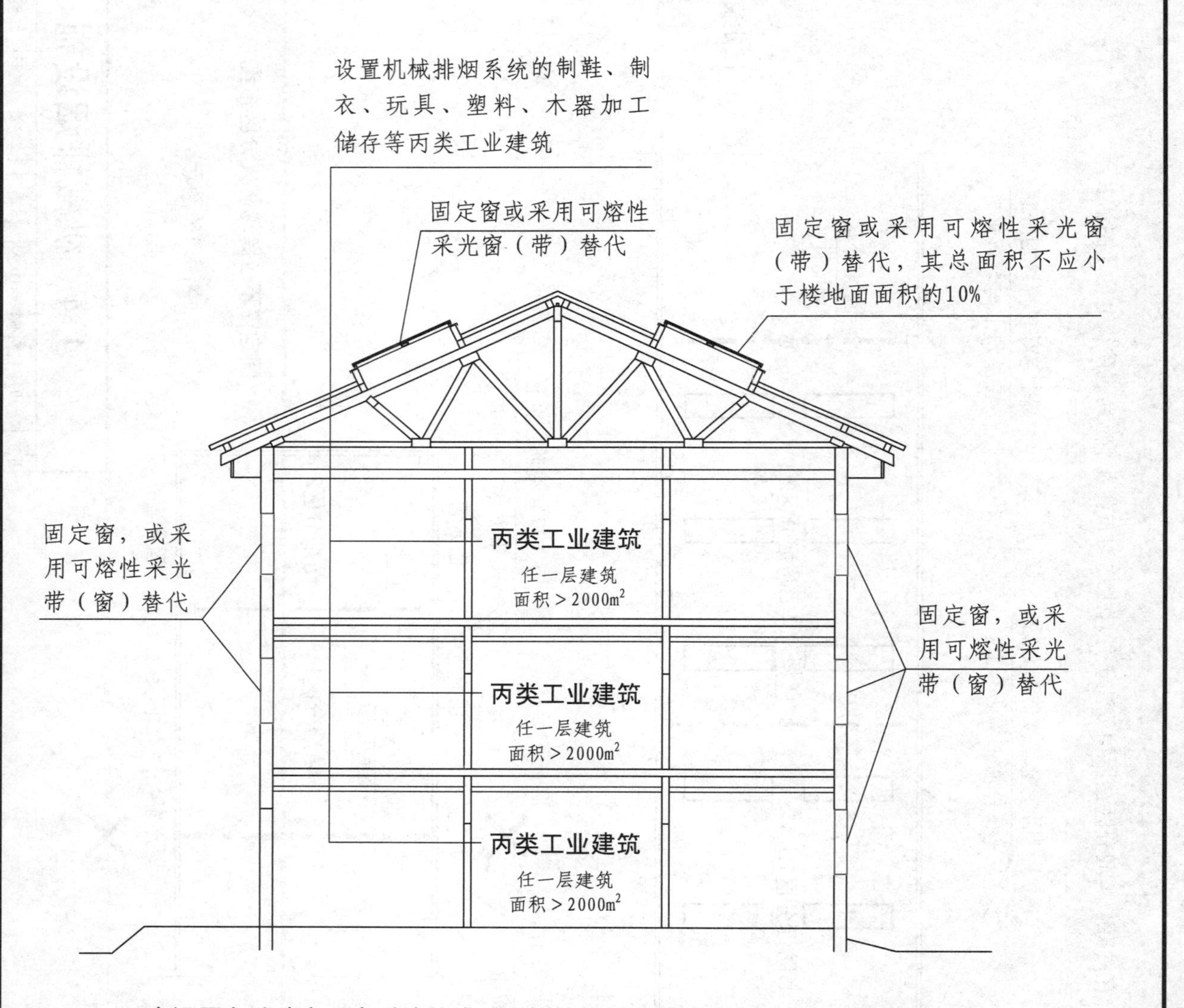

未设置自动喷水灭火系统的或采用钢结构屋顶或预应力钢筋混凝土屋面板丙类工业建筑（洁净厂房除外）设置固定窗示意图

4.4.17 图示1a

4.4　机械排烟设施								图集号	15K606
审核	寿炜炜	[签名]	校对	陈逸	[签名]	设计	张兢	[签名] 页	120

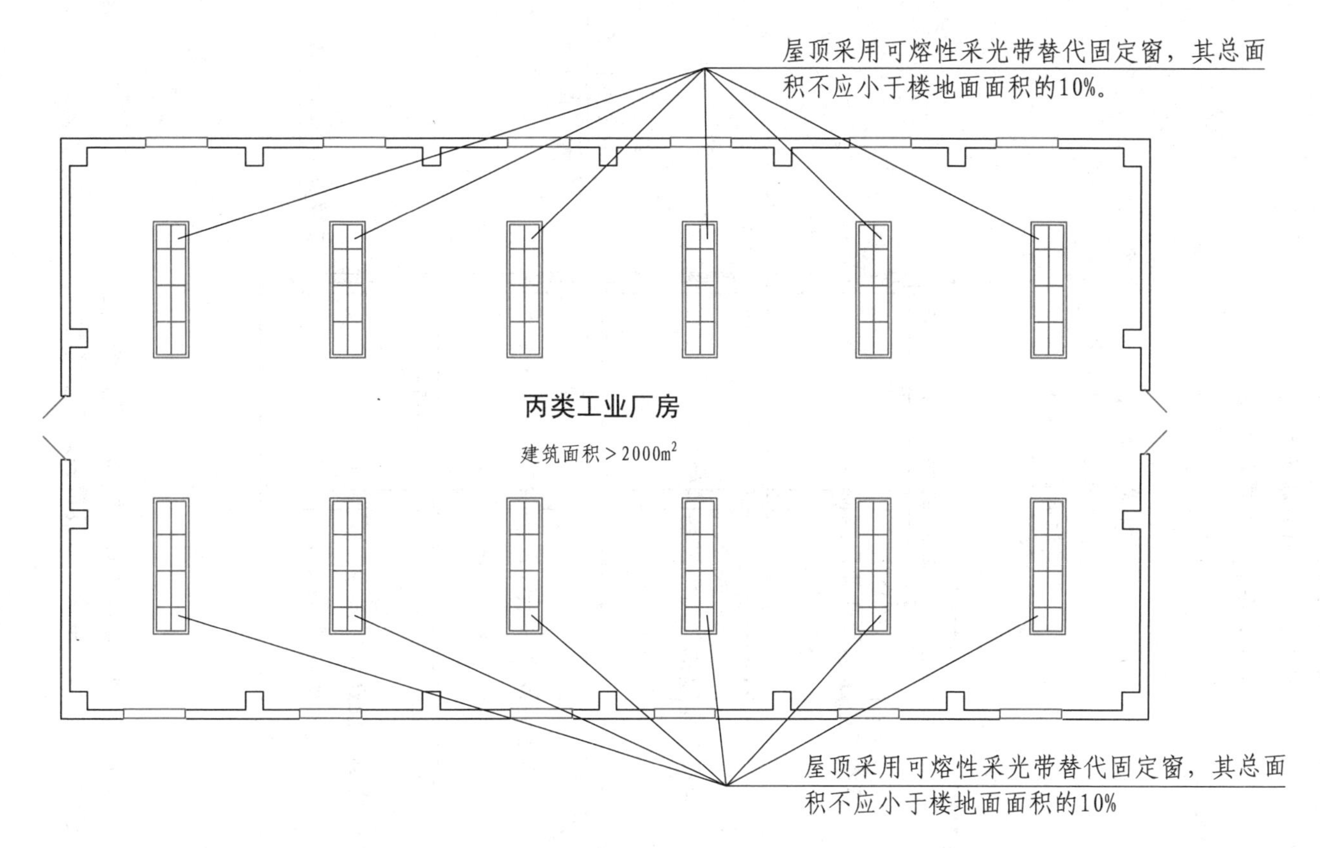

未设置自动喷水灭火系统的或采用钢结构屋顶或预应力钢筋混凝土屋面板的单层丙类工业厂房（洁净厂房除外）设置采光带的平面示意图

4.4.17 图示1b

设置机械排烟系统、设置自动喷水灭火系统的或采用现浇钢筋混凝土屋面板的制鞋、制衣、玩具、塑料、木器加工储存等丙类工业建筑

固定窗或采用可熔性采光窗（带）替代，其总面积不应小于楼地面面积的5%

丙类工业建筑（洁净厂房除外）

任一层建筑面积＞2000m²

丙类工业建筑（洁净厂房除外）

任一层建筑面积＞2000m²

丙类工业建筑（洁净厂房除外）

任一层建筑面积＞2000m²

丙类工业建筑（洁净厂房除外）

任一层建筑面积＞2000m²

固定窗，或采用可熔性采光带（窗）替代

自动喷水灭火系统

设置自动喷水灭火系统的或采用现浇钢筋混凝土屋面板丙类工业建筑（洁净厂房除外）设置固定窗示意图

4.4.17 图示2

4.4 机械排烟设施						图集号	15K606
审核	寿炜炜 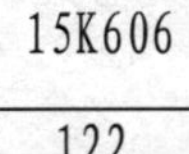	校对	陈逸	设计	张兢 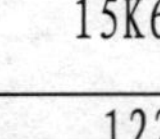	页	122

4.5 补风系统

4.5.1 除地上建筑的走道或建筑面积小于500m²的房间外，设置排烟系统的场所应设置补风系统【图示】。

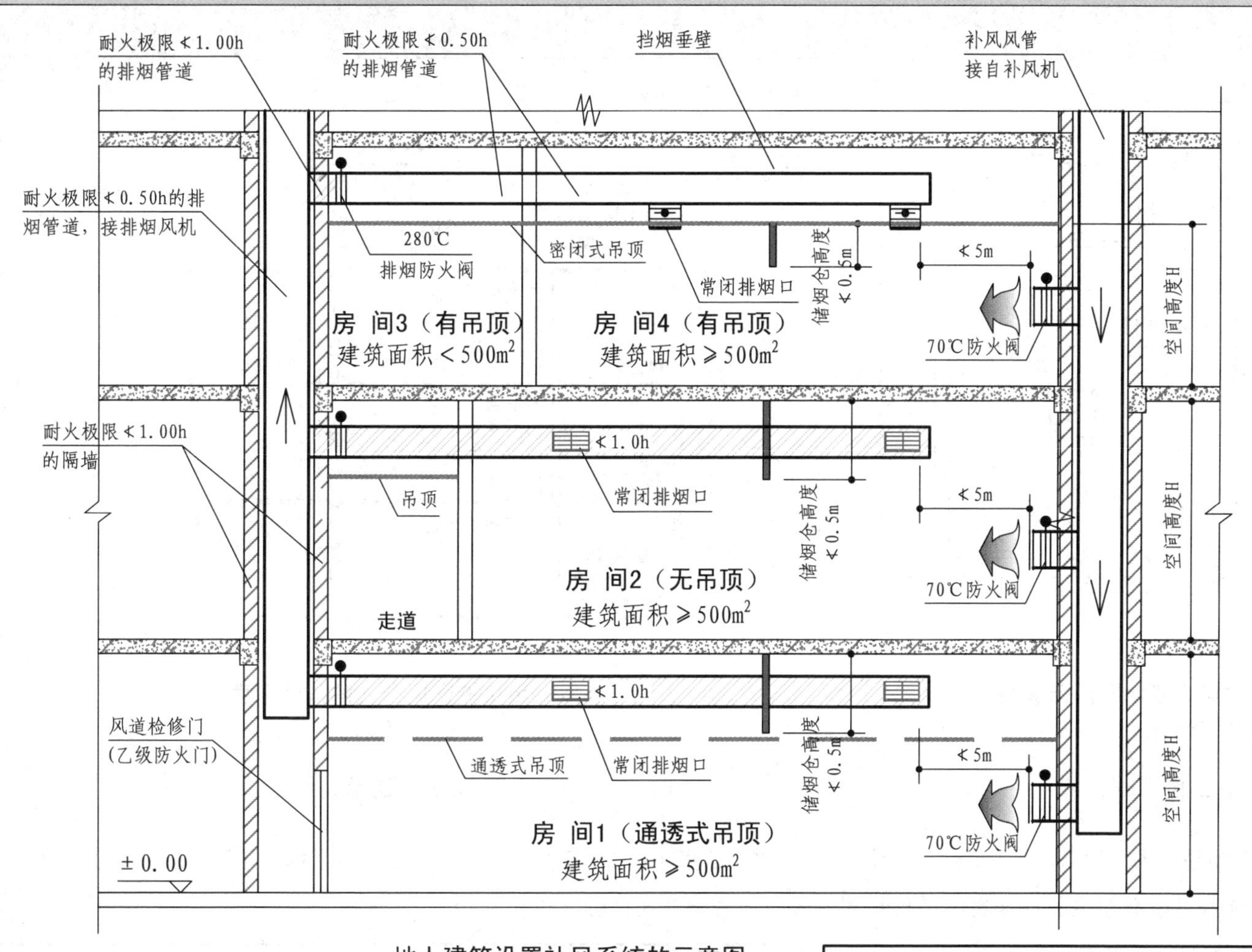

地上建筑设置补风系统的示意图

4.5.1 图示

〖注释〗

本强制性条文的理由是根据空气流动原理，必须要有补风，才能有效地排除烟气，有利于人员的安全疏散和消防人员的进入。

对于建筑地上部分设有机械排烟的走道、面积小于500m²的房间，由于这些场所的面积较小，排烟量也较小，可以利用建筑的各种缝隙，满足排烟系统所需的补风要求，为了简便系统管理和减少工程投入，本标准规定可不用专门为这些场所设置补风系统。

4.5 补风系统						图集号	15K606
审核	寿炜炜	校对	束庆	设计	郦业	页	123

4.5.2 补风系统应直接从室外引入空气，且补风量不应小于排烟量的50%【图示】。

4.5.3 补风系统可采用疏散外门、手动或自动可开启外窗等自然进风方式以及机械送风方式。防火门、窗不得用作补风设施。风机应设置在专用机房内。

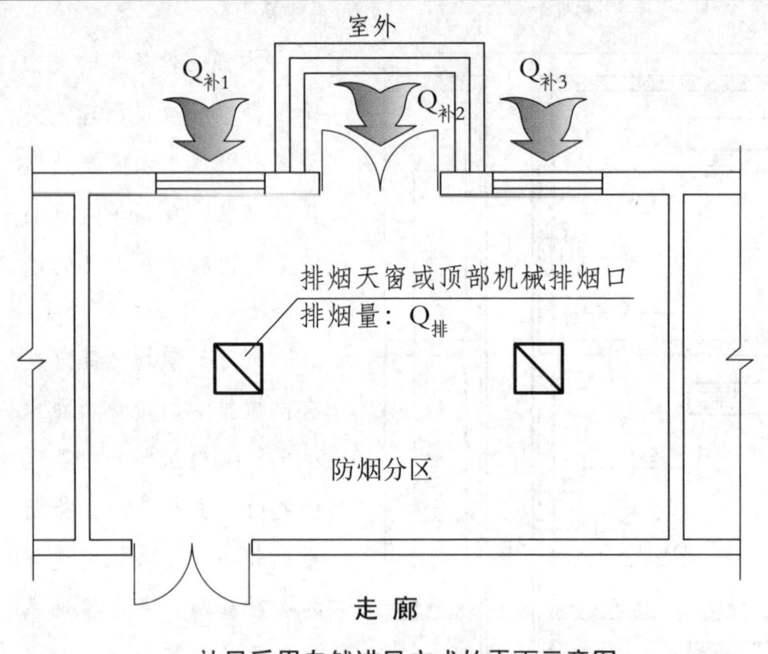

补风采用自然进风方式的平面示意图

（$\Sigma Q_{补} \geqslant 50\% Q_{排}$）

4.5.2 图示a

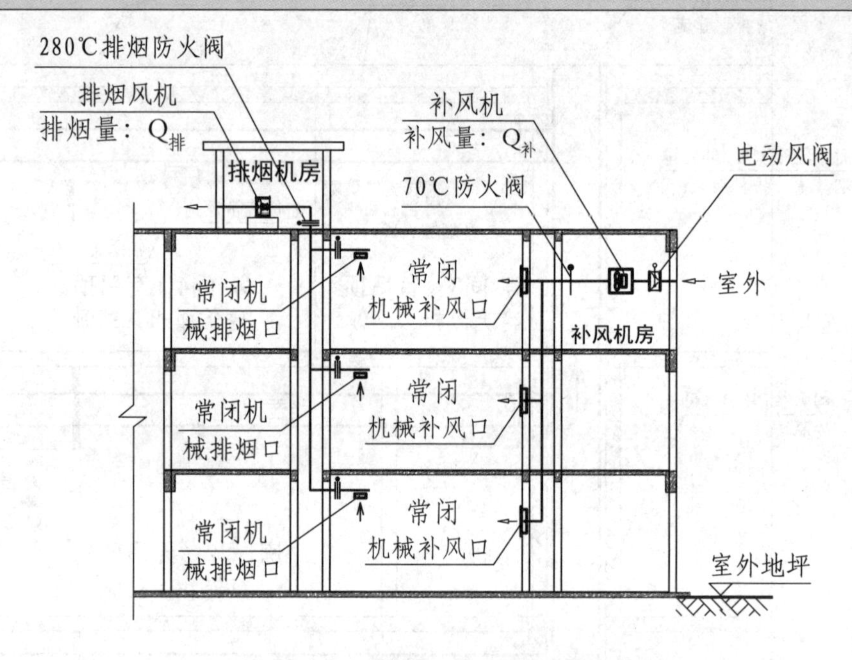

补风采用机械送风方式的剖面示意图

（$Q_{补} \geqslant 50\% Q_{排}$）

4.5.2 图示b

〖注释〗

1. 本强制性条文的强制理由是如果补风量过小，就不能达到设计的排烟量；同时要求补风应直接从室外引入。根据实际工程和实验，补风量至少达到排烟量的50%，才能有效地进行排烟。

2. 当补风系统用于多个防烟分区时，常闭机械补风口应根据着火的防烟分区自动开启。

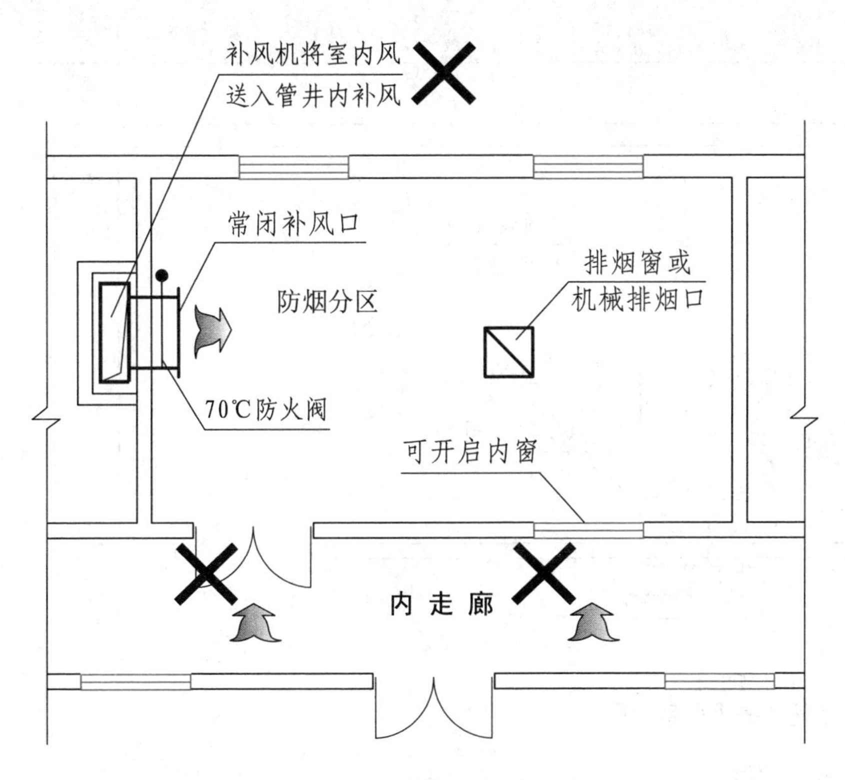

错误的间接补风的平面图

4.5.2 图示c

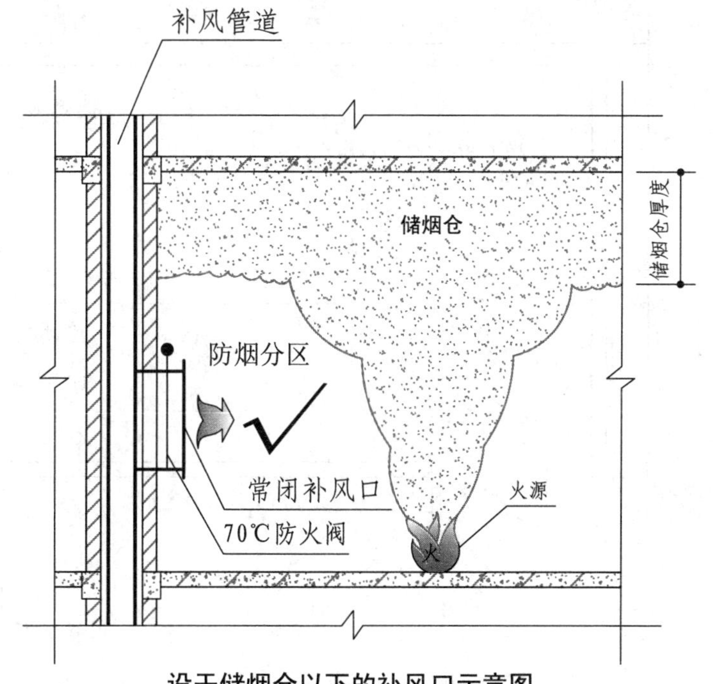

设于储烟仓以下的补风口示意图

4.5.2 图示d

4.5.4 补风口与排烟口设置在同一空间内相邻的防烟分区时，补风口位置不限；当补风口与排烟口设置在同一防烟分区时，补风口应设在储烟仓下沿以下；补风口与排烟口水平距离不应少于5m【图示】。

4.5.5 补风系统应与排烟系统联动开启或关闭。

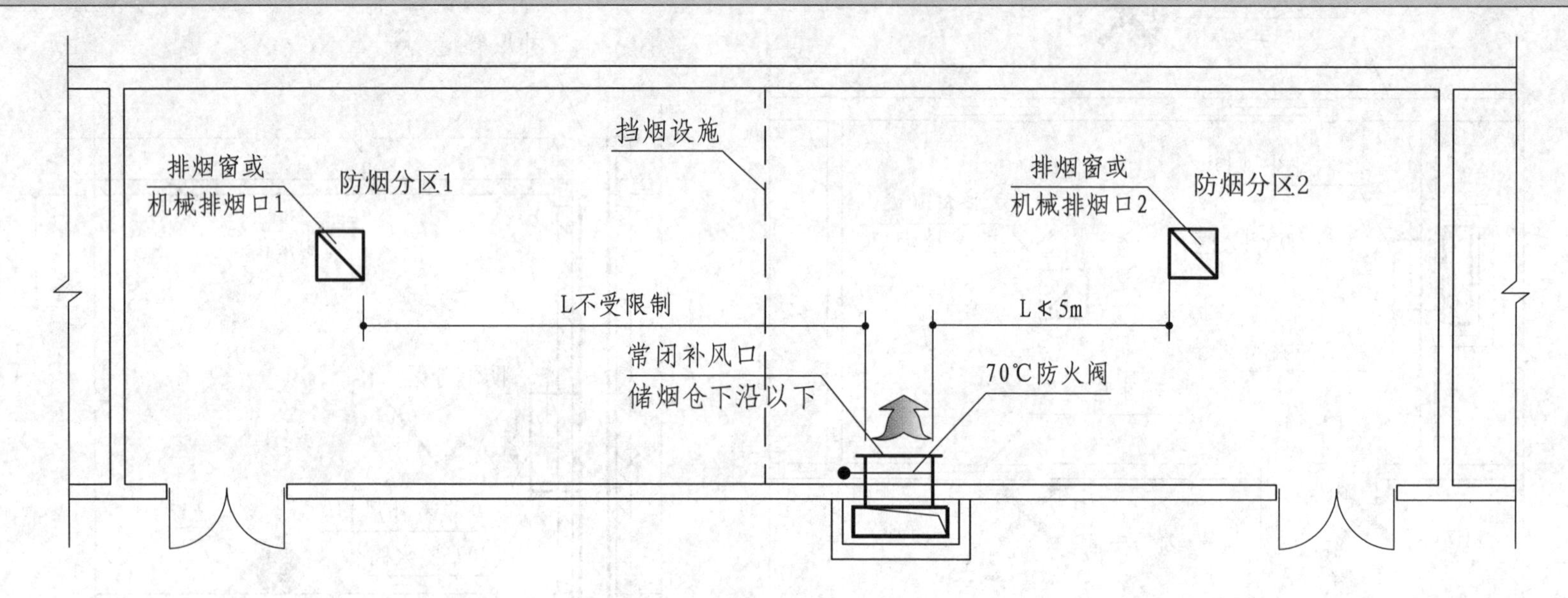

补风口与排烟口
设置在同一空间内的平面示意图

4.5.4 图示a

〖注释〗

如4.5.4图示a所示，机械排烟口1与机械补风口设置在同一空间相邻的防烟分区内，当二者联合动作排烟时，由于挡烟垂壁的作用，已将冷热气流隔开，故补风口的水平位置与垂直安装高度都不受限制；但对于机械排烟口2与机械补风口来说，由于它们处在同一防烟分区内，因此，当机械排烟口2与机械补风口联合动作排烟时，补风口的水平位置与垂直安装高度都受限制。

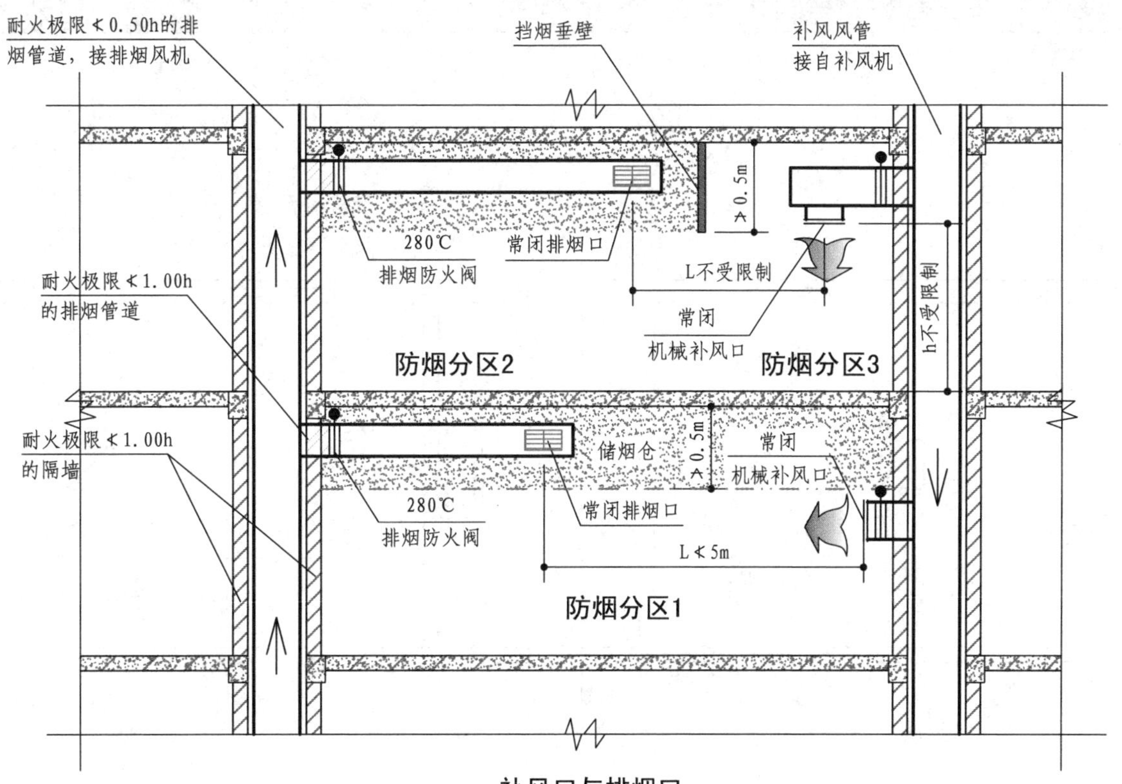

补风口与排烟口
设置在同一空间内的剖面示意图

4.5.4 图示b

〖注释〗

如4.5.4图示b所示，机械排烟口与机械补风口设置在同一空间同一防烟分区时，要求补风口必须设在储烟仓下沿以下，并与排烟口保持尽可能大的间距；机械排烟口与机械补风口设置在同一空间相邻防烟分区时，补风口设置高度、位置不受限制。

4.5　补风系统						图集号	15K606
审核	寿炜炜	校对	束庆	设计	郦业	页	127

4.5.6 机械补风口的风速不宜大于10m/s，人员密集场所补风口的风速不宜大于5m/s；自然补风口的风速不宜大于3m/s【图示】。

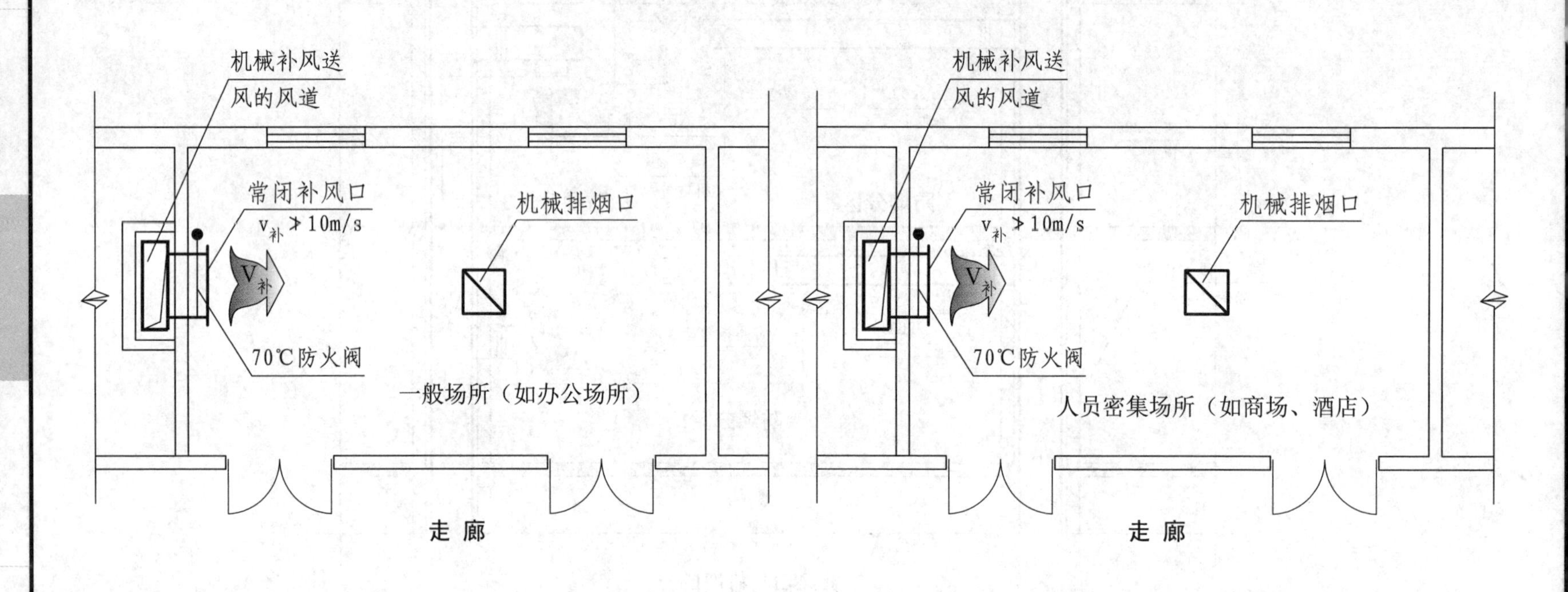

一般场所机械补风的平面示意图

4.5.6 图示a

人员密集场所机械补风的平面示意图

4.5.6 图示b

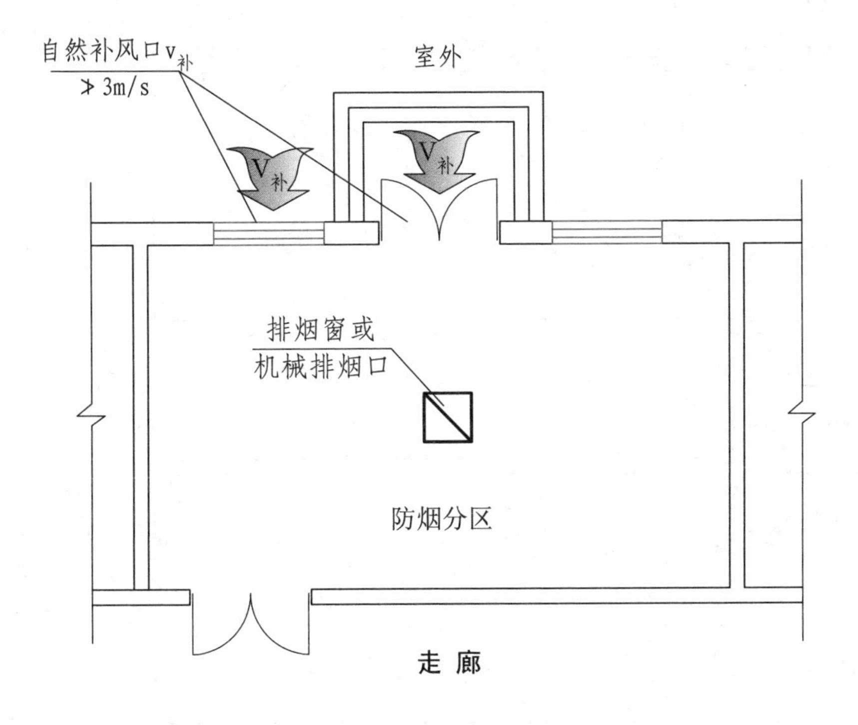

自然补风的平面示意图

4.5.6 图示c

〖注释〗

一般场所机械送风口的风速不宜大于10m/s；公共聚集场所为了减少送风系统对人员疏散的干扰和心理恐惧的不利影响，规定其机械送风口的风速不宜大于5m/s，自然补风口的风速不宜大于3m/s。

4.5.7　补风管道耐火极限不应低于0.50h【图示1】，当补风管道跨越防火分区时，管道的耐火极限不应小于1.50h【图示2】。

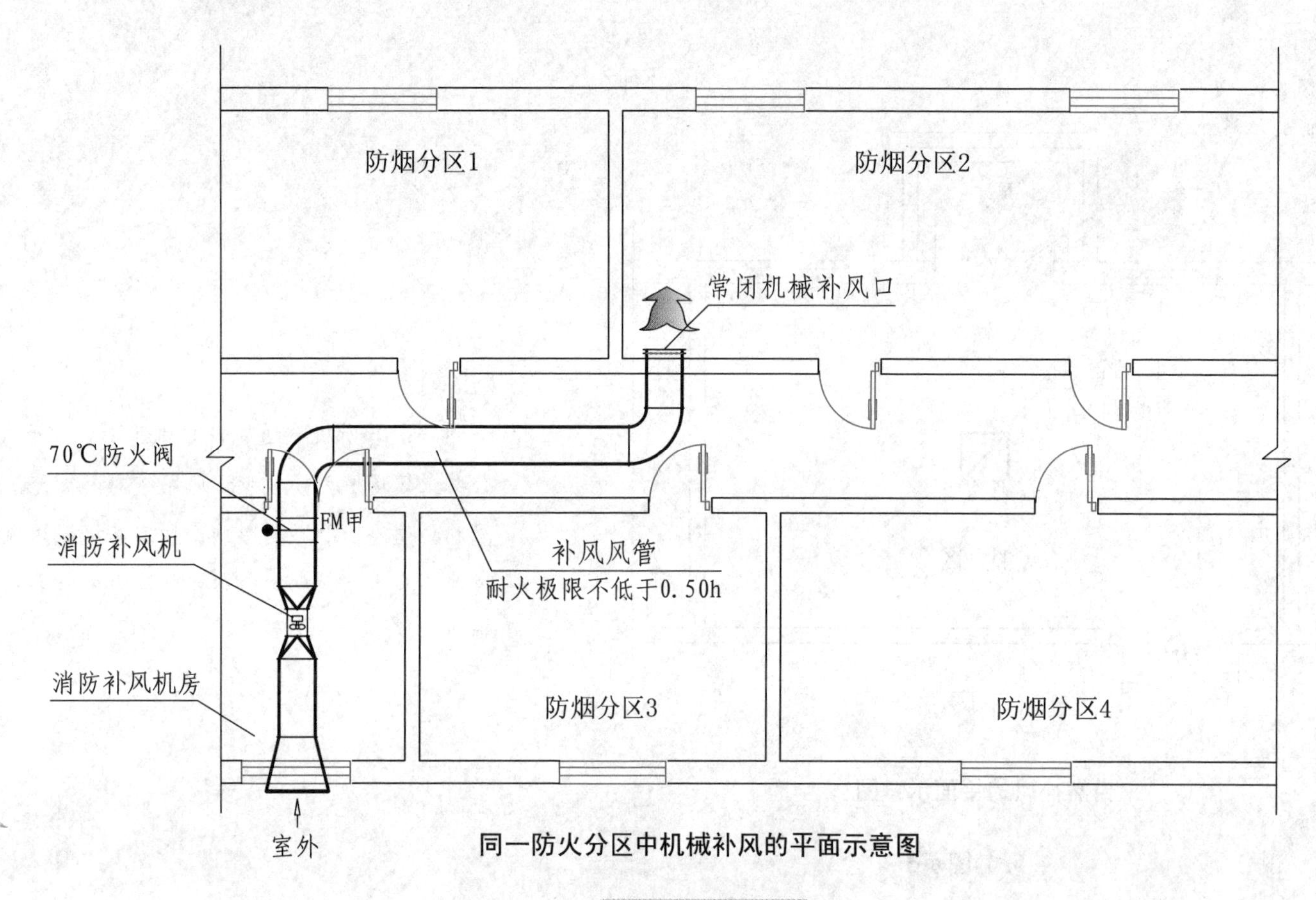

同一防火分区中机械补风的平面示意图

4.5.7 图示1

4.5　补风系统								图集号	15K606
审核	寿炜炜		校对	束庆		设计	郦业	页	130

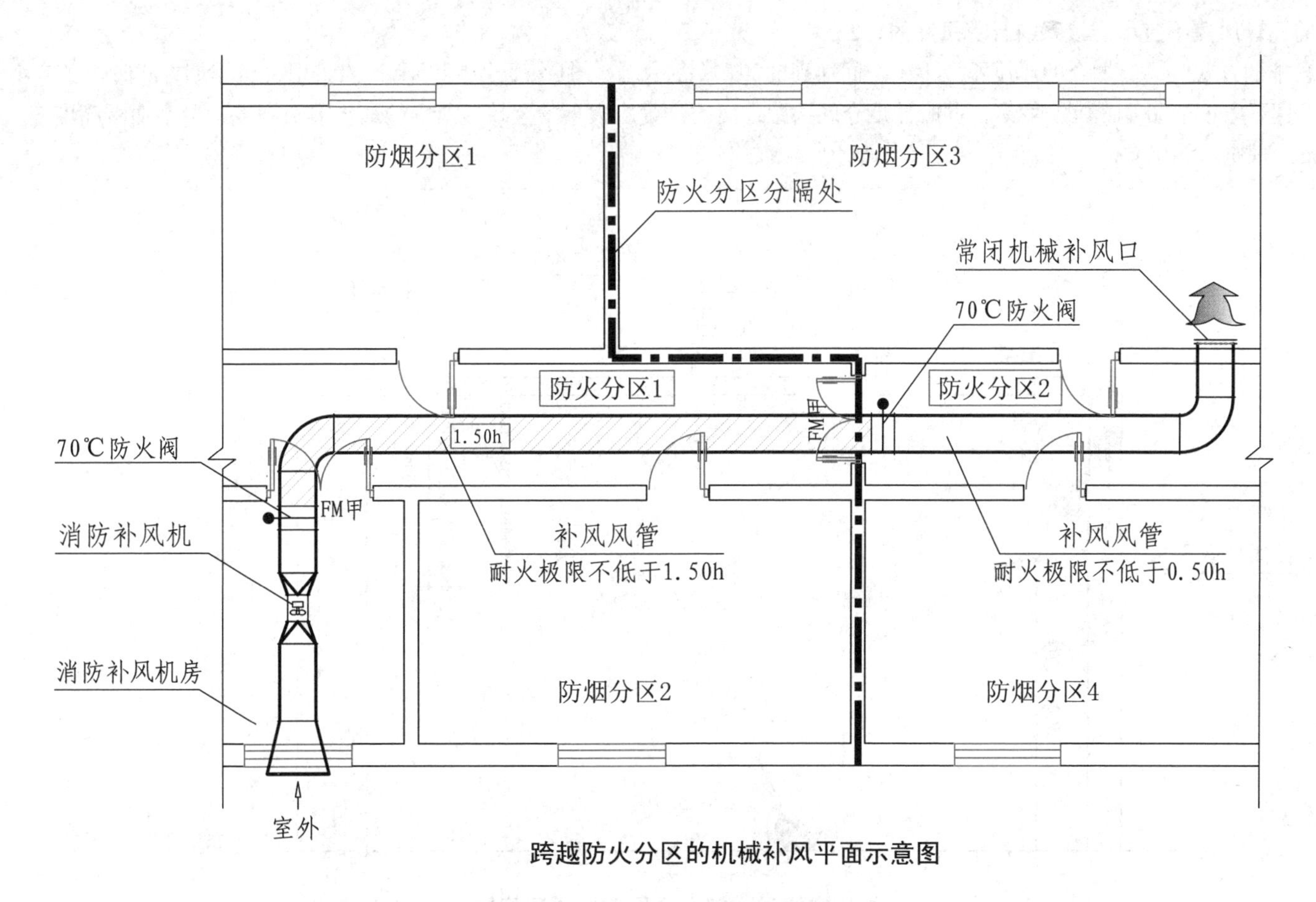

跨越防火分区的机械补风平面示意图

4.5.7 图示2

4.5 补风系统								图集号	15K606
审核	寿炜炜	寿炜炜	校对	束庆	束庆	设计	郦业	页	131

4.6 排烟系统设计计算

4.6.1 排烟系统的设计风量不应小于该系统计算风量的1.2倍。

4.6.2 当采用自然排烟方式时，储烟仓的厚度不应小于空间净高的20%【图示1】，且不应小于500mm；当采用机械排烟方式时，不应小于空间净高的10%，且不应小于500mm【图示2】。同时储烟仓底部距地面的高度应大于安全疏散所需的最小清晰高度，最小清晰高度应按本标准第4.6.9条的规定计算确定。

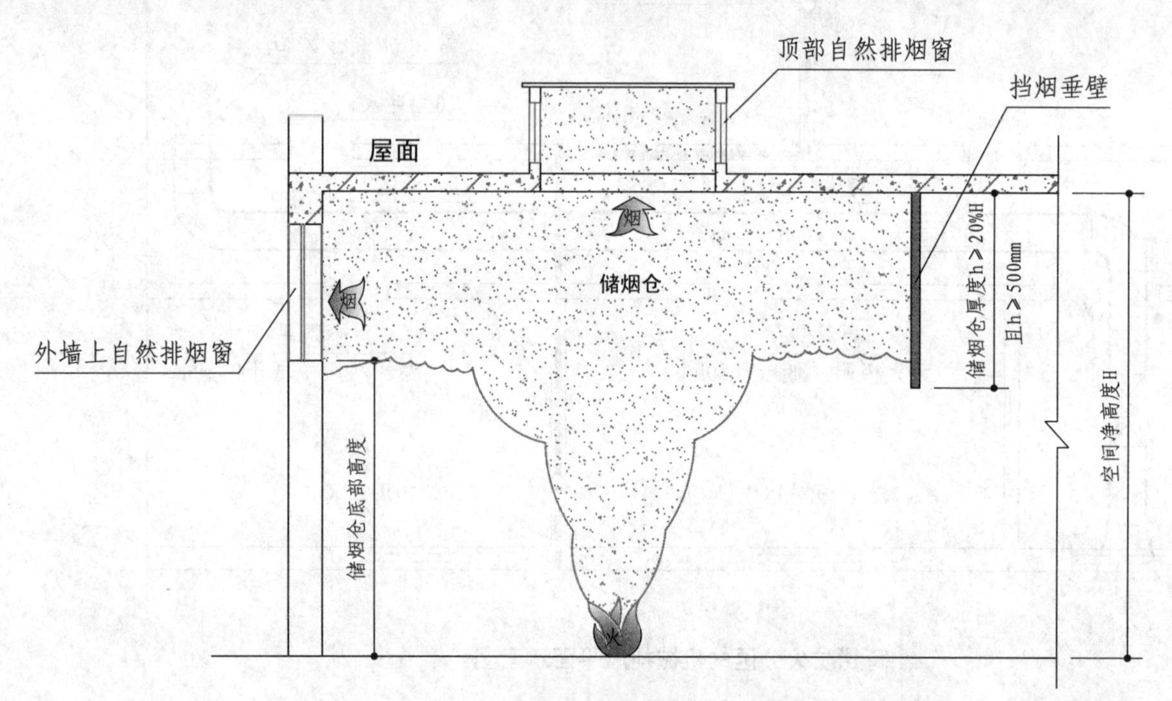

自然排烟方式时，储烟仓厚度要求示意图

4.6.2 图示1

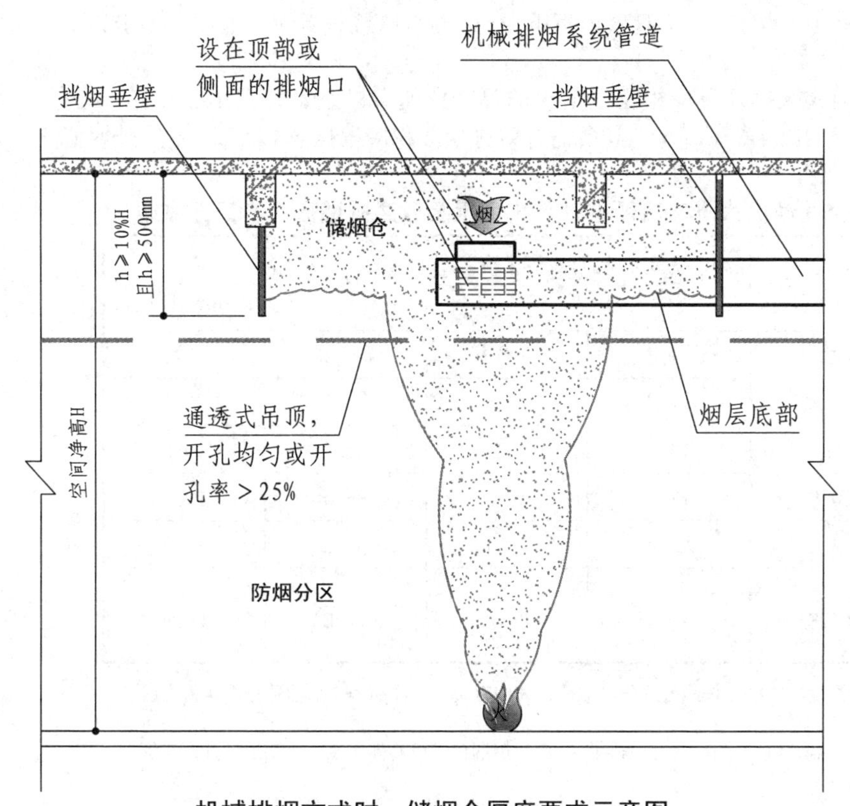

机械排烟方式时，储烟仓厚度要求示意图

（通透式吊顶）

4.6.2 图示2a

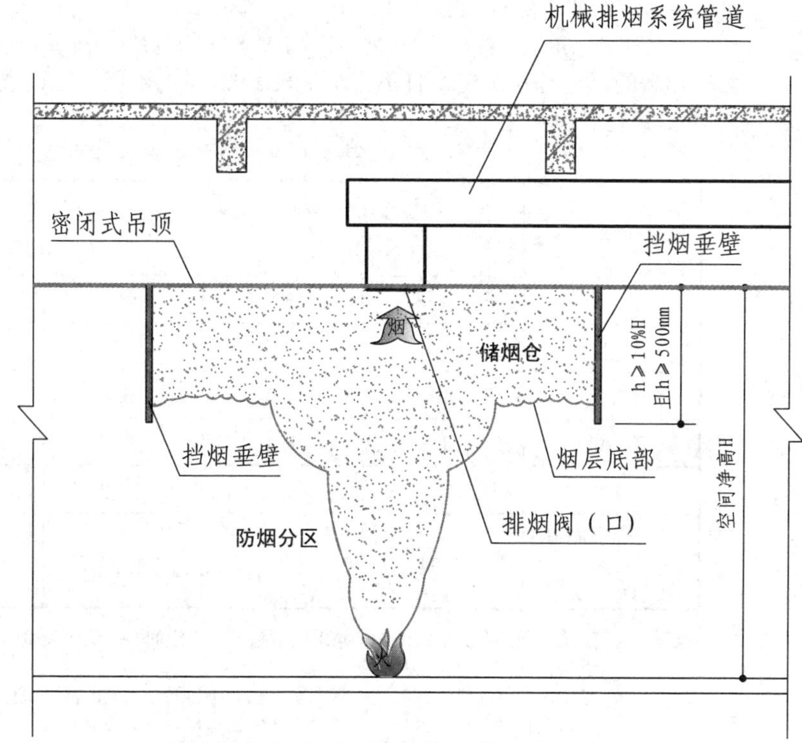

机械排烟方式时，储烟仓厚度要求示意图

（密闭式吊顶）

4.6.2 图示2b

4.6 排烟系统设计计算						图集号	15K606
审核	王炯	校对	陈逸	设计	张兢	页	133

4.6.3　除中庭外下列场所一个防烟分区的排烟量计算应符合下列规定：

1 建筑空间净高小于或等于6m的场所，其排烟量应按不小于60m³/(h · m²)计算，且取值不小于15000m³/h,或设置有效面积不小于该房间建筑面积2%的自然排烟窗(口)。

2 公共建筑、工业建筑中空间净高大于6m的场所，其每个防烟分区排烟量应根据场所内的热释放速率以及本标准第4.6.6条～第4.6.13条的规定计算确定，且不应小于表4.6.3中的数值，或设置自然排烟窗（口），其所需有效排烟面积应根据表4.6.3及自然排烟窗（口）处风速计算；

表4.6.3　公共建筑、工业建筑中空间净高大于6m场所的计算排烟量及自然排烟窗（）口部风速

空间净高（m）	办公室、学校（×10⁴m³/h）		商店、展览厅（×10⁴m³/h）		厂房、其他公共建筑（×10⁴m³/h）		仓库（×10⁴m³/h）	
	无喷淋	有喷淋	无喷淋	有喷淋	无喷淋	有喷淋	无喷淋	有喷淋
6.0	12.2	5.2	17.6	7.8	15.0	7.0	30.1	9.3
7.0	13.9	6.3	19.6	9.1	16.8	8.2	32.8	10.8
8.0	15.8	7.4	21.8	10.6	18.9	9.6	35.4	12.4
9.0	17.8	8.7	24.2	12.2	21.1	11.1	38.5	14.2
自然排烟侧窗口部风速（m/s）	0.94	0.64	1.06	0.78	1.01	0.74	1.26	0.84

注：1. 建筑空间净高大于9.0m的，按9.0m取值；建筑空间净高位于表中两个高度之间的，按线性插值法取值；表中建筑空间净高为6m处的各排烟量值为线性插值法的计算基准值；

2. 当采用自然排烟方式时，储烟仓厚度应大于房间净高的0.2倍；自然排烟窗（口）面积＝计算排烟量/自然排烟窗（口）处风速；当采用顶开窗排烟时，其自然排烟窗（口）的风速可按侧窗口部风速的1.4倍计。

3 当公共建筑仅需在走道或回廊设置排烟时，其机械排烟量不应小于13000m³/h，或在走道两端（侧）均设置面积不小于2m²的自然排烟窗（口）且两侧自然排烟窗（口）的距离不应小于走道长度的2/3；

4 当公共建筑房间内与走道或回廊均需设置排烟时，其走道或回廊的机械排烟量可按60m³/(h · m²)计算且不小于13000m³/h，或设置有效面积不小于走道、回廊建筑面积2%的自然排烟窗（口）。

〖注释〗

本条文规定了每个防烟分区排烟量的计算方法。为便于工程应用，根据计算结果及工程实际，给出了常见场所的排烟量数值。表中给出的是计算值，设计值还应乘以系数1.2。

4.6.4 当一个排烟系统担负多个防烟分区排烟时，其系统排烟量的计算应符合下列规定：

1 当系统负担具有相同净高场所时，对于建筑空间净高大于6m的场所，应按排烟量最大的一个防烟分区的排烟量计算；对于建筑空间净高为6m及以下的场所，应按同一防火分区中任意两个相邻防烟分区的排烟量之和的最大值计算。

2 当系统负担具有不同净高场所时，应采用上述方法对系统中每个场所所需的排烟量进行计算，并取其中的最大值作为系统排烟量【图示】。

第4.6.4条［算例］ 确定一个排烟系统负担多个具有不同净高的防烟分区的排烟量

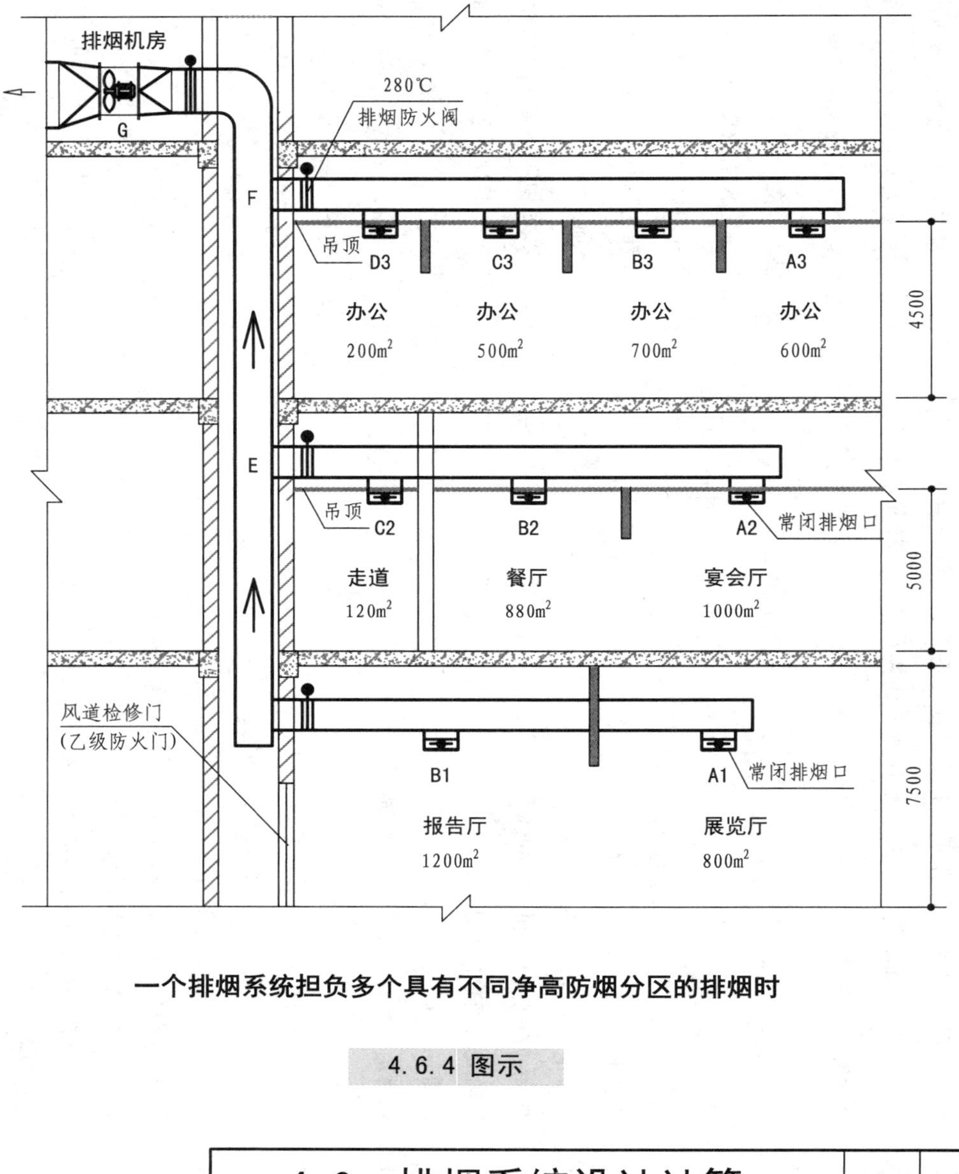

一个排烟系统担负多个具有不同净高防烟分区的排烟时

4.6.4 图示

4.6 排烟系统设计计算							图集号	15K606
审核	王炯	王炯	校对	陈逸	陈逸	设计	张兢	张兢	页	135

以4.6.4图示为例，建筑共3层，每层建筑面积2000m^2，均设有自动喷水灭火系统，各房间功能及净高如图示。假设一层的储烟仓厚度为1.5m，即燃料面到烟层底部的高度为6m。计算机械排烟系统的排烟量。

计算:

1. 计算一层展览厅A_1与报告厅B_1的排烟量

已知展览厅A_1与报告厅B_1空间净高7.5m，即大于6m。储烟仓厚度为1.5m，即燃料面到烟层底部的高度为6m。

1.1 计算展览厅A_1的排烟量$V(A_1)$

1.1.1 确定热释放速率的对流部分Q_c:

$Q_c=0.7Q=0.7\times3000=2100kW$

1.1.2 确定火焰极限高度Z_1:

$Z_1=0.166Q_c^{2/5}=3.54m$

1.1.3 确定燃料面到烟层底部的高度Z:

$Z=6m$

1.1.4 确定轴对称型烟羽流质量流量M_ρ:

$M_\rho=0.071Q_c^{1/3}Z^{5/3}+0.0018Q_c=21.91kg/s$

1.1.5 计算烟气平均温度与环境温度的差ΔT:

$\Delta T=KQ_c/M_\rho C_p=1.0\times2100/21.91\times1.01=94.90K$

1.1.6 确定烟层的平均绝对温度T:

$T=T_0+\Delta T=293.15+94.90=388.05K$

1.1.7 计算排烟量$V(A_1)$:

$V(A_1)=M_\rho T/\rho_0 T_0=21.91\times388.05/1.2\times293.15=24.17m^3/s$

$=87008m^3/h$

∵ $V(A_1)$的计算值小于标准中表4.6.3的数值99000m^3/h

∴ 一层展览厅A_1的排烟量$V(A_1)$取99000m^3/h。

1.2 计算报告厅B_1的排烟量$V(B_1)$

1.2.1 确定热释放速率的对流部分Q_c:

$Q_c=0.7Q=0.7\times2500=1750kW$

1.2.2 确定火焰极限高度Z_1:

$Z_1=0.166Q_c^{2/5}=3.29m$

1.2.3 确定燃料面到烟层底部的高度Z:

$Z=6m$

1.2.4 确定轴对称型烟羽流质量流量M_ρ:

$M_\rho=0.071Q_c^{1/3}Z^{5/3}+0.0018Q_c=20.20kg/s$

1.2.5 计算烟气平均温度与环境温度的差ΔT:

$\Delta T=KQ_c/M_\rho C_p=1.0\times1750/20.20\times1.01=85.78K$

1.2.6 确定烟层的平均绝对温度T:

$T=T_0+\Delta T=293.15+85.78=378.93K$

1.2.7 计算排烟量$V(B_1)$:

$V(B_1)=M_\rho T/\rho_0 T_0=20.20\times378.93/1.2\times293.15=21.76m^3/s$

$=78332m^3/h$

∵ $V(B_1)<89500<99000$

∴ 一层取值99000m^3/h

4.6 排烟系统设计计算						图集号	15K606
审核	王炯	校对	陈逸	设计	张兢	页	136

2. 计算二层的系统排烟量

已知二层室内空间净高5.0m，即小于6m，则每个防烟分区的排烟量按$60m^3/(h\cdot m^2)$计算。

2.1 计算二层走道C_2的排烟量$V(C_2)$

$V(C_2)=120\times60=7200m^3/h<13000m^3/h$，取$13000m^3/h$

2.2 计算二层任意两个相邻防烟分区的排烟量之和:

$V(B_2+C_2)=13000+880\times60=65800m^3/h$

$V(A_2+B_2)=(1000+880)\times60=112800m^3/h$

∵ $V(B_2+C_2)<V(A_2+B_2)$

∴ 二层的系统排烟量取$112800m^3/h$

3. 计算三层的系统排烟量

已知三层室内空间净高4.5m，即小于6m，则每个防烟分区的排烟量按$60m^3/(h\cdot m^2)$计算。三层任意两个相邻防烟分区的排烟量之和如下:

$V(C_3+D_3)=(500+200)\times60=42000m^3/h$

$V(B_3+C_3)=(700+500)\times60=72000m^3/h$

$V(A_3+B_3)=(600+700)\times60=78000m^3/h$

∵ $V(C_3+D_3)<V(B_3+C_3)<V(A_3+B_3)$

∴ 三层的系统排烟量取$78000m^3/h$

比较1～3层各层的系统排烟量，以二层的$V(A_2+B_2)$为最大，即$V(A_2+B_2)=112800m^3/h$，因此取$112800m^3/h$（计算结果见表4.6.4）。

表4.6.4 排烟风管排烟量计算举例

管段间	担负防烟分区	通过的排烟量（m^3/h）
$A_1\sim B_1$	A_1	$V(A_1)$计算值=87008＜99000 ∴取值99000
$B_1\sim E$	A_1、B_1	∵$V(B_1)$计算值=78332＜89500＜99000 ∴取值99000（1层最大）
$A_2\sim B_2$	A_2	$V(A_2)=S(A_2)\times60=60000$
$B_2\sim C_2$	A_2、B_2	$V(A_2+B_2)=S(A_2+B_2)\times60=112800$
$C_2\sim E$	A_2、B_2、C_2	∵$V(C_2)=S(C_2)\times60=7200<13000$ ∴取值13000; ∵$V(B_2+C_2)=13000+S(B_2)\times60=65800<V(A_2+B_2)$ ∴取值112800（2层最大）
$E\sim F$	A_1、B_1、A_2、B_2、C_2	112800（1、2层最大）
$A_3\sim B_3$	A_3	$V(A_3)=S(A_3)\times60=36000$
$B_3\sim C_3$	A_3、B_3	$V(A_3+B_3)=S(A_3+B_3)\times60=78000$
$C_3\sim D_3$	A_3、B_3、C_3	∵$V(B_3+C_3)=S(B_3+C_3)\times60=72000<V(A_3+B_3)$ ∴取值78000
$D_3\sim F$	A_3、B_3、C_3、D_3	∵$V(A_3+B_3)>V(B_3+C_3)>V(C_3+D_3)$ ∴取值78000（3层最大）
$F\sim G$	全部	112800（1～3层最大）

4.6.5　中庭排烟量的设计计算应符合下列规定：

1 中庭周围场所设有排烟系统时，中庭采用机械排烟系统的，中庭排烟量应按周围场所防烟分区中最大排烟量的2倍数值计算，且不应小于107000m³/h；中庭采用自然排烟系统时，应按上述排烟量和自然排烟窗（口）的风速不大于0.5m/s计算有效开窗面积。

2 当中庭周围场所不需设置排烟系统，仅在回廊设置排烟系统时，回廊的排烟量不应小于本标准第4.6.3条第3款的规定，中庭的排烟量不应小于40000m³/h；中庭采用自然排烟系统时，应按上述排烟量和自然排烟窗（口）的风速不大于0.4m/s计算有效开窗面积。

〖注释〗

1. 条文的制定:

本条文明确地规定了中庭的排烟量的计算方法。

由于中庭的烟气积聚主要来自两个方面，一是中庭内自身火灾形成的烟羽流上升蔓延，另一个是中庭周围场所产生的烟羽流向中庭蔓延。因此，中庭的排烟量应基于以上两种情况来确定。

2. 设计要点

2.1 中庭室内净高大于12m时，其火灾热释放量按无喷淋取值4MW；当保证清晰高度在6m时，中庭自身火灾产生的烟气量为107,000m³/h。

2.2 虽然公共建筑中庭周围场所设有机械排烟系统，但考虑中庭周围场所的机械排烟系统存在机械或电气故障的可能性，导致烟气大量流向中庭，因此规定：当公共建筑中庭周围场所设有机械排烟时，中庭排烟量可按周围场所中最大排烟量的2倍取值，且不应小于107,000m³/h。

2.3 当回廊周围场所的各个单间面积均小于100m²,仅需在回廊设置排烟的，由于周边场所面积较小，产生的烟气量有限，所需的排烟量较小，一般不超过13,000m³/h，即使蔓延到中庭，也小于中庭自身火灾的烟气量；当公共建筑中庭周围场所均设置自然排烟时，可开启窗的排烟较简便，基本可保证正常需求，中庭排烟系统只需担负自身火灾的排烟量。因此,针对上述两种情况，中庭排烟量应根据工程条件和使用需求，对应表4.6.6中的热释放量按本标准第4.6.7条~第4.6.14条的规定计算确定。

4.6　排烟系统设计计算							图集号	15K606
审核	王炯	王炯	校对	陈逸	陈逸	设计	张兢 张兢	页	138

4.6.6　除本标准第4.6.3条、第4.6.5条规定的场所外，其他场所的排烟量或自然排烟窗（口）面积应按照烟羽流类型，根据火灾热释放速率、清晰高度、烟羽流质量流量及烟羽流温度等参数计算确定。

4.6.7　各类场所的火灾热释放速率可按本标准第4.6.10条的规定计算且不应小于表4.6.7规定的值。设置自动喷水灭火系统（简称喷淋）的场所，其室内净高大于8m时，应按无喷淋场所对待。

表4.6.7　火灾达到稳态时的热释放速率

建筑类别	喷淋设置情况	热释放速率Q（MW）
办公室、教室、客房、走道	无喷淋	6.0
	有喷淋	1.5
商店、展览厅	无喷淋	10.0
	有喷淋	3.0
其他公共场所	无喷淋	8.0
	有喷淋	2.5
汽车库	无喷淋	3.0
	有喷淋	1.5
厂　房	无喷淋	8.0
	有喷淋	2.5
仓　库	无喷淋	20.0
	有喷淋	4.0

第4.6.6条〖注释〗

一个防烟分区的排烟量或排烟窗的面积应按照火灾场景中所形成的烟羽流类型，根据火灾热释放速率、清晰高度、烟羽流质量流量及烟羽流温度等参数计算确定。但为了简化计算，标准在第4.6.3条、第4.6.5条明确给出了一些常见场所的计算值，设计人员可以直接选用。

第4.6.7条〖注释〗

火灾烟气的聚集主要是由火源热释放速率、火源类型、空间大小形状、环境温度等因素决定的。标准中参照了国外的有关实验数据，规定了建筑场所火灾热释放速率的确定方法和常用数据。

特别值得注意的是：一般情况下，对于室内净高大于8m的高大空间，即使设置了自动喷水灭火系统，在计算防烟分区的排烟量时，火灾热释放速率应按无喷淋场所的数值选取；如果房间按高大空间场所设计的湿式灭火系统，采用了符合《自动喷水灭火系统设计规范》GB 50084的有效喷淋灭火措施时，该火灾热释放速率可按表中的有喷淋条件取值。

4.6.8　当储烟仓的烟层与周围空气温差小于15℃时，应通过降低排烟口的位置等措施重新调整排烟设计。

4.6.9　走道、室内空间净高不大于3m的区域，其最小清晰高度不宜小于其净高的1/2，其他区域的最小清晰高度应按下式计算：

$$H_q = 1.6 + 0.1 \cdot H' \qquad (4.6.9)$$

式中：H_q——最小清晰高度（m）；

H'——对于单层空间，取排烟空间的建筑净高度（m）；

对于多层空间，取最高疏散楼层的层高（m）。

4.6.10　火灾热释放速率应按下式计算：

$$Q = \alpha \cdot t^2 \qquad (4.6.10)$$

式中：Q——热释放速率（kW）；

t——火灾增长时间（s）；

α——火灾增长系数（按表4.6.10取值）（kW/s^2）。

表4.6.10　火灾增长系数

火灾类别	典型的可燃材料	火灾增长系数（kW/s^2）
慢速火	硬木家具	0.00278
中速火	棉质、聚酯垫子	0.011
快速火	装满的邮件袋、木制货架托盘、泡沫塑料	0.044
超快速火	池火、快速燃烧的装饰家具、轻质窗帘	0.178

第4.6.9条〖注释〗

1. 条文的制定：

火灾时的最小清晰高度是为了保证室内人员安全疏散和方便消防人员扑救而提出的最低要求，也是排烟系统设计时必须达到的最低要求。

2. 设计要点：

2.1 对于单个楼层空间的清晰高度，可参见本图集第10页2.1.12图示a所示，公式（4.6.9）也是针对这种情况提出的。

2.2 对于多个楼层组成的高大空间，最小清晰高度同样也是针对某一个单层空间提出的，往往也是连通空间中同一防烟分区中最上层计算得到的最小清晰高度，如本图集第11页～第13页2.1.12图示b～图示f所示。在这种情况下的燃料面到烟层底部的高度是从着火的那一层算起的。

2.3 排烟空间净高度按以下方法确定：

2.3.1 对于平顶和锯齿形的顶棚，空间净高度是从顶棚下沿到地面的距离；

2.3.2 对于斜坡式的顶棚，空间净高度是从排烟开口中心到地面的距离；

2.3.3 对于有吊顶的场所，其空间净高度应从吊顶算起；设置格栅吊顶的场所，其空间净高度应从上层楼板下边缘算起。

4.6.11 烟羽流质量流量计算宜符合下列规定：

1. 轴对称型烟羽流：

当$Z>Z_1$时，$M_\rho=0.071Q_c^{1/3}Z^{5/3}+0.0018Q_c$ （4.6.11-1）

当$Z\leqslant Z_1$时，$M_\rho=0.032Q_c^{3/5}Z$ （4.6.11-2）

$Z_1=0.166Q_c^{2/5}$ （4.6.11-3）

式中：Q_c——热释放速率的对流部分，一般取值为

$Q_c=0.7Q$(kW)；

Z——燃料面到烟层底部的高度(m)(取值应大于或等于最小清晰高度与燃料面高度之差)；

Z_1——火焰极限高度(m)；

M_ρ——烟羽流质量流量(kg/s)。

2. 阳台溢出型烟羽流：

$M_\rho=0.36(QW^2)^{1/3}(Z_b+0.25H_1)$ （4.6.11-4）

$W=w+b$ （4.6.11-5）

式中：H_1——燃料面至阳台的高度（m）；

Z_b——从阳台下缘至烟层底部的高度（m）；

W——烟羽流扩散宽度（m）；

w——火源区域的开口宽度（m）；

b——从开口至阳台边沿的距离（m），$b\neq0$；

3. 窗口型烟羽流：

$M_\rho=0.68(A_wH_w^{1/2})^{1/3}(Z_w+\alpha_w)^{5/3}+1.59A_wH_w^{1/2}$ （4.6.11-6）

$\alpha_w=2.4A_w^{2/5}H_w^{1/5}-2.1H_w$ （4.6.11-7）

式中：A_w——窗口开口的面积（m²）；

H_w——窗口开口的高度（m）；

Z_w——窗口开口的顶部到烟层底部的高度（m）；

a_w——窗口型烟羽流的修正系数（m）。

第4.6.11条［算例1］—**轴对称型烟羽流质量流量**

某多功能厅，平面尺寸为22m×15m，净高为9m，内设有自动喷水灭火系统，排烟口设于多功能厅的顶部，且其最近的边离墙大于0.5m，最大火灾热释放速率2.5MW。计算轴对称型烟羽流质量流量。

1. 确定热释放速率的对流部分Q_c:

 $Q_c=0.7Q=0.7\times2500=1750\text{kW}$

2. 确定火焰极限高度Z_1:

 $Z_1=0.166Q_c^{2/5}=0.166\times1750^{2/5}=3.29\text{m}$;

3. 确定清晰高度H_q:

 $H_q=1.6+0.1H'=1.6+0.1\times9=2.50\text{m}$;

 取燃料面到烟层底部的高度$Z=4.0\text{m}$;

4. 确定轴对称型烟羽流质量流量M_ρ:

 因为 $Z>Z_1$,

 则 $M_\rho=0.071Q_c^{1/3}\cdot Z^{5/3}+0.0018Q_c=11.78\text{kg/s}$

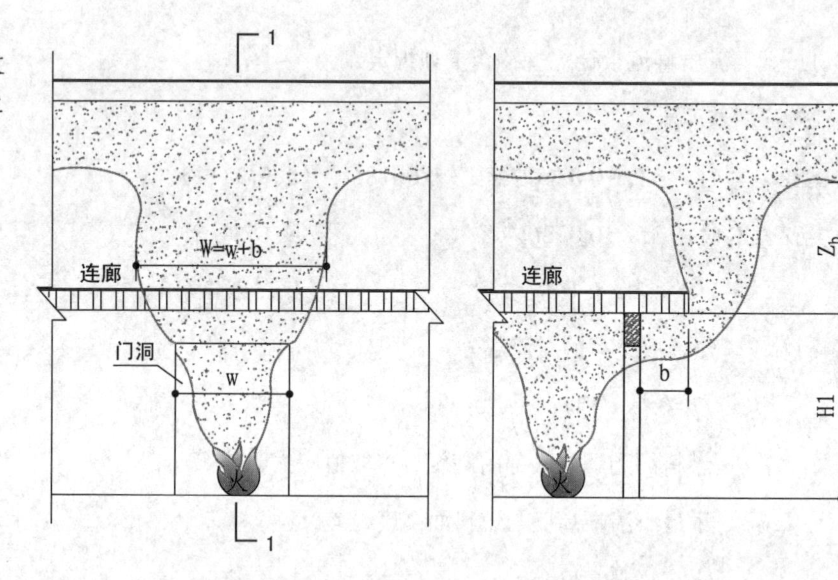

图4.6.11 算例2正面图　　图4.6.11 算例2剖面图

第4.6.11条［算例2］—**阳台溢出型烟羽流质量流量**

某一带连廊的两层展厅，室内设有自动喷水灭火系统，每层层高为6.0m，阳台开口w=3m，燃料面至阳台下缘H_1=5.80m，从开口至阳台边沿的距离为b=2m。最大火灾热释放速率3.0MW，排烟口设于侧墙且其最近的边离吊顶小于0.5m。计算阳台溢出型烟羽流质量流量。

1. 确定烟羽流扩散宽度W:

 $W=w+b=3+2=5\text{m}$

2. 确定从阳台下缘至烟层底部的高度Z_b:

 $Z_b=1.6+0.1\times(6+0.20)=2.22\text{m}$;

3. 确定阳台溢出型烟羽流质量流量M_ρ:

 $M_\rho=0.36(QW^2)^{1/3}(Z_b+0.25H_1)$

 $=0.36(3000\times5^2)^{1/3}(2.22+0.25\times5.8)$

 $=55.72\text{kg/s}$

4.6.12 烟层平均温度与环境温度的差应按下式计算或按本标准附录A中表A选取：

$$\Delta T = KQ_c / M_\rho C_p \quad (4.6.12)$$

式中：ΔT——烟层平均温度与环境温度的差（K）；

C_P——空气的定压比热，一般取C_p=1.01[kJ/(kg·K)]；

K——烟气中对流放热量因子。当采用机械排烟时，取K=1.0；当采用自然排烟时，取K=0.5。

4.6.13 每个防烟分区排烟量应按下列公式计算或按本标准附录A查表选取：

$$V = M_\rho T / \rho_0 T_0 \quad (4.6.13\text{-}1)$$

$$T = T_0 + \Delta T \quad (4.6.13\text{-}2)$$

式中：V——排烟量（m^3/s）；

ρ_0——环境温度下的气体密度(kg/m^3)，通常T_0=293.15K，ρ_0=1.2（kg/m^3）；

T_0——环境的绝对温度（K）；

T——烟层的平均绝对温度（K）。

第4.6.12条［算例1］—**烟气平均温度与环境温度差的计算**

某剧院有一个四层共享前厅，前厅按无喷淋系统考虑，前厅高21m，一层高为4m，二、三层均为6m，四层净高5m，排烟口设于前厅顶部（其最近边离墙大于0.5m）。火灾场景为前厅中央地面附近的可燃物燃烧，烟缕流型为轴对称型烟羽流。最大火灾热释放速率8.0MW，火灾时应确保最上层的最小清晰高度，火源燃料面为前厅地面。计算烟气平均温度与环境温度的差。

1. 确定热释放速率的对流部分Q_c:

Q_c=0.7Q=0.7×8000=5600kW

2. 确定火焰极限高度Z_1:

Z_1=0.166$Q_c^{2/5}$=5.24m

3. 确定燃料面到烟层底部的高度Z:

Z=(4+2×6)+H_q=16+(1.6+0.1H')=16+(1.6+0.1×5)=18.1m

4. 确定轴对称型烟羽流质量流量M_ρ:

M_ρ=0.071$Q_c^{1/3}Z^{5/3}$+0.0018Q_c=167.51kg/s

5. 计算烟气平均温度与环境温度的差ΔT:

ΔT=$KQ_c/M_\rho C_p$=1.0×5600/167.51×1.01=33.10K

第4.6.13条［算例2］—**排烟量的计算**

以第4.6.12条[算例1]为例，烟羽流质量流量M_ρ=167.51kg/s，烟气平均温度与环境温度的差ΔT=33.10K，环境温度T_0=293.15K，气体密度ρ_0=1.2kg/m^3，计算排烟量。

1. 确定烟层的平均绝对温度T:

T=T_0+ΔT=293.15+33.10=326.25K

2. 计算排烟量V:

V=$M_\rho T/\rho_0 T_0$=167.51×326.25/1.2×293.15=155.35m^3/s

=559271m^3/h＞211000m^3/h，取559271m^3/h

4.6 排烟系统设计计算						图集号	15K606
审核 王炯	王炯	校对 陈逸	陈逸	设计 张兢	张兢	页	143

4.6.14 机械排烟系统中，单个排烟口的最大允许排烟量V_{max}宜按下式计算，或按本标准附录B选取。

$$V_{max}=4.16\cdot\gamma\cdot d_b^{5/2}\left(\frac{T-T_0}{T_0}\right)^{1/2} \quad (4.6.14)$$

式中：V_{max}—— 排烟口最大允许排烟量（m^3/s）；

γ —— 排烟位置系数；当风口中心点到最近墙体的距离≥2倍的排烟口当量直径时，γ取1.0；当风口中心点到最近墙体的距离＜2倍的排烟口当量直径时，γ取0.5；当吸入口位于墙体上时，γ取0.5。

d_b——排烟系统吸入口最低点之下烟气层厚度(m)；

T——烟层的平均绝对温度（K）；

T_0——环境的绝对温度（K）。

〖注释〗

1. 条文的制定:

当一个排烟口排出的烟气量超过一定数量时，就会在烟层底部撕开一个“洞”，使该防烟分区中的无烟空气被卷吸进去，随烟气被排出，从而导致有效排烟量的减少（见本图集第113页4.4.12图示6b），因此标准的条文规定了每个排烟口的最高临界排烟量。

2. 设计要点

2.1 对于机械排烟系统，通过本图集第143页的公式(4.6.13-1)和公式(4.6.13-2)计算出系统排烟量，确定排烟口尺寸后，再利用本页的公式(4.6.14)对排烟口进行最高临界排烟量的校核计算。

2.2 本图集第145页的图(4.6.14)是不同空间中排烟口设置位置的参考图，其中(a)、(b)图表示的是单个楼层空间中排烟口设置位置；(c)、(d)图则表示的是多个楼层组成的高大空间中排烟口设置位置。

4.6 排烟系统设计计算							图集号	15K606
审核	王炯	王炯	校对	陈逸	陈逸	设计	张兢 张兢	页	144

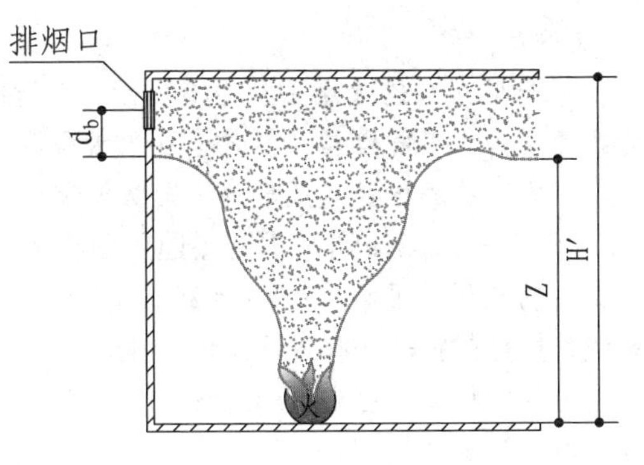

(a) 单个楼层空间侧排烟

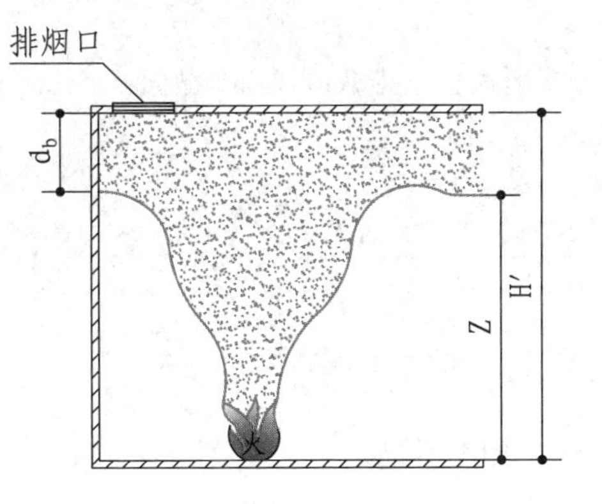

(b) 单个楼层空间顶排烟

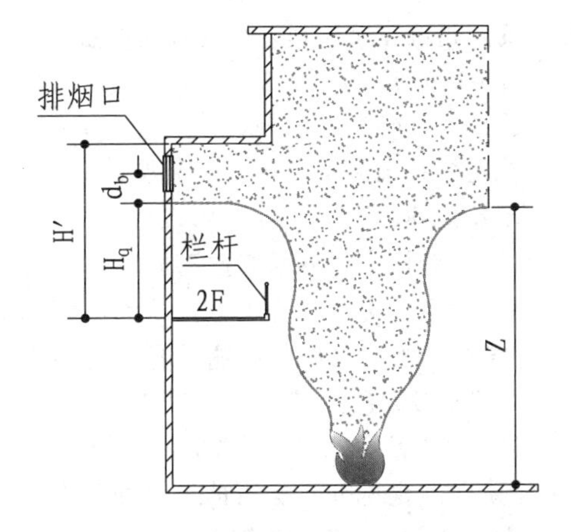

(c) 多个楼层组成的高大空间侧排烟

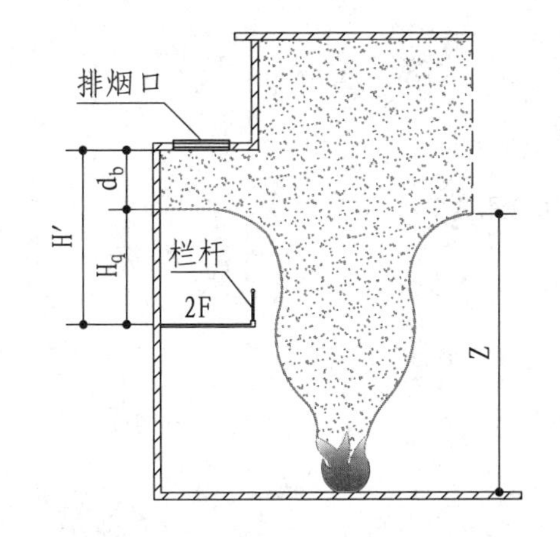

(d) 多个楼层组成的高大空间顶排烟

图4.6.14 排烟口设置位置参考图

4.6.15 采用自然排烟方式所需自然排烟窗（口）截面积宜按下式计算：

$$A_{\mathrm{v}}C_{\mathrm{v}}=\frac{M_{\rho}}{\rho_0}\left[\frac{T^2+(A_{\mathrm{v}}C_{\mathrm{v}}/A_0C_0)^2\ TT_0}{2gd_{\mathrm{b}}\Delta TT_0}\right]^{1/2} \quad (4.6.15)$$

式中：A_{v}——自然排烟窗（口）截面积（m^2）；

A_0——所有进气口总面积（m^2）；

C_{v}——自然排烟窗（口）流量系数（通常选定在0.5～0.7之间）；

C_0——进气口流量系数（通常约为0.6）；

g——重力加速度（m/s^2）；

注：公式中A_{v}、C_{v}在计算时应采用试算法。

〖注释〗

1. 条文的制定：

自然排烟系统的优点在于简单易行，是利用火灾热烟气的浮力作为排烟动力，其排烟口的排放率在很大程度上取决于烟气的厚度和温度，本条推荐的是较成熟的英国防火设计规范的计算公式。

2. ［算例］—**自然排烟方式所需通风面积的计算**

某多功能厅，平面尺寸50m×20m，净高7.0m，内设有自动喷水灭火系统，按自然排烟方式进行设计，排烟窗设于顶部，自然补风。烟缕流型为轴对称型烟羽流，最大火灾热释放速率2500kW。计算自然通风方式所需的通风面积。

2.1 确定热释放速率的对流部分Q_{c}：

$Q_{\mathrm{c}}=0.7Q=0.7\times2500=1750\mathrm{kW}$

2.2 确定清晰高度H_{q}和火焰极限高度Z_1：

$H_{\mathrm{q}}=1.6+0.1\times7=2.3\mathrm{m}$

$Z_1=0.166Q_{\mathrm{c}}^{2/5}=3.29\mathrm{m}$

2.3 确定燃料面到烟层底部的高度Z：

取$Z=3.5\mathrm{m}$，即$Z>Z_1$

4. 确定轴对称型烟羽流质量流量M_{ρ}：

$M_{\rho}=0.071Q_{\mathrm{c}}^{1/3}Z^{5/3}+0.0018Q_{\mathrm{c}}=10.05\mathrm{kg/s}$

5. 计算烟气平均温度与环境温度的差ΔT和烟层的平均绝对温度T：

$\Delta T=KQ_{\mathrm{c}}/M_{\rho}C_{\mathrm{p}}=0.5\times1750/10.05\times1.01=86.20\mathrm{K}$

$T=T_0+\Delta T=293.15+86.20=379.35\mathrm{K}$

6. 计算自然通风方式所需的通风面积A_{v}：

假设$A_0/A_{\mathrm{v}}=0.6$，C_0取0.6；

烟层厚度 $d_{\mathrm{b}}=7-3.5=3.5\mathrm{m}$，$C_{\mathrm{v}}$取0.6；

则通过试算，所需排烟口最小有效面积 $A_{\mathrm{v}}=7.14\mathrm{m}^2$

5 系统控制

5.1 防烟系统

5.1.1 机械加压送风系统应与火灾自动报警系统联动，其联动控制应符合现行国家标准《火灾自动报警系统设计规范》GB 50116的有关规定。

5.1.2 加压送风机的启动应符合下列规定：

1 现场手动启动；

2 通过火灾自动报警系统自动启动；

3 消防控制室手动启动；

4 系统中任一常闭加压送风口开启时，加压风机应能自动启动。

5.1.3 当防火分区内火灾确认后，应能在15s内联动开启常闭加压送风口和加压送风机，并应符合下列规定：

1 应开启该防火分区楼梯间的全部加压送风机；

2 应开启该防火分区内着火层及其相邻上下层前室及合用前室的常闭送风口，同时开启加压送风机。

5.1.4 机械加压送风系统宜设有测压装置及风压调节措施。

5.1.5 消防控制设备应显示防烟系统的送风机、阀门等设施启闭状态。

第5.1.2条〖注释〗

本条为强制性条文，必须严格执行。条文对加压送风机和常闭加压送风口的控制方式做出了更明确的规定。加压送风机必须具备多种方式启动，除接收火灾自动报警系统信号联动启动外，还应能独立控制，不受火灾自动报警系统故障因素的影响。

第5.1.3条〖注释〗

本条为强制性条文，必须严格执行。由于防烟系统的可靠运行将直接影响到人员安全疏散，火灾时按设计要求准确开启着火层及其上下层的常闭加压送风口，既符合防烟需要也能避免系统出现超压现象。

5.2 排烟系统

5.2.1 机械排烟系统应与火灾自动报警系统联动，其联动控制应符合现行国家标准《火灾自动报警系统设计规范》GB 50116的有关规定。

5.2.2 排烟风机、补风机的控制方式，应符合下列规定：

1 现场手动启动；

2 火灾自动报警系统自动启动；

3 消防控制室手动启动；

4 系统中任一排烟阀或排烟口开启时，排烟风机、补风机自动启动。

5 排烟防火阀在280℃时应自行关闭，并应连锁关闭排烟风机和补风机。

5.2.3 机械排烟系统中的常闭排烟阀或排烟口应具有火灾自动报警系统自动开启、消防控制室手动开启和现场手动开启功能，其开启信号应与排烟风机联动。当火灾确认后，火灾自动报警系统应在15s内联动开启相应防烟分区的全部排烟阀、排烟口、排烟风机和补风设施，并应在30s内自动关闭与排烟无关的通风、空调系统。

5.2.4 当火灾确认后，担负两个及以上防烟分区的排烟系统【图示1】，应仅打开着火防烟分区的排烟阀或排烟口，其它防烟分区的排烟阀或排烟口应呈关闭状态【图示2】。

5.2.5 活动挡烟垂壁应具有火灾自动报警系统自动启动和现场手动启动功能，当火灾确认后，火灾自动报警系统应在15s内联动相应防烟分区的全部活动挡烟垂壁，60s以内挡烟垂壁应开启到位。

5.2.6 自动排烟窗可采用与火灾自动报警系统联动或温度释放装置联动的控制方式。当采用与火灾自动报警系统自动启动时、自动排烟窗应在60s内或小于烟气充满储烟仓时间内开启完毕。带有温控功能自动排烟窗，其温控释放温度应大于环境温度30℃且小于100℃。

5.2.7 消防控制设备应显示排烟系统的排烟风机、补风机、阀门等设施启闭状态。

第5.2.2条〖注释〗

本条为强制性条文，必须严格执行。条文对排烟风机和补风机的控制方式做出了更明确的规定。要求系统风机除就地启动和火灾自动报警系统联动启动外，还应具有消防控制室内直接控制启动和系统中任一排烟阀（口）开启后联动启动功能，目的是确保排烟系统不受其他因素的影响，提高系统的可靠性。

5.2 排烟系统						图集号	15K606
审核	王炯	校对	陈逸	设计	张兢	页	148

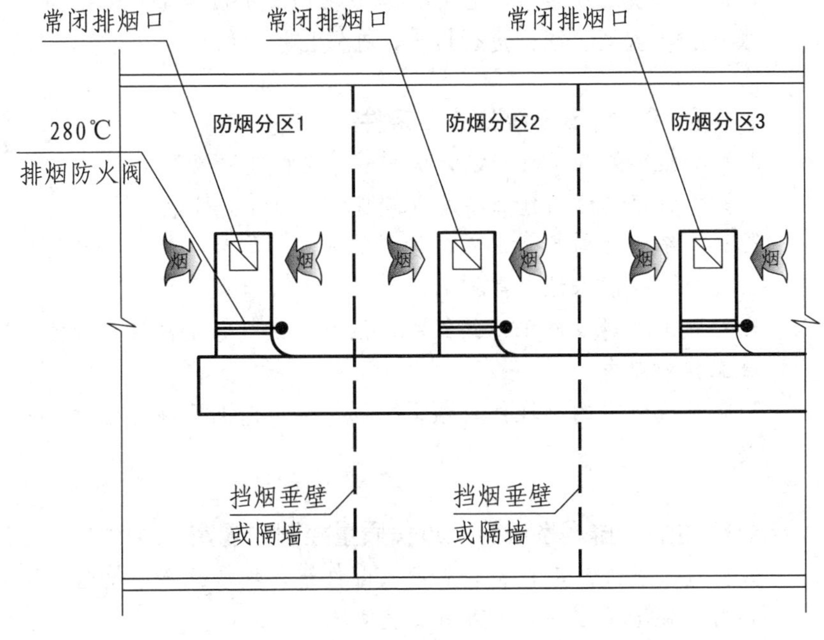

担负两个及以上防烟分区的排烟系统平面示意图

5.2.4 图示1

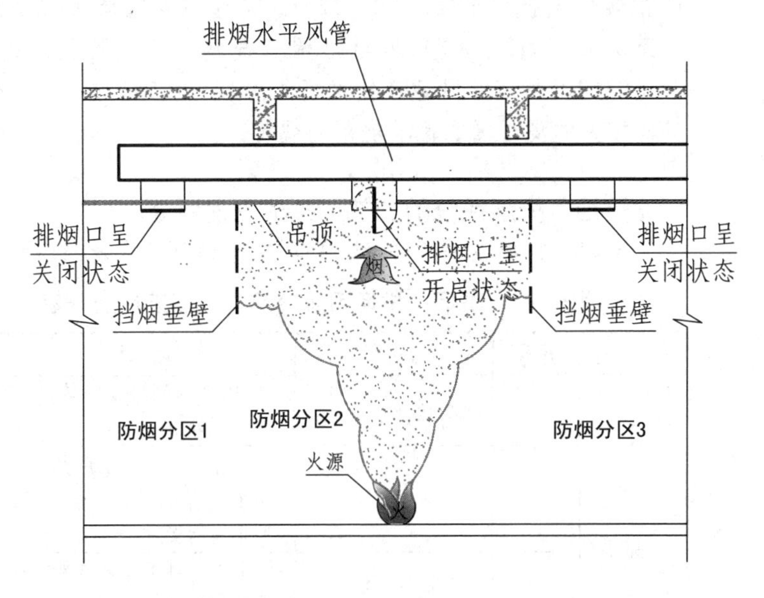

仅打开着火防烟分区排烟口的剖面示意图

5.2.4 图示2

5.2 排烟系统						图集号	15K606
审核	寿炜炜	校对	束庆	设计	彭琼	页	149

防烟、排烟系统施工与调试说明

防烟、排烟系统的施工与调试应执行国家标准《建筑防烟排烟系统技术标准》GB 51251、《通风与空调工程施工规范》GB 50738、《通风与空调工程施工质量验收规范》GB 50243以及《通风管道技术规程》JGJ/T 141，还应符合其他相关的现行国家标准规范的规定。

1 防烟、排烟系统的分部、分项工程划分

防烟、排烟系统的分部、分项工程划分可按表1执行。

附表1-1 防烟、排烟系统分部、分项工程划分表

分部工程	序号	子分部	分项工程
防烟、排烟系统	1	风管(制作)、安装	风管的制作、安装及检测、试验
	2	部件安装	排烟防火阀、送风口、排烟阀或排烟口、挡烟垂壁、排烟窗的安装
	3	风机安装	防烟、排烟及补风风机的安装
	4	系统调试	排烟防火阀、送风口、排烟阀或排烟口、挡烟垂壁、排烟窗、防烟、排烟风机的单项调试及联动调试

2 对施工单位的要求

2.1 施工单位必须具有相应的资质等级。

2.2 施工现场管理应有相应的施工技术标准、工艺规程及实施方案、健全的施工质量管理体系和工程质量检验制度。

2.3 施工现场质量管理检查记录应由施工单位质量检查员按表2填写，监理工程师进行检查，并做出检查结论。

3 防烟、排烟系统的施工条件

3.1 经批准的施工图、设计说明书等设计文件应齐全。

3.2 设计单位应向施工、建设、监理单位进行技术交底。

3.3 系统主要材料、部件、设备的品种、型号、规格符合设计要求，并能保证正常施工。

3.4 施工现场及施工中的给水、供电、供气等条件满足连续施工作业要求。

3.5 系统所需的预埋件、预留孔洞等施工前期条件符合设计要求。

4 防烟、排烟系统施工过程质量控制的规定

4.1 施工前，应对设备、材料及配件进行现场检查，检验合格后经监理工程师签证方可安装使用。

4.2 施工应按批准的施工图、设计说明书及其设计变更通知单等文件的要求进行。

4.3 各工序应按施工技术标准进行质量控制，每道工序完成后，应进行检查，检查合格后方可进入下道工序。

4.4 相关各专业工种之间交接时，应进行检验，并经监理工程师签证后方可进入下道工序。

4.5 施工过程质量检查内容、数量、方法应符合《建筑防烟排烟系统技术标准》GB 51251的相关规定。

4.6 施工过程质量检查应由监理工程师组织施工单位人员完成。

4.7 系统安装完成后，施工单位应按《建筑防烟排烟系统技术标准》GB 51251的相关专业调试规定进行调试。

附表1-2 施工现场质量管理检查记录表

工程名称		施工许可证	
建设单位		项目负责人	
设计单位		项目负责人	
监理单位		项目负责人	
施工单位		项目负责人	
序 号	项 目	内 容	
1	现场质量管理制度		
2	质量责任制		
3	主要专业工种人员操作上岗证书		
4	施工图审查情况		
5	施工组织设计、施工方案及审批		
6	施工技术标准		
7	工程质量检验制度		
8	现场材料、设备管理		
9	其他		
10			
施工单位项目负责人:（签章） 年 月 日	监理工程师:（签章） 年 月 日	建设单位项目负责人:（签章） 年 月 日	

4.8 系统调试完成后，施工单位应向建设单位提交质量控制资料和各类施工过程质量检查记录。

5 防烟、排烟系统施工过程中应填写的施工记录

5.1 对设备、材料及配件进行进场检验，施工单位的质量检查员应按附表1-3填写检查记录,监理工程师进行检查，并做出检查结论。

附表1-3 防烟、排烟系统工程进场检验检查记录表

工程名称				
施工单位			监理单位	
施工执行标准名称及编号				
项 目		质量规定≤标准≥章节条款	施工单位检查记录	监理单位检查记录
进场检验	风 管	6.2.1		
	排烟防火阀、送风口、排烟阀或排烟口以及驱动装置	6.2.2		
	风 机	6.2.3		
	活动挡烟垂壁及其驱动装置	6.2.4		
	排烟窗驱动装置	6.2.5		
施工单位项目负责人:（签章） 年 月 日			监理工程师:（签章） 年 月 日	

注：施工过程若用到其他表格，则应作为附件一并归档

防烟、排烟系统施工与调试说明						图集号	15K606
审核	王炯	校对	陈逸	设计	张兢	页	151

5.2 对防烟、排烟系统工程分项施工进行安装检查，施工单位的质量检查员应按附表1-4填写检查记录表，监理工程师进行检查，并做出检查结论。

附表1-4 防烟、排烟系统分项工程施工过程检查记录表

工程名称				
施工单位		监理单位		
施工执行标准名称及编号				
项目		《标准》章节条款	施工单位检查记录	监理单位检查记录
风管安装	金属风管的制作、连接	6.3.1		
	非金属风管的制作、连接	6.3.2		
	风管（道）强度、严密性检验	6.3.3		
	风管（道）的安装	6.3.4		
	风管（道）安装完毕后的严密性检查	6.3.5		
部件安装	排烟防火阀安装	6.4.1		
	送风口安装	6.4.2		
	排烟阀或排烟口安装	6.4.2		
	常闭送风口、排烟阀或排烟口手动驱动装置安装	6.4.3		
	挡烟垂壁安装	6.4.4		
	排烟窗安装	6.4.5		

续附表1-4

风机安装	风机型号、规格	6.5.1		
	风机外壳间距	6.5.2		
	风机基础	6.5.3		
	风机吊装	6.5.4		
	风机安装全防护	6.5.5		
施工单位项目负责人：（签章） 年 月 日			监理工程师：（签章） 年 月 日	
注：施工过程若用到其他表格，则应作为附件一并归档。				

6 防烟、排烟系统调试的一般规定

6.1 防烟、排烟系统的调试应在系统施工完成及与工程有关的火灾自动报警系统及联动控制设备调试合格后进行。

6.2 系统调试所使用的测试仪器和仪表，性能应稳定可靠，其精度等级及最小分度值应能满足测定的要求，并应符合国家有关计量法规及检定规程的规定。

6.3 系统调试应由施工单位负责，监理单位监督，设计单位与建设单位参与和配合。

6.4 防烟、排烟系统调试前，施工单位应编制调试方案，报送专业监理工程师审核批准；调试结束后，必须提供完整的调试资料和报告。

6.5 系统调试应包括设备单机调试和系统联动调试。由施工

单位的质量检查员按附表1-5填写系统调试检查记录表，监理工程师进行检查，并做出检查结论。

附表1-5　防烟、排烟系统调试检查记录表

<table>
<tr><td colspan="2">工程名称</td><td colspan="3"></td></tr>
<tr><td colspan="2">施工单位</td><td></td><td>监理单位</td><td></td></tr>
<tr><td colspan="2">施工执行标准名称及编号</td><td colspan="3"></td></tr>
<tr><td colspan="2">项　目</td><td>《标准》章节条款</td><td>施工单位检查记录</td><td>监理单位检查记录</td></tr>
<tr><td rowspan="7">单机调试</td><td>排烟防火阀调试</td><td>7.2.1</td><td></td><td></td></tr>
<tr><td>常闭送风口、排烟阀或排烟口调试</td><td>7.2.2</td><td></td><td></td></tr>
<tr><td>活动挡烟垂壁调试</td><td>7.2.3</td><td></td><td></td></tr>
<tr><td>自动排烟窗调试</td><td>7.2.4</td><td></td><td></td></tr>
<tr><td>送风机、排烟风机调试</td><td>7.2.5</td><td></td><td></td></tr>
<tr><td>机械加压送风系统调试</td><td>7.2.6</td><td></td><td></td></tr>
<tr><td>机械排烟系统调试</td><td>7.2.7</td><td></td><td></td></tr>
<tr><td rowspan="4">系统联动调试</td><td>机械加压送风联动调试</td><td>7.3.1</td><td></td><td></td></tr>
<tr><td>机械排烟联动调试</td><td>7.3.2</td><td></td><td></td></tr>
<tr><td>自动排烟窗联动调试</td><td>7.3.3</td><td></td><td></td></tr>
<tr><td>活动挡烟垂壁联动调试</td><td>7.3.4</td><td></td><td></td></tr>
<tr><td colspan="2">调试人员：（签字）</td><td colspan="3">年　月　日</td></tr>
<tr><td colspan="3">施工单位项目负责人：（签章）
年　月　日</td><td colspan="2">监理工程师：（签章）
年　月　日</td></tr>
<tr><td colspan="5">注：施工过程若用到其他表格，则应作为附件一并归档。</td></tr>
</table>

6.6 系统调试检查内容、数量、方法应符合《建筑防烟排烟系统技术标准》GB 51251的相关规定。

6.7 系统调试完成后，施工单位应向建设单位提交质量控制资料和各类施工过程质量检查记录表。

6.8 防烟、排烟系统工程质量控制资料检查记录应由监理工程师（建设单位项目负责人）组织施工单位项目负责人进行验收，并按附表1-6填写。

附表1-6　防烟、排烟系统工程质量控制资料检查记录

<table>
<tr><td>工程名称</td><td colspan="2"></td><td>施工单位</td><td colspan="2"></td></tr>
<tr><td>分部工程名称</td><td colspan="2">资料名称</td><td>数量</td><td>核查意见</td><td>核查人</td></tr>
<tr><td rowspan="4">防烟、排烟系统</td><td colspan="2">1.施工图、设计说明、设计变更通知书和设计审核意见书、竣工图</td><td></td><td></td><td></td></tr>
<tr><td colspan="2">2.施工过程检验、测试记录</td><td></td><td></td><td></td></tr>
<tr><td colspan="2">3.系统调试记录</td><td></td><td></td><td></td></tr>
<tr><td colspan="2">4.主要设备、部件的国家质量监督检验测试中心的检测报告和产品出厂合格证及相关资料</td><td></td><td></td><td></td></tr>
<tr><td>结　论</td><td>施工单位项目负责人
（签章）
年　月　日</td><td colspan="2">监理工程师
（签章）
年　月　日</td><td colspan="2">建设单位项目负责人
（签章）
年　月　日</td></tr>
</table>

7 其他

7.1 当防烟、排烟系统采用金属风管且设计无要求时，钢板或镀锌钢板的厚度应符合附表1-7的规定。

附表1-7 钢板风管板材厚度表

风管直径D或长边尺寸b	送风系统（mm）		排烟系统（mm）
	圆形风管	矩形风管	
D(b)⩽320	0.50	0.50	0.75
320＜D(b)⩽450	0.60	0.60	0.75
450＜D(b)⩽630	0.75	0.75	1.00
630＜D(b)⩽1000	0.75	0.75	1.00
1000＜D(b)⩽1500	1.00	1.00	1.20
1500＜D(b)⩽2000	1.20	1.20	1.50
2000＜D(b)⩽4000	按设计	1.20	按设计

注：1. 螺旋风管的钢板厚度可适当减少10%~15%。
2. 本表不适用于防火隔墙的预埋管。

7.2 金属风管采用法兰连接时，风管法兰材料规格应按附表1-8选用，其螺栓孔的间距不得大于150mm，矩形风管法兰四角处应设有螺孔。

7.3 无机玻璃钢风管采用法兰连接时，风管法兰材料规格应按附表1-9选用，其螺栓孔的间距不得大于120mm；矩形风管法兰四角处应设有螺孔。

7.4 风管应按系统类别进行强度和严密性检验，风管的类别见附表1-10的规定；金属矩形风管、圆形风管的允许漏风量，应满足附表1-11的规定。复合材料风管以及采用非法兰形式的非金属风管的允许漏风量，与金属圆形风管相同。

附表1-8 风管法兰与螺栓规格

风管直径D或风管长边尺寸b（mm）	法兰材料规格（mm）	螺栓规格
D(b)⩽630	25×3	M6
630＜D(b)⩽1500	30×3	M8
1500＜D(b)⩽2500	40×4	M8
2500＜D(b)⩽4000	50×5	M10

注：无法兰连接风管的薄钢板法兰高度应参照金属法兰风管的规定执行。

附表1-9 无机玻璃钢风管法兰与螺栓规格（mm）

风管长边尺寸b	法兰材料规格	螺栓规格
b⩽400	30×4	M8
400＜b⩽1000	40×6	
1000＜b⩽2000	50×8	M10

附表1-10 风管系统类别划分

系统类别	系统工作压力 $P_{风管}$（Pa）
低压风管系统	$125 < P_{风管} \leqslant 500$
中压风管系统	$500 < P_{风管} \leqslant 1500$
高压风管系统	$1500 < P_{风管} \leqslant 2500$

注：本表摘自国家标准《通风与空调工程施工质量验收规范》GB 50243-2016。

附表1-11　金属矩形风管、圆形风管允许漏风量

风管系统类别	允许漏风量 [$m^3/(h \cdot m^2)$]	
	矩形风管	圆形风管
低压风管系统	$\leqslant 0.1056P^{0.65}$	$\leqslant 0.0528P^{0.65}$
中压风管系统	$\leqslant 0.0352P^{0.65}$	$\leqslant 0.0176P^{0.65}$
高压风管系统	$\leqslant 0.0117P^{0.65}$	$\leqslant 0.0117P^{0.65}$
注：机械排烟风管系统的允许漏风量按中压风管系统的规定。		

7.5 通风、空气调节系统的风管在下列部位应设置公称动作温度为70℃的防火阀：

1 穿越防火分区处【附图1-1】；

2 穿越通风、空气调节机房的房间隔墙和楼板处；

3 穿越重要或火灾危险性大的场所的房间隔墙和楼板处；

4 穿越防火分隔处的变形缝两侧【附图1-2】；

5 竖向风管与每层水平风管交接处的水平管段上。

注：当建筑内每个防火分区的通风、空气调节系统均独立设置时，水平风管与竖向总管的交接处可不设置防火阀。

7.6 防火阀的设置应符合下列规定：

1. 防火阀宜靠近防火分隔处设置；

2. 防火阀暗装时，应在安装部位设置方便维护的检修口【附图1-3】；

3. 在防火阀两侧各2.0m范围内的风管及其绝热材料应采用不燃材料【附图1-1】；

4. 防火阀应符合现行国家标准《建筑通风和排烟系统用防火阀门》GB 15930的规定。

7.7 镀锌钢板风管的防火包覆做法【附图1-4】。

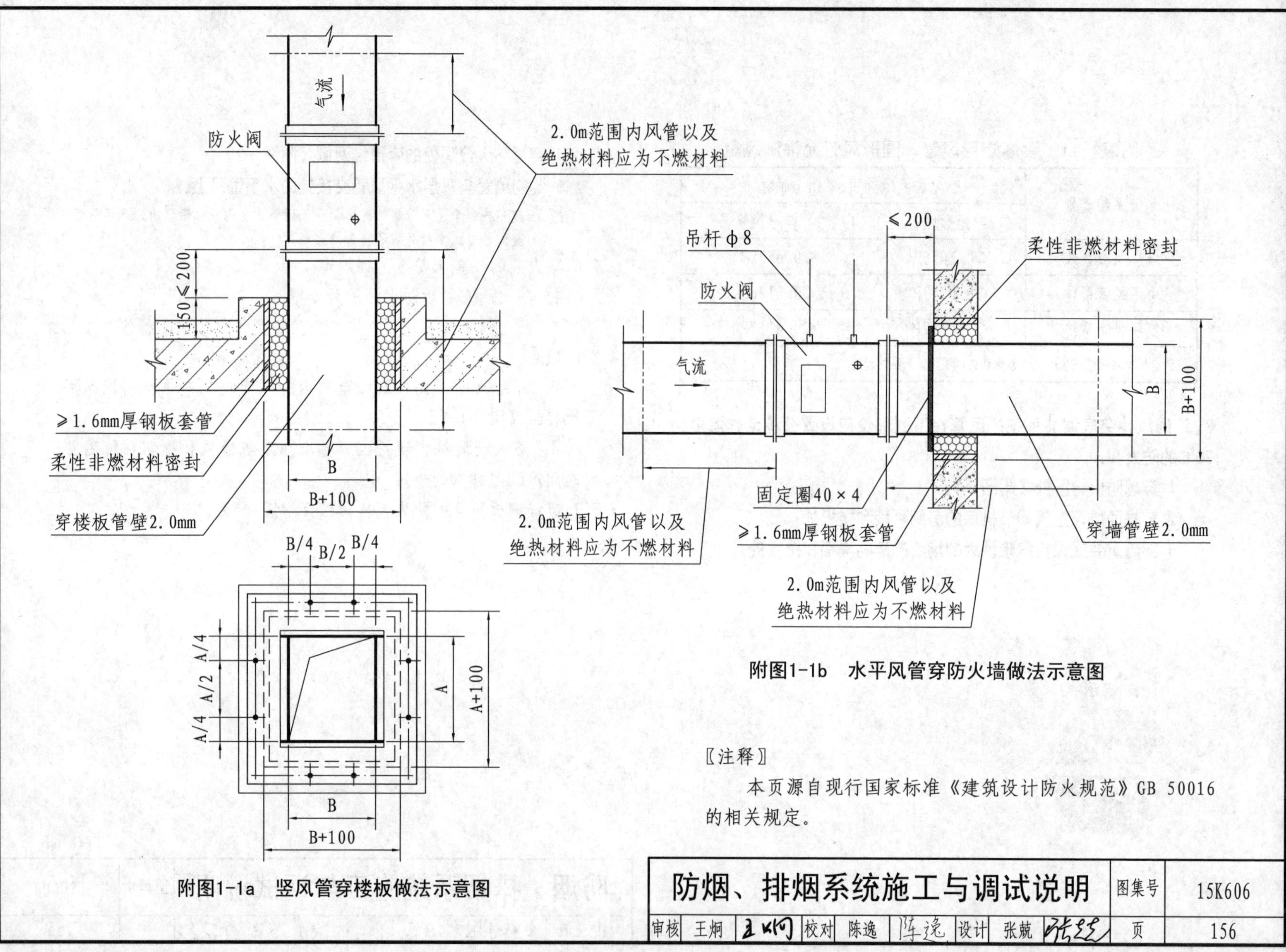

附图1-1a 竖风管穿楼板做法示意图

附图1-1b 水平风管穿防火墙做法示意图

〔注释〕

本页源自现行国家标准《建筑设计防火规范》GB 50016的相关规定。

防烟、排烟系统施工与调试说明						图集号	15K606
审核 王炯	王炯	校对 陈逸	陈逸	设计 张兢	张兢	页	156

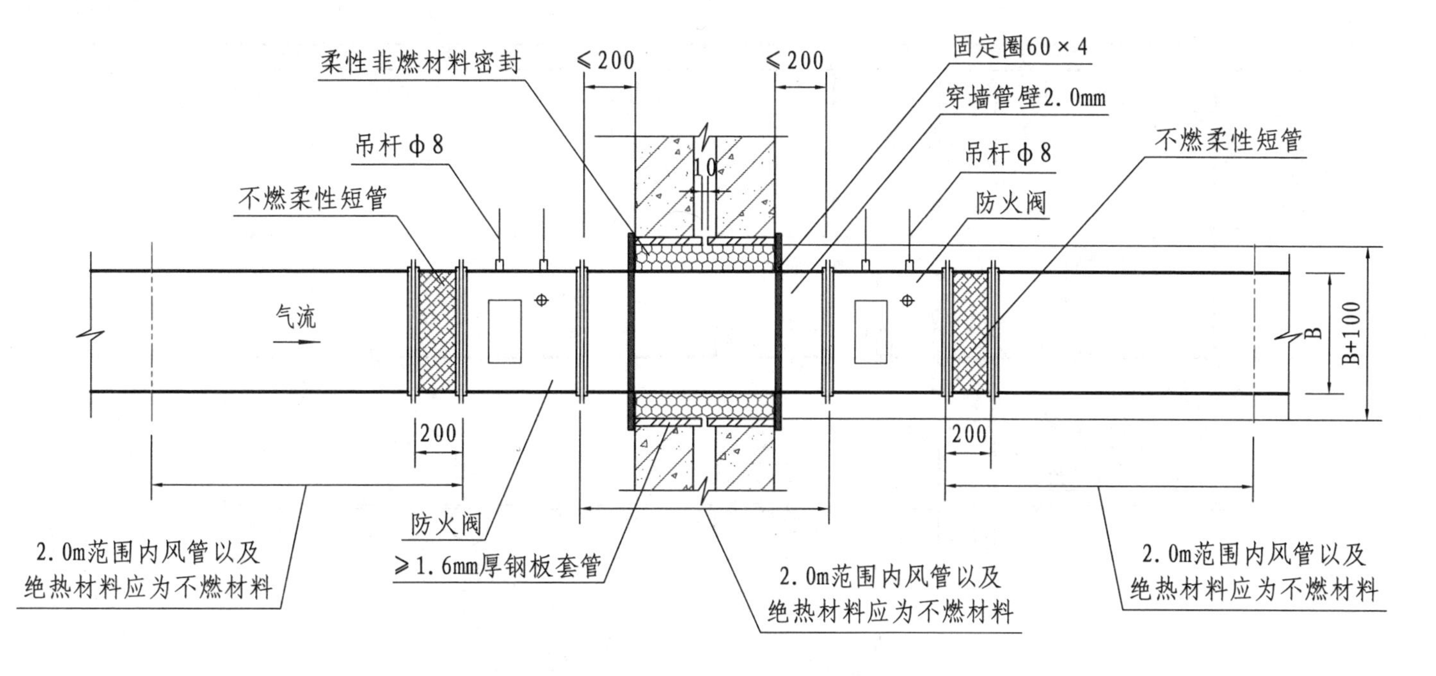

附图1-2 水平风管穿越防火分隔处变形缝墙体做法示意图

防烟、排烟系统施工与调试说明						图集号	15K606
审核	王炯	校对	陈逸	设计	张兢	页	157

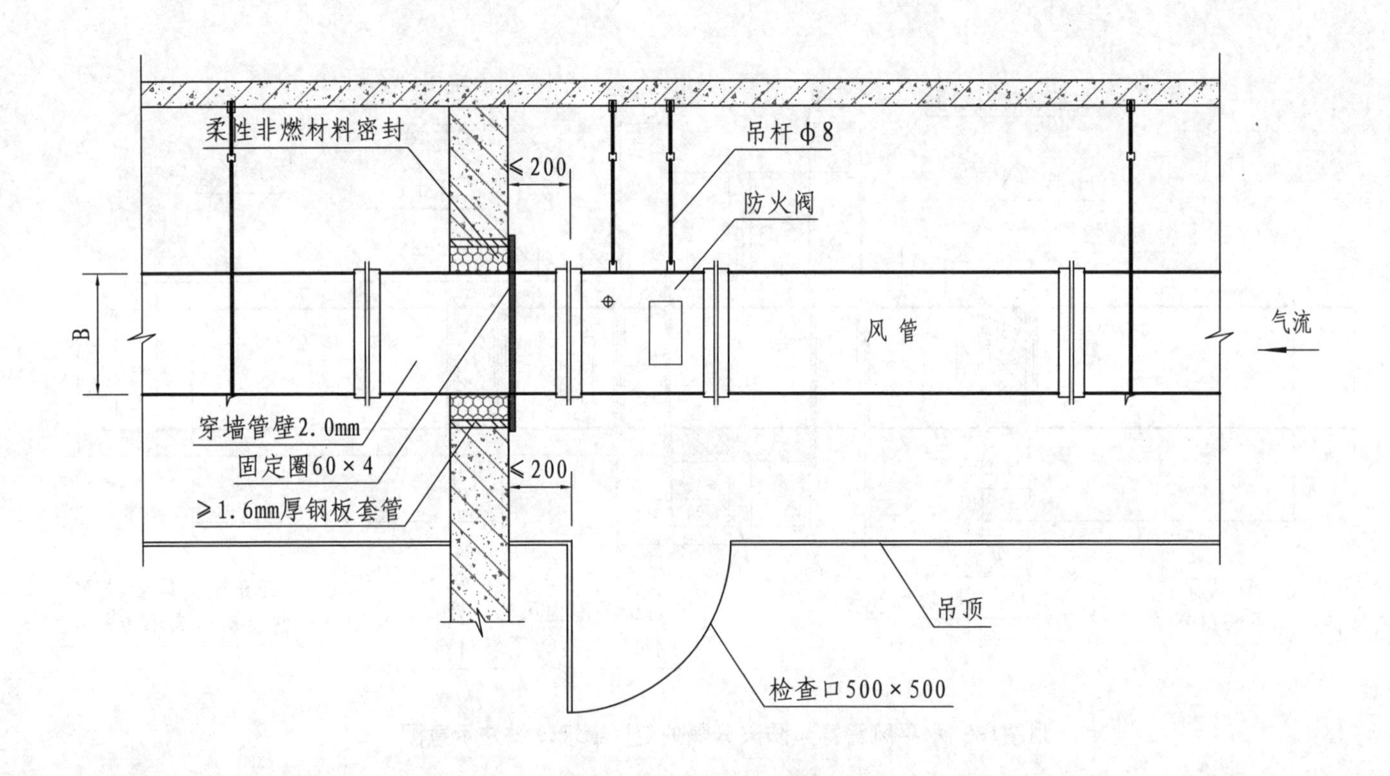

附图1-3　防火阀检修口设置示意图

注：在防火阀两侧各2.0m范围内的风管及其绝热材料应采用不燃材料。

防烟、排烟系统施工与调试说明								图集号	15K606
审核	王炯	王炯	校对	陈逸	陈逸	设计	张兢	页	158

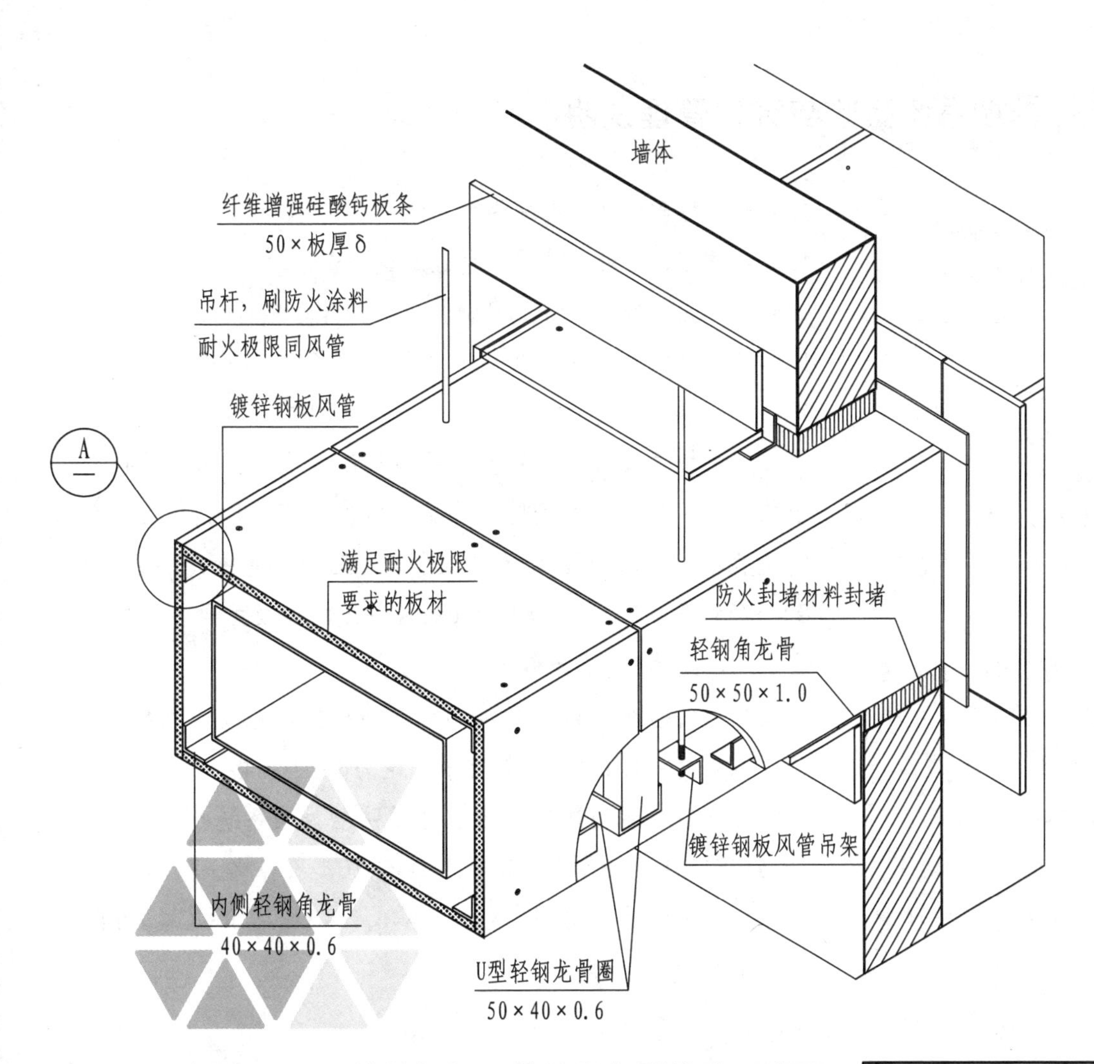

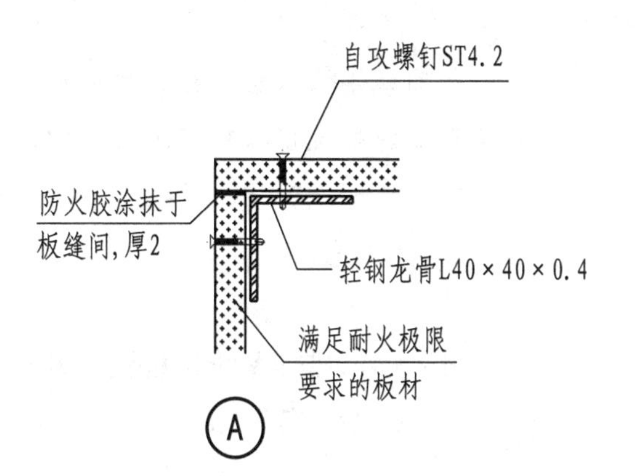

注：本图中δ是满足耐火极限板材的板材厚度。

附图1-4　镀锌钢板风管防火包覆构造示意图

防烟、排烟系统施工与调试说明						图集号	15K606
审核	王炯	校对	陈逸	设计	张兢	页	159

防烟、排烟系统验收与维护管理说明

防烟、排烟系统的验收与维护管理应执行国家标准《建筑防烟排烟系统技术标准》GB 51251、《通风与空调工程施工质量验收规范》GB 50243，还应符合其他相关的现行国家标准、规范的规定。

1　对防烟、排烟系统工程验收的一般规定

1.1 系统竣工后，应进行工程验收，验收不合格不得投入使用。

1.2 工程验收工作应由建设单位负责，并应组织设计、施工、监理等单位共同进行。

1.3 工程验收时应按附表1-12、附表1-13填写防烟、排烟系统，及隐蔽工程验收记录表。验收记录表应由建设单位填写，综合验收结论由参加验收的各方共同商定并签章。

1.4 工程竣工验收时，施工单位应提供下列资料：

1.4.1 竣工验收申请报告；

1.4.2 施工图、设计说明书、设计变更通知书和设计审核意见书、竣工图；

1.4.3 工程质量事故处理报告；

1.4.4 防烟、排烟系统施工过程质量检查记录；

1.4.5 防烟、排烟系统工程质量控制资料检查记录。

1.5 防烟、排烟系统工程质量验收判定条件，应符合下列规定：

1.5.1 系统的设备、部件型号规格与设计不符，无出厂质量合格证明文件及符合消防产品准入制度规定的检验报告，系统验收不符合现行国家标准《建筑防烟排烟系统技术标准》GB 51251第8.2.2条～第8.2.6条任一款功能及主要性能参数要求的，定为A类不合格。

1.5.2 不符合现行国家标准《建筑防烟排烟系统技术标准》GB 51251第8.1.4条任一款要求的定为B类不合格。

1.5.3 不符合现行国家标准《建筑防烟排烟系统技术标准》GB 51251第8.2.1条任一款要求的定为C类不合格。

1.5.4 系统验收合格判定应为：A=0，且B≤2，B+C≤6为合格，否则为不合格。

附表1-12 防烟、排烟系统工程验收记录表

<table>
<tr><td colspan="2">工程名称</td><td></td><td>分部工程名称</td><td colspan="3"></td></tr>
<tr><td colspan="2">施工单位</td><td></td><td>项目经理</td><td colspan="3"></td></tr>
<tr><td colspan="2">监理单位</td><td></td><td>总监理工程师</td><td colspan="3"></td></tr>
<tr><td rowspan="2">序号</td><td rowspan="2" colspan="2">验收项目名称</td><td colspan="3">验收内容记录</td><td rowspan="2">验收评定结果</td></tr>
<tr><td>标准章节条款</td><td>标准或设计要求</td><td>检测值</td></tr>
<tr><td>1</td><td colspan="2"></td><td></td><td></td><td></td><td></td></tr>
<tr><td>2</td><td colspan="2"></td><td></td><td></td><td></td><td></td></tr>
<tr><td>3</td><td colspan="2"></td><td></td><td></td><td></td><td></td></tr>
<tr><td>4</td><td colspan="2"></td><td></td><td></td><td></td><td></td></tr>
<tr><td>5</td><td colspan="2"></td><td></td><td></td><td></td><td></td></tr>
<tr><td></td><td colspan="2"></td><td></td><td></td><td></td><td></td></tr>
<tr><td></td><td colspan="2"></td><td></td><td></td><td></td><td></td></tr>
<tr><td colspan="2">综合验收结论</td><td colspan="5"></td></tr>
<tr><td rowspan="4">验收单位</td><td colspan="2">施工单位:
年 月 日</td><td colspan="4">项目经理:
年 月 日</td></tr>
<tr><td colspan="2">监理单位:
年 月 日</td><td colspan="4">总监理工程师:
年 月 日</td></tr>
<tr><td colspan="2">设计单位:
年 月 日</td><td colspan="4">项目负责人:
年 月 日</td></tr>
<tr><td colspan="2">建设单位:
年 月 日</td><td colspan="4">建设单位项目负责人:
年 月 日</td></tr>
<tr><td colspan="7">注：分部工程质量验收由建设单位项目负责人组织施工单位项目经理、总监理工程师和设计单位项目负责人等进行。</td></tr>
</table>

附表1-13 防烟、排烟系统隐蔽工程验收记录表

<table>
<tr><td>工程名称</td><td colspan="4"></td></tr>
<tr><td>施工单位</td><td colspan="2"></td><td>监理单位</td><td></td></tr>
<tr><td colspan="2">施工执行标准名称及编号</td><td></td><td>隐蔽部位</td><td></td></tr>
<tr><td colspan="2">验收项目</td><td>《标准》章节条款</td><td colspan="2">验收结果</td></tr>
<tr><td colspan="2" rowspan="4">封闭井道、吊顶内风管安装质量</td><td>第6.3.4条第1款</td><td colspan="2"></td></tr>
<tr><td>第6.3.4条第2款</td><td colspan="2"></td></tr>
<tr><td>第6.3.4条第3款</td><td colspan="2"></td></tr>
<tr><td>第6.3.4条第7款</td><td colspan="2"></td></tr>
<tr><td colspan="2">风管穿越隔墙、楼板</td><td>第6.3.4条第6款</td><td colspan="2"></td></tr>
<tr><td colspan="2">施工过程检查记录</td><td colspan="3"></td></tr>
<tr><td colspan="2">验收结论</td><td colspan="3"></td></tr>
<tr><td rowspan="2">验收单位</td><td>施工单位</td><td colspan="2">监理单位</td><td>建设单位</td></tr>
<tr><td>（公章）

项目负责人：（签章）</td><td colspan="2">（公章）

项目负责人：（签章）</td><td>（公章）

项目负责人：（签章）</td></tr>
</table>

2　防烟、排烟系统的维护管理

2.1 建筑防烟、排烟系统应制定维护保养管理制度及操作规程，并应保证系统处于准工作状态。维护管理记录应按附表1-14填写。

2.2 维护、管理人员应熟悉防烟、排烟系统的原理、性能和操作维护规程。

2.3 每季应对防烟、排烟风机、活动挡烟垂壁、自动排烟窗进行一次功能检测启动试验及供电线路检查，检查方法应符合国家标准《建筑防烟排烟系统技术标准》GB 51251第7.2.3条～第7.2.5条的规定。

2.4 每半年应对全部排烟防火阀、送风阀或送风口、排烟阀或排烟口进行自动和手动启动试验一次，检查方法应符合国家标准《建筑防烟排烟系统技术标准》GB 51251第7.2.1条、第7.2.2条的规定。

2.5 每年应对全部防烟、排烟系统进行一次联动试验和性能检测，其联动功能和性能参数应符合原设计要求，检查方法应符合国家标准《建筑防烟排烟系统技术标准》GB 51251第7.3节、第8.2.5条～第8.2.7条的规定。

2.6 排烟窗的温控释放装置、排烟防火阀的易熔片应有10%的备用件，且不少于10只。

2.7 当防烟排烟系统采用无机玻璃钢风管时，应每年对该风管质量检查，检查面积应不少于风管面积的30%；风管表面应光洁、无明显泛霜、结露和分层现象。

附表1-14　防烟、排烟系统维护管理工作检查项目表

部　位	工 作 内 容	周期
风管（道）及风口等部件	目测巡检完好状况，有无异物变形	每周
室外进风口、排烟口	巡检进风口、出风口是否通畅	每周
系统电源	巡查电源状态、电压	每周
防烟、排烟风机	手动或自动启动试运转，检查有无锈蚀、螺丝松动	每季度
挡烟垂壁	手动或自动启动、复位试验，有无升降障碍	每季度
排烟窗	手动或自动启动、复位试验，有无开关障碍	每季度
供电线路	检查供电线路有无老化，双回路自动切换电源功能等	每季度
排烟防火阀	手动或自动启动、复位试验检查，有无变形、锈蚀及弹簧性能，确认性能可靠	半年
送风阀或送风口	手动或自动开启、复位试验检查，有无变形、锈蚀及弹簧性能，确认性能可靠	半年
排烟阀或排烟口		
系统联动试验	检验系统的联动功能及主要技术性能参数	一年

示例1 办公场所的排烟设计计算

1. 某企业办公大厦，其标准层由若干个办公区、走道、核心筒等组成，本示例仅为一个防火分区，见第165页的建筑平面示意图。该防火分区的建筑面积为1623m²，内含2个大办公区和9个办公室。办公区1与办公区2的建筑面积分别为263.50m²和202.10m²；9个办公室的建筑面积均小于100.0m²，详见平面示意图。办公场所净高3.0m，走道宽度不大于2.5m，净高2.7m；办公场所与走道均设置排烟系统。分别计算办公场所以及走道的排烟量以及自然排烟窗面积。

2. 计算：

2.1 根据现行国家标准《建筑设计防火规范》GB 50016的相关规定，9个办公室均不需设排烟设施。

2.2 2个办公区的计算排烟量V_1、V_2根据国家现行标准《建筑防烟排烟系统技术标准》GB 51251-2017第4.6.3条第1款的规定，房间排烟量按60m³/(h·m²)计算且不小于15000m³/h，则2个办公区的计算排烟量为：

$V_1=263.5\times60=15810\mathrm{m^3/h}>15000\mathrm{m^3/h}$，取15810m³/h

$V_2=202.1\times60=12126\mathrm{m^3/h}<15000\mathrm{m^3/h}$，取15000m³/h

2.3 由于办公场所与走道均设置排烟系统，且走道、电梯厅和前厅是一个连通的空间，其计算排烟量V_3为：

$V_3=(58.65+254.7+76.55)\times60=23394\mathrm{m^3/h}>15000\mathrm{m^3/h}$

即计算排烟量取$V_3=23394\mathrm{m^3/h}$

2.4 若办公区1、走道、电梯厅和前厅采用自然排烟方式，则所需自然排烟窗（口）的有效面积分别为：

办公区1：$F_{c1}=263.5\times2\%=5.27\mathrm{m^2}$

走道、电梯厅和前厅：$F_{c2}=(58.65+254.7+76.55)\times2\%=7.80\mathrm{m^2}$

从第165页所附建筑平面图中可见，办公区2为内房间，不具备自然排烟条件。

3. 设计要点：

3.1 当采用自然排烟方式时，防烟分区内的自然排烟窗（口）的面积、数量、位置应按国家现行标准《建筑防烟排烟系统技术标准》GB 51251-2017第4.6.3条的规定经计算确定，且防烟分区内任一点与最近的自然排烟窗（口）之间的水平距离不应大于30m。

3.2 当采用机械排烟系统，且由一个系统担负多个防烟分区时，则：

$V_1+V_3=15810+23394=39204\mathrm{m^3/h}$

$V_2+V_3=15000+23394=38394\mathrm{m^3/h}$

∵ $V_1+V_3>V_2+V_3$

∴ 系统计算排烟量$V=39204\mathrm{m^3/h}$

排烟风机风量V_j：

$V_j=1.2\times39204=47045\mathrm{m^3/h}$

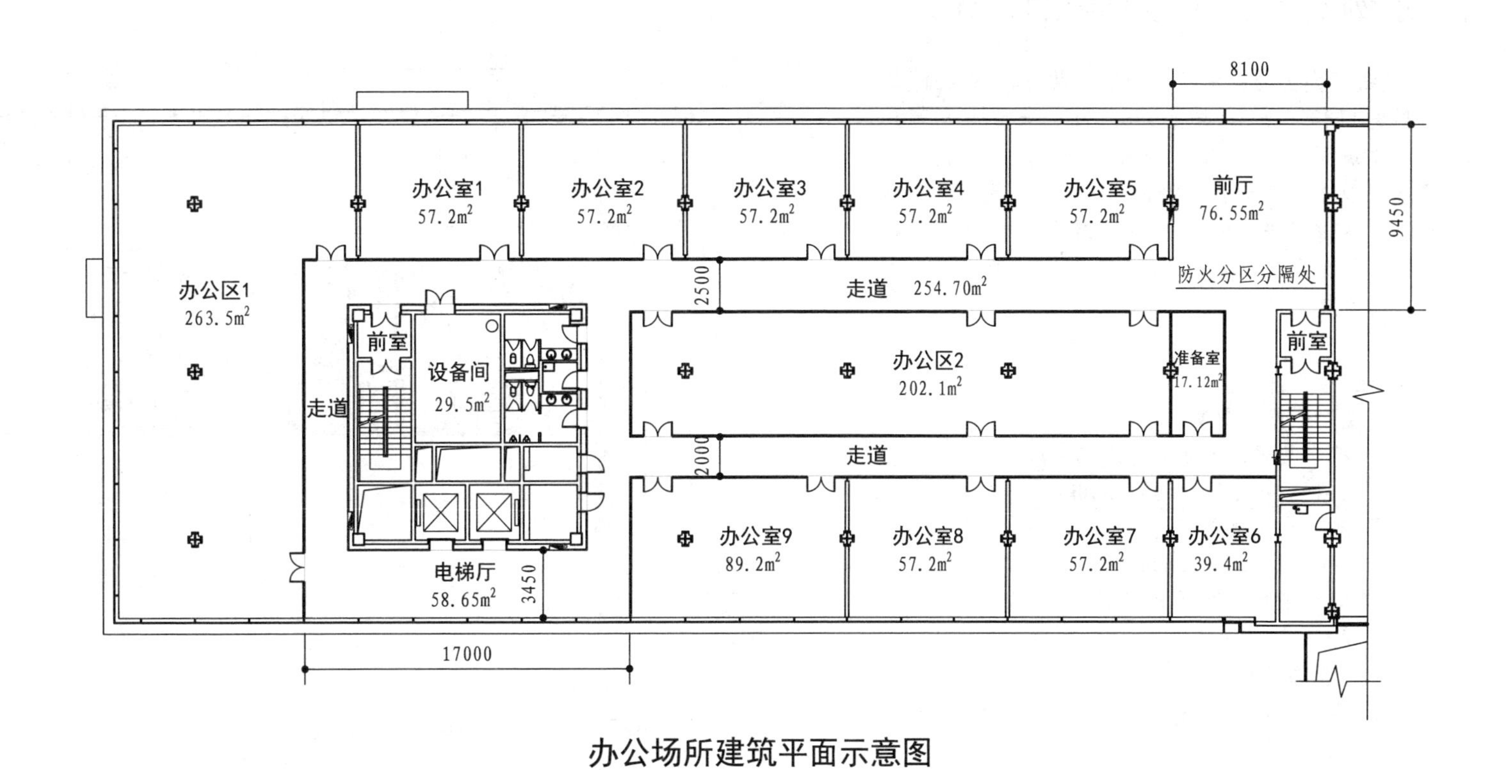

办公场所建筑平面示意图

示例1 办公场所的排烟设计计算							图集号	15K606
审核	王炯	王炯	校对	陈逸	陈逸	设计	张兢 张兢	页	165

示例2 大空间等的排烟设计计算

1. 某银行办公楼中一防火分区，共计1709.46m²,其中一层约1133.31m²,二层约576.15m²。大堂共享两层空间，建筑面积553.94m²，净高9.4m；一层小门厅、电梯厅以及走道合计195.08m²（见本页平面图），净高4.0m，走道净宽2.1m；二层仅对走道和电梯厅排烟（见本图集第167页平面图），走道净高4.0m。大堂无自动喷淋系统。计算系统的排烟量。

2. 计算：

2.1 一层计算排烟量V_1:

2.1.1 大堂计算排烟量$V_{1\text{-}1}$:

① 确定热释放速率的对流部分Q_c:

$Q_c=0.7Q=0.7\times8000=5600\text{kW}$

② 确定火焰极限高度Z_1:

$Z_1=0.166Q_c^{2/5}=5.24\text{m}$

③ 最小清晰高度H_q的计算：

$H_q=5.4+(1.6+0.1\times4.0)=7.4\text{m}$;

取燃料面到烟层底部的高度$Z=7.4\text{m}$

④ 确定轴对称型烟羽流质量流量M_ρ:

$M_\rho=0.071Q_c^{1/3}Z^{5/3}+0.0018Q_c=45.53\text{kg/s}$

⑤ 计算烟气平均温度与环境温度的差ΔT:

$\Delta T=KQ_c/M_\rho C_p=1.0\times5600/45.53\times1.01$
$=121.78\text{K}$

⑥ 确定烟层的平均绝对温度T:

$T=T_0+\Delta T=293.15+121.78=414.93\text{K}$

⑦ 大堂的计算排烟量$V_{1\text{-}1}$:

$V_{1\text{-}1}=M_\rho T/\rho_0 T_0=45.53\times414.93/1.2\times293.15$
$=53.70\text{m}^3/\text{s}=193332\text{m}^3/\text{h}$

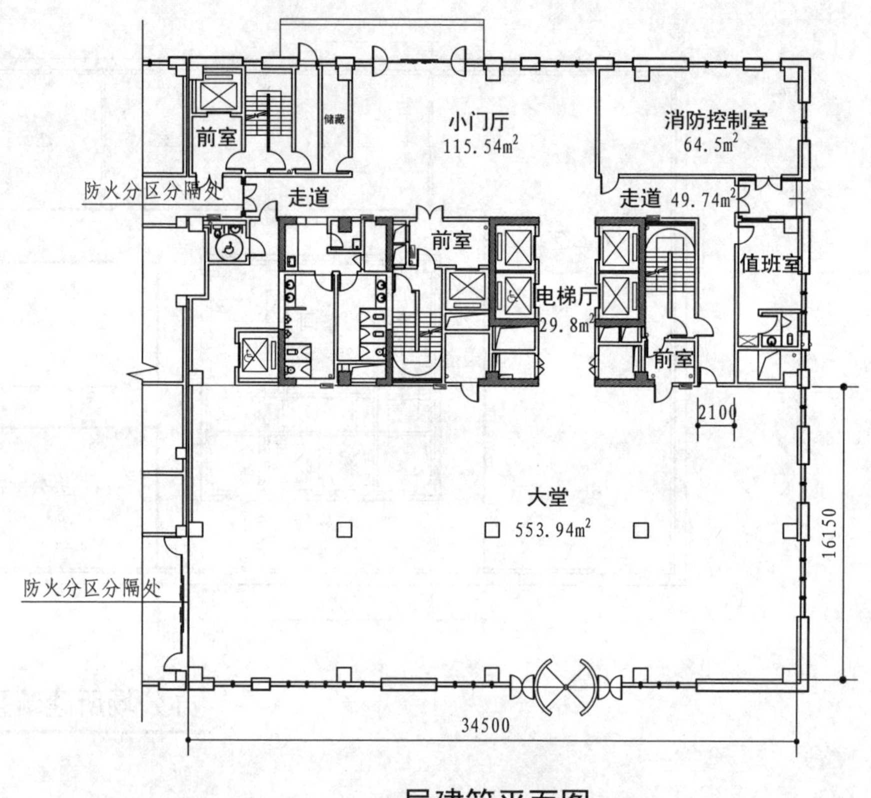

一层建筑平面图

《建筑防烟排烟系统技术标准》GB 51251-2017第4.6.3条第2款表4.6.3的表注1，建筑空间净高大于9.0m的，按9.0m取值，则大堂的排烟量不应小于V_{1-1}=211000m^3/h。

2.1.2 一层小门厅、电梯厅和走道的计算排烟量V_{1-2}

根据国家现行标准《建筑防烟排烟系统技术标准》GB 51251-2017第4.6.3条第2款的规定，室内空间净高小于或等于6m的场所，其排烟量按60m^3/(h·m^2)计算且不小于15000m^3/h，则小门厅、电梯厅和走道的计算排烟量V_{1-2}:

$$V_{1-2}=195.08\times60=11705\text{m}^3/\text{h}<15000\text{m}^3/\text{h}$$

∴ 小门厅、电梯厅和走道的计算排烟量V_{1-2}取15000m^3/h。

如由一个系统担负一层2个防烟分区的排烟时，则系统的计算排烟量V_1取211000m^3/h。

2.2 二层计算排烟量V_2:

由于二层仅对走道排烟，因此根据国家现行标准《建筑防烟排烟系统技术标准》GB 51251-2017第4.6.3条第3款的规定，走道的机械排烟量不应小于13000m^3/h，则走道机械排烟系统的计算排烟量V_2:

$$V_2=13000\text{m}^3/\text{h}$$

2.3 若大堂、一层小门厅、电梯厅和走道采用自然排烟方式，则所需自然排烟窗（口）的有效面积分别为:

大堂: $F_{c1}=211000/(3600\times1.01)=58.03\text{m}^2$

一层小门厅、电梯厅和走道:

$$F_{c2}=(115.54+29.8+49.74)\times2\%=3.90\text{m}^2$$

由于二层走道最远点到自然排烟窗（口）的水平距离大于30m，因而不具备自然排烟条件。

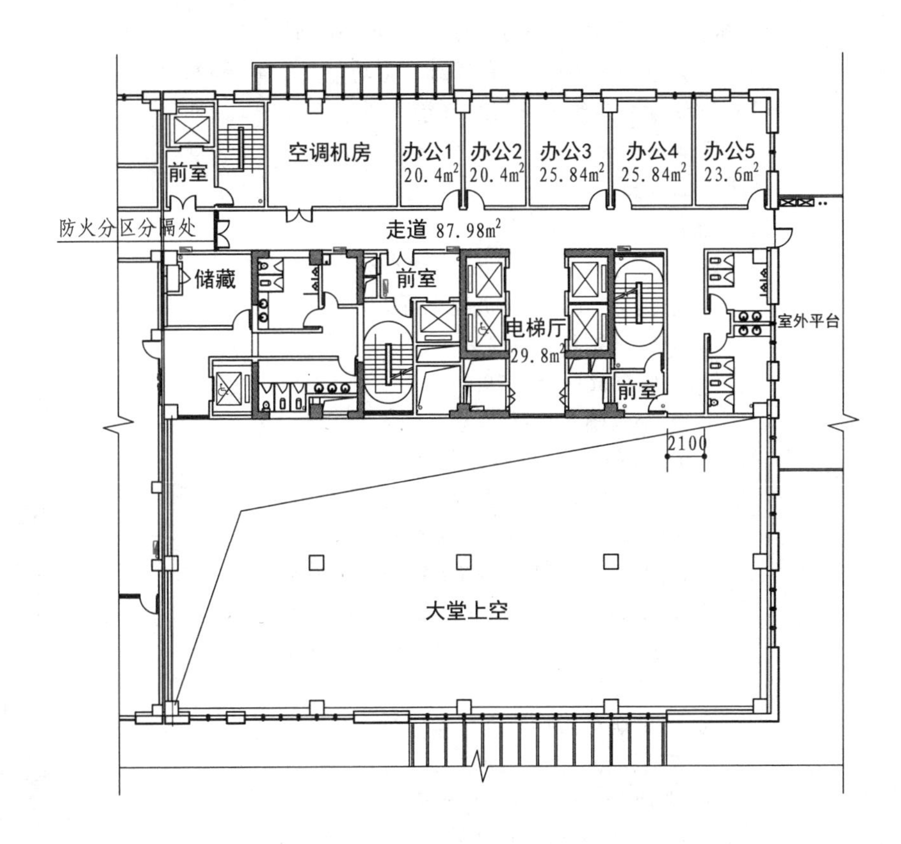

二层建筑平面图

示例3 多功能厅的排烟设计计算

1. 某大剧院二层的多功能厅建筑面积330m²，房间尺寸长×宽为22×15m，净高9.2m。多功能厅不靠外墙，设置机械排烟系统，排烟口设在吊顶上（排烟口最近的边距墙大于0.5m），设有自动喷淋系统。计算多功能厅的排烟量。

2. 计算:

① 确定热释放速率的对流部分Q_c:

$Q_c=0.7Q=0.7\times2500=1750\text{kW}$

② 确定火焰极限高度Z_1:

$Z_1=0.166Q_c^{2/5}=3.29\text{m}$

③ 最小清晰高度H_q的计算:

$H_q=1.6+0.1\times9.2=2.52\text{m}$;

取燃料面到烟层底部的高度$Z=6.00\text{m}$

④ 确定轴对称型烟羽流质量流量M_ρ:

$M_\rho=0.071Q_c^{1/3}Z^{5/3}+0.0018Q_c=20.11\text{kg/s}$

⑤ 计算烟气平均温度与环境温度的差ΔT:

$\Delta T=KQ_c/M_\rho C_p=1.0\times1750/20.11\times1.01$

$=86.16\text{K}$

⑥ 确定烟层的平均绝对温度T:

$T=T_0+\Delta T=293.15+86.16=379.31\text{K}$

⑦ 多功能厅排烟量V的计算:

$V=M_\rho T/\rho_0 T_0=20.11\times379.31/1.2\times293.15$

$=21.68\text{m}^3/\text{s}=78062\text{m}^3/\text{h}$

《建筑防烟排烟系统技术标准》GB 51251-2017第4.6.3条第2款表4.6.3的表注1，建筑空间净高大于9.0m的，按9.0m取值，则多功能厅的排烟量不应小于$V=111000\text{m}^3/\text{h}$。

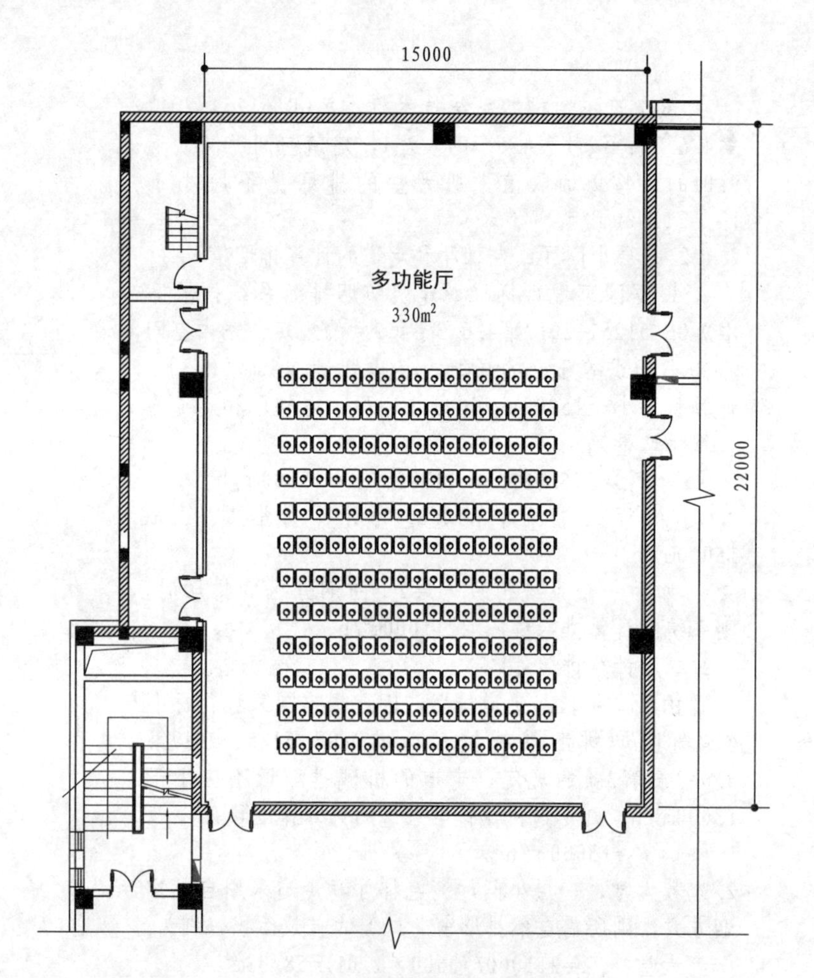

多功能厅建筑平面图

示例3 多功能厅的排烟设计计算							图集号	15K606
审核	王炯	王炯	校对	陈逸	陈逸	设计	张兢 张兢	页 168

示例4 酒店标准层的排烟设计计算

1. 某酒店标准层的建筑面积1231.85m²，客房净高3.6m（局部2.5m）；走道与电梯厅的建筑面积之和约为159m²，走道长55m，宽2.0m，净高2.5m。客房沿外墙布置，可利用外窗自然通风；走道只有一面外窗，不满足自然排烟的条件，设置机械排烟系统，排烟口设在吊顶上（排烟口最近的边距墙大于0.5m），有自动喷淋系统。计算酒店标准层的排烟量。

2. 计算:

2.1 酒店客房均有可开启外窗，且每间客房的建筑面积小于100m²，无需设置排烟设施。

2.2 根据国家现行标准《建筑防烟排烟系统技术标准》GB 51251-2017第4.6.3条第3款的规定，仅在走道设置排烟时，其机械排烟量不小于13000m³/h，即走道机械排烟系统的计算排烟量V:

V=13000m³/h

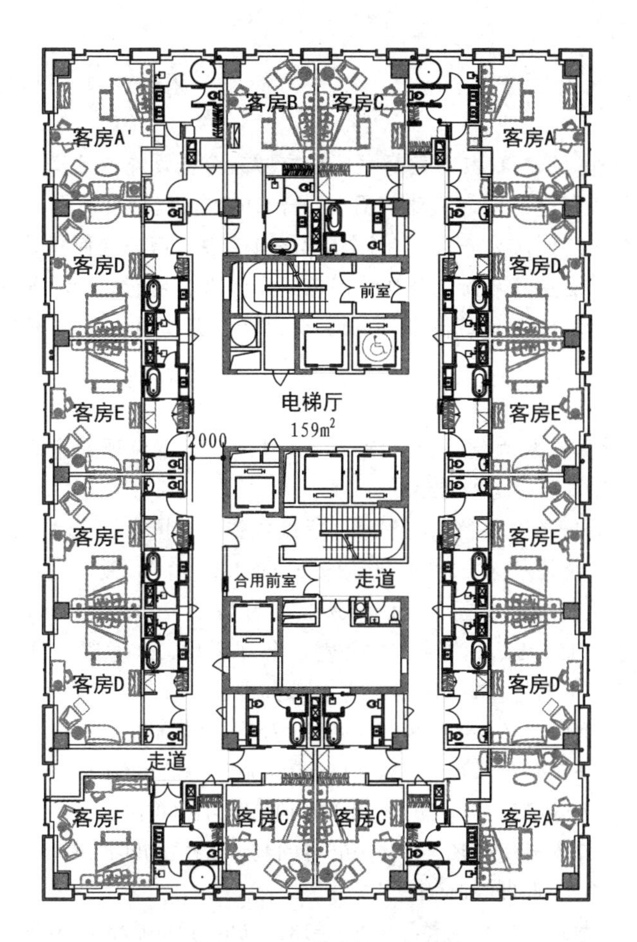

酒店标准层建筑平面图

示例4 酒店标准层的排烟设计计算						图集号	15K606
审核	王炯	校对	陈逸	设计	张兢	页	169

示例5　中庭的排烟设计计算

1. 某一高层建筑,其与裙房之间设有防火分割设施，且裙房一防火分区跨越楼层，最大建筑面积小于5000m²，裙楼设有自动喷水灭火系统。此防火分区分为9个防烟分区,各防烟分区面积见图中附表。一层层高7.0m，净高控制在5.5m；二层层高6.0m，净高控制在4.5m；中庭建筑高度18.0m。计算各防烟分区以及中庭的排烟量。

2. 计算:

2.1　计算一层大堂、全日餐厅、大堂吧、日本料理、龙虾排吧特色餐厅以及走道的排烟量:

由于一层净高控制在5.5m，所以根据现行国家标准《建筑防烟排烟系统技术标准》GB 51251-2017第4.6.3条第2款的规定，室内空间净高小于或等于6m的场所，其排烟量按60m³/(h·m²)计算且不小于15000m³/h，则一层大堂、全日餐厅、大堂吧、日本料理、龙虾排吧特色餐厅的排烟量计算如下:

① 大堂：V_{1-1}=826×60=49560m³/h＞15000m³/h

② 全日餐厅：V_{1-2}=558×60=33480m³/h＞15000m³/h

③ 大堂吧：V_{1-3}=509×60=30540m³/h＞15000m³/h

④ 日本料理：V_{1-4}=174×60=10440m³/h＜15000m³/h
取15000m³/h

⑤ 龙虾排吧特色餐厅：V_{1-5}=185×60=11100m³/h＜15000m³/h
取15000m³/h

⑥ 走道长边小于36m，最小净宽5.6m。根据现行国家标准《建筑防烟排烟系统技术标准》GB 51251-2017第4.6.3条第4款的

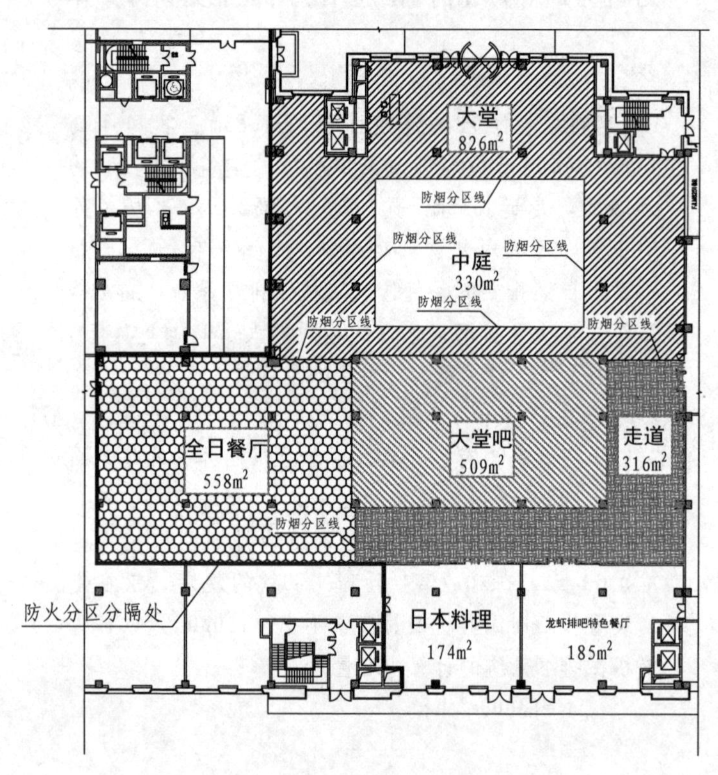

一层建筑平面图

的规定，走道的排烟量：

V_{1-6}=316 × 60=18960m³/h＞13000m³/h

2.2 计算二层各防烟分区的排烟量

⑦ 休息厅：V_{2-1}=713 × 60=42780m³/h＞15000m³/h

⑧ 会议室：V_{2-2}=231 × 60=13860m³/h＜15000m³/h

取15000m³/h

⑨ 中庭：V_{2-3}=2 × 49560=99120m³/h＜107000m³/h

取107000m³/h

将上述计算结果汇总于下表。

各防烟分区排烟量计算结果汇总表

防烟分区编号	对应房间名称	房间建筑面积（m²）	计算排烟量（m³/h）
防烟分区1	一层大堂	826.0	49560
防烟分区2	一层全日餐厅	558.0	33480
防烟分区3	一层大堂吧	509.0	30540
防烟分区4	一层日本料理	174.0	15000
防烟分区5	一层龙虾排吧特色餐厅	185.0	15000
防烟分区6	一层走道	316.0	18960
防烟分区7	二层休息厅	713.0	42780
防烟分区8	会议室	231.0	13860
防烟分区9	中 庭	330.0	107000

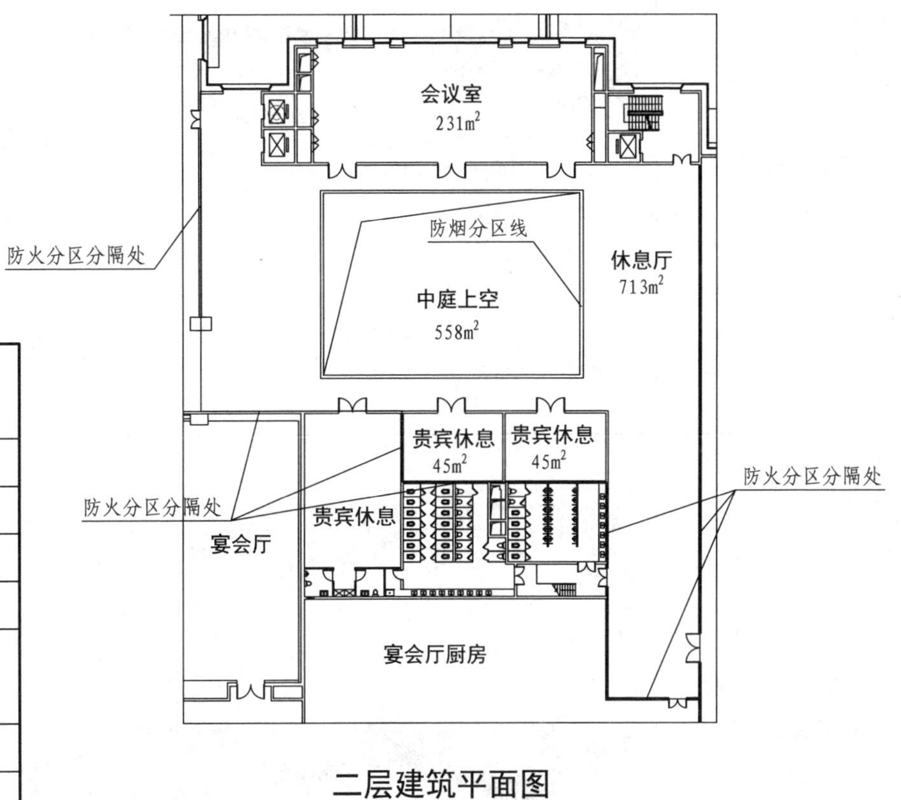

二层建筑平面图

上海华电源软件相关技术资料

<table>
<tr><th colspan="2">产品名称</th><th>产品图片示例</th><th>产品主要功能与特点</th></tr>
<tr><td rowspan="2">暖通设计类软件</td><td>HDY 防排烟设计软件</td><td> 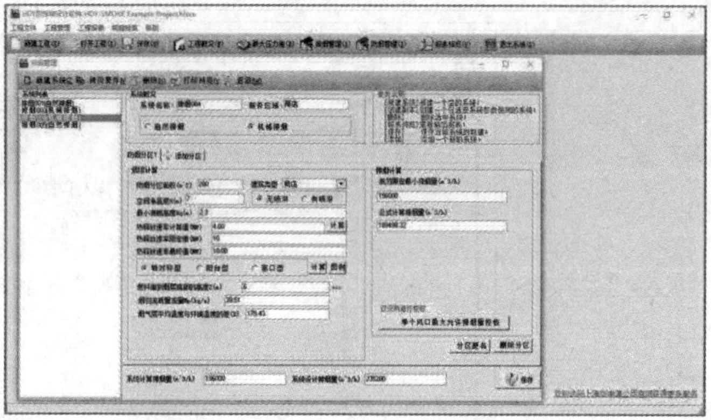</td><td>集成的防排烟系统设计计算和文档处理，用户可根据建筑物的功能和结构要求，划分成不同的防排烟系统，然后对系统的功能进行设计，并根据系统的结构参数和火灾情况进行防烟和排烟的设计计算，最后按照设计人员所要求的格式打印输出。
1. 防烟系统设计：对前室、楼梯间、避难层等系统的机械加压送风系统进行设计和计算，同时可对机械加压送风所需的最大压力差进行计算。
2. 排烟系统设计：针对不同场所，按照规范列举的烟羽流形式，进行排烟量设计和计算。
3. 自然排烟设计：能够对新型自然排烟方式进行设计和计算。
4. 规程检索：能够对国家现行的防火规范进行章节和条目检索。</td></tr>
<tr><td>HDY-SMAD 空调负荷计算及分析软件（8760 小时）</td><td> 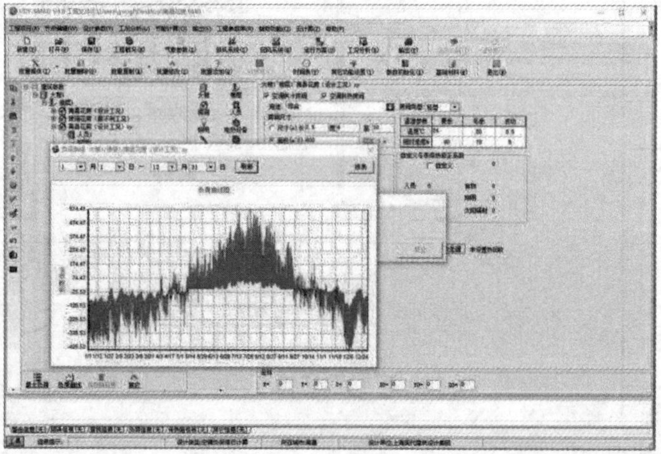</td><td>本软件具有对建筑物全年 8760h 负荷计算功能，有利于对大型项目进行全年的能耗分析、评估，特别是对采用如分布式能源、冰蓄冷、地源热泵的空调系统能耗评估具有很好的指导作用。
1. 计算功能：
1.1 根据空调设计规范提供的算法和全年气象数据对全年共计 8760h 进行逐时负荷计算；
1.2 空调设计日负荷 24h 的详细计算；
1.3 采暖设计日负荷 24h 的详细计算；
1.4 采暖 8760h 设计负荷的详细计算。
2. 数据库功能：
2.1 集成最新气象资料用于全年负荷计算分析；
2.2 集成多种围护结构材料及节能评价指标，并可不断自行扩充。</td></tr>
</table>

注：本页根据上海华电源信息技术有限公司提供的技术资料编制

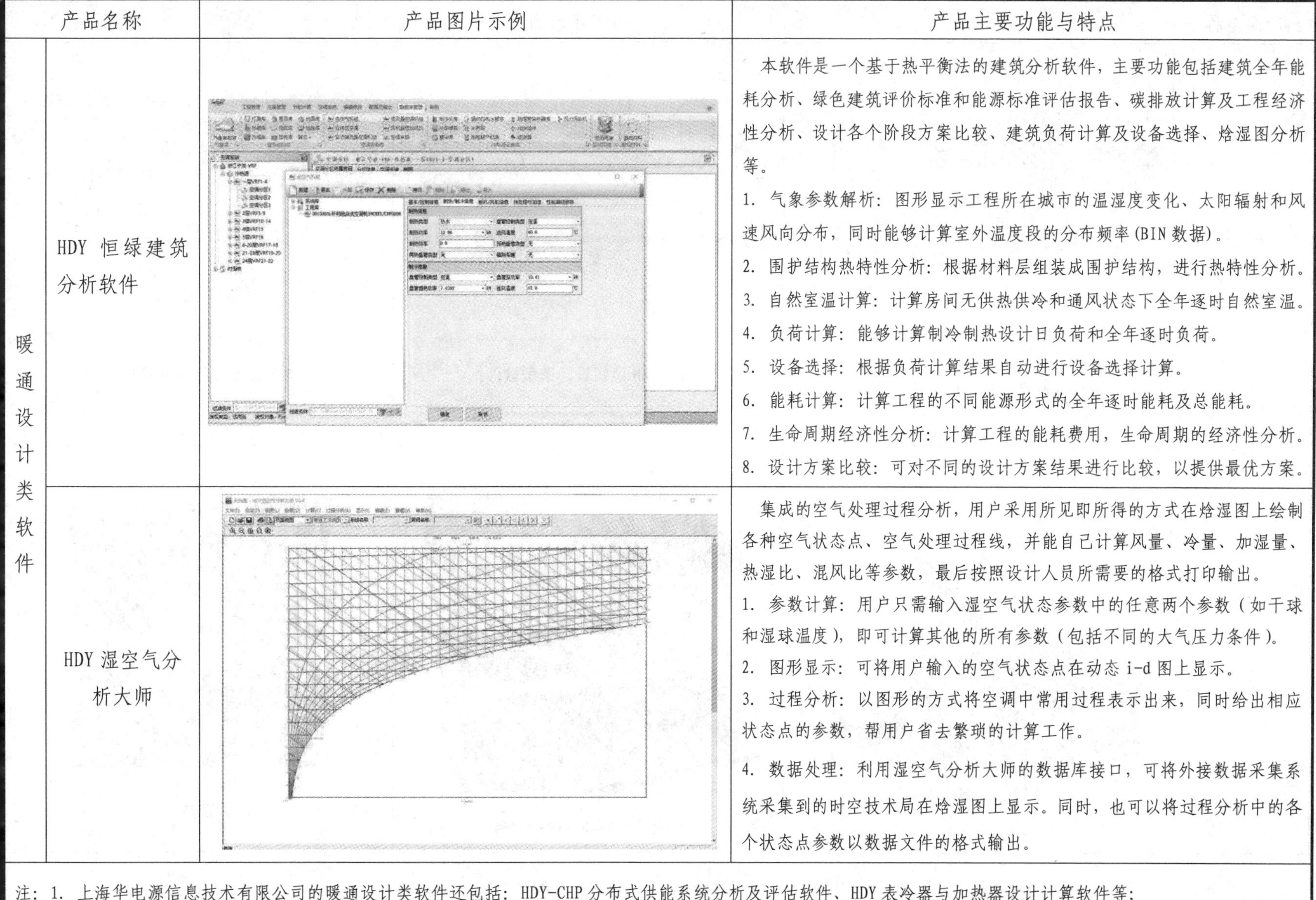

产品名称		产品图片示例	产品主要功能与特点
暖通设计类软件	HDY 恒绿建筑分析软件		本软件是一个基于热平衡法的建筑分析软件，主要功能包括建筑全年能耗分析、绿色建筑评价标准和能源标准评估报告、碳排放计算及工程经济性分析、设计各个阶段方案比较、建筑负荷计算及设备选择、焓湿图分析等。 1. 气象参数解析：图形显示工程所在城市的温湿度变化、太阳辐射和风速风向分布，同时能够计算室外温度段的分布频率（BIN 数据）。 2. 围护结构热特性分析：根据材料层组装成围护结构，进行热特性分析。 3. 自然室温计算：计算房间无供热供冷和通风状态下全年逐时自然室温。 4. 负荷计算：能够计算制冷制热设计日负荷和全年逐时负荷。 5. 设备选择：根据负荷计算结果自动进行设备选择计算。 6. 能耗计算：计算工程的不同能源形式的全年逐时能耗及总能耗。 7. 生命周期经济性分析：计算工程的能耗费用，生命周期的经济性分析。 8. 设计方案比较：可对不同的设计方案结果进行比较，以提供最优方案。
	HDY 湿空气分析大师		集成的空气处理过程分析，用户采用所见即所得的方式在焓湿图上绘制各种空气状态点、空气处理过程线，并能自己计算风量、冷量、加湿量、热湿比、混风比等参数，最后按照设计人员所需要的格式打印输出。 1. 参数计算：用户只需输入湿空气状态参数中的任意两个参数（如干球和湿球温度），即可计算其他的所有参数（包括不同的大气压力条件）。 2. 图形显示：可将用户输入的空气状态点在动态 i-d 图上显示。 3. 过程分析：以图形的方式将空调中常用过程表示出来，同时给出相应状态点的参数，帮用户省去繁琐的计算工作。 4. 数据处理：利用湿空气分析大师的数据库接口，可将外接数据采集系统采集到的时空技术局在焓湿图上显示。同时，也可以将过程分析中的各个状态点参数以数据文件的格式输出。

注：1. 上海华电源信息技术有限公司的暖通设计类软件还包括：HDY-CHP 分布式供能系统分析及评估软件、HDY 表冷器与加热器设计计算软件等；

2. 本页根据上海华电源信息技术有限公司提供的技术资料编制

产品名称	产品图片示例		
HDY 空调厂家系列软件	HDY-AHU 空气处理机组设计软件	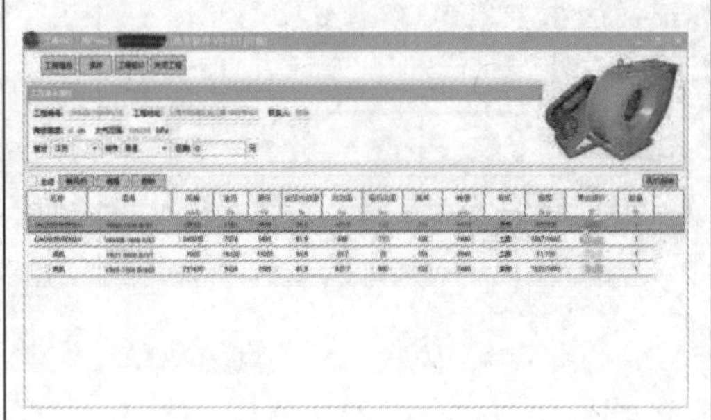 HDY-FAN 风机设计选型软件	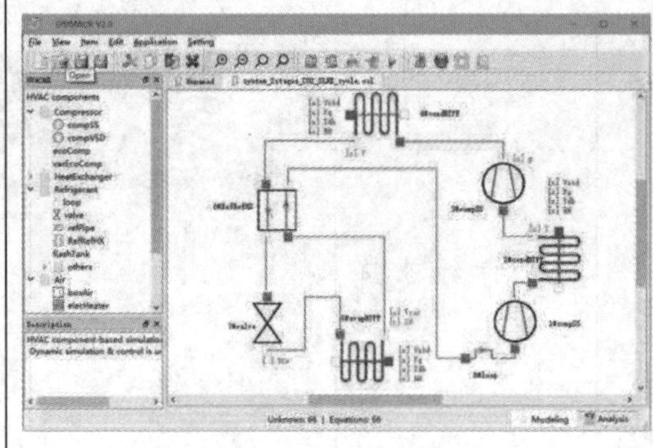 HDY-SIMAC 制冷系统设计仿真软件
技术咨询服务外包	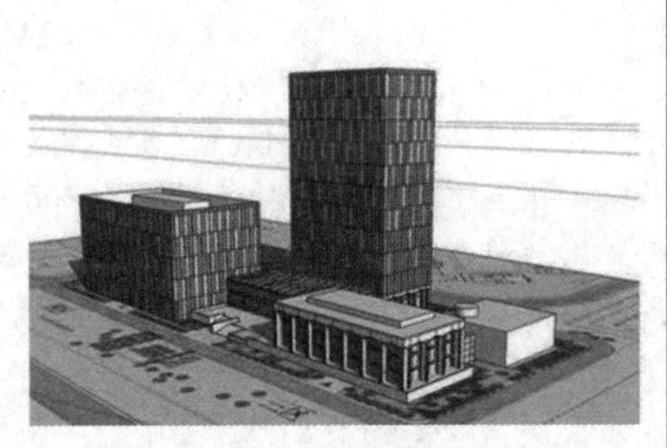 建筑能耗模拟服务	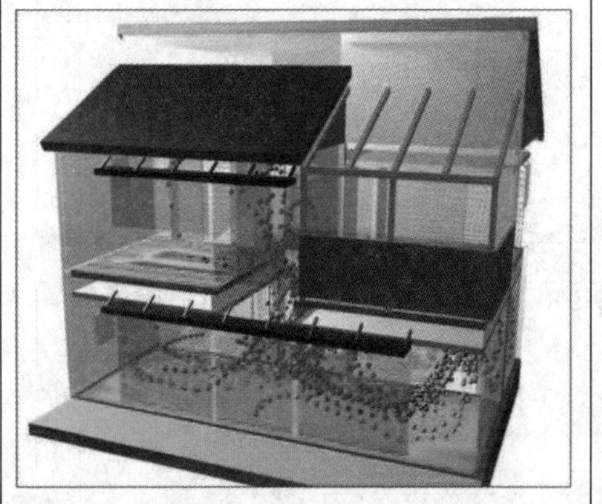 室内热环境 CFD 模拟服务	 华电源官方公众号

注：1. 上海华电源信息技术有限公司开发的软件还包括：空调企业外包类软件和空调系统仿真类软件；

2. 本页根据上海华电源信息技术有限公司提供的技术资料编制

宁波合力伟业防失效产品相关技术资料

——防失效电动开窗机、防失效自动开启逃生井盖

1 防失效电动开窗机产品简介

宁波合力伟业消防科技有限公司防失效电动开窗机亦称可手动集中开启电动开窗机，具有防失效功能，拥有国家知识产权局颁发的多项专利证书。其开启可靠性、灵活性和良好的防风防雨性能得到机械、控制等领域专家和消防部门领导的高度认同。其各项参数完全满足相关规范（如：GB 51251-2017）的要求。

防失效电动开窗机四种开启方式及说明，见下表：

序号	开启方式	开启时间	说明
1	手动开启	≤15s	通过人工手动操作单樘排烟窗在15s内开启到位
2	手动机械集中开启	≤60s	在断电、联动和自动功能失效、电线断裂、电气元件老化、电机烧损等情况下，通过操作设置在疏散口附近距地面1.3m~1.5m高度手动机械开启装置实现同一防烟分区所有排烟窗同时开启完成
3	自动开启	≤60s	接收消防报警信号后相关区域的排烟窗自动开启，满足GB 16806-2006标准要求
4	温控开启	≤60s	在系统机械温控探测点温度达到70±5℃（或其他设定温度）其所在防烟分区所有排烟窗能够同时开启 该功能可根据需要与自动开启二者选一

注：本页根据宁波合力伟业消防科技有限公司提供的技术资料编制。

2 防失效电动开窗机适用范围

宁波合力伟业消防科技有限公司防失效电动开窗机广泛适用于商业综合体、高铁站房、地铁工房、营业厅、展览厅、观众厅、体育馆、客运站、航站楼、工业厂房和仓库等场所。

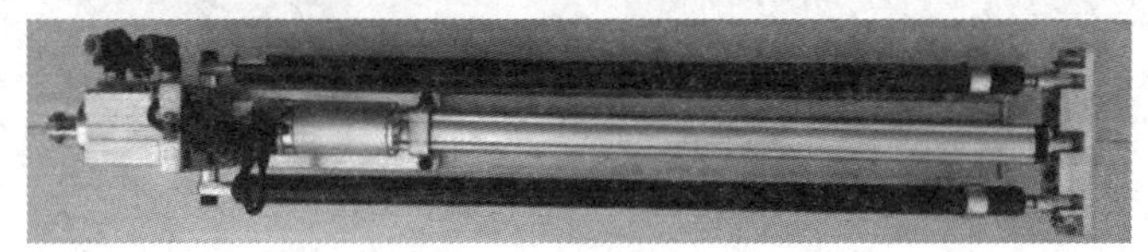

防失效电动开窗机主机图片

3 防失效自动开启逃生井盖产品简介

防失效自动开启逃生井盖主要应用于隧道逃生和（或）救援，主要技术指标如下：

3.1 荷载≥360KN；

3.2 同时具有上部手动开启、下部手动开启、电动开启（可消防联动开启）三种开启方式；

3.3 任一种开启方式，开启完成时间5~15s；

3.4 手动开启操作力≤3kg。

注：本页根据宁波合力伟业消防科技有限公司提供的技术资料编制。

〈CZ〉 靖江市春竹环保科技有限公司相关技术资料

1 电动采光排烟天窗

电动采光排烟天窗适用于工业与民用建筑屋顶或侧面采光、通风和排烟。

排烟天窗主要类型有：一字形天窗、三角形天窗、圆拱形天窗、避风型天窗、侧开型天窗、金字塔形天窗等。

控制选用：单控、多项控制、智能控制、消防联动控制。

2 平开型电动采光通风天窗

平开型电动采光通风天窗适合安装在大于 7° 的斜屋面上。

性能特点：

2.1 表面采用静电粉末高温烤漆，天窗表面所用漆料均采用户外专用粉末涂料，经过高达 300℃高温烘烤后能很牢固附着在窗体上，与窗体形成一体。耐腐蚀性能优异，色彩多样。

2.2 具有超大开启角度30° ~100° ，开启方式采用液压助力上悬开启。

3 消防排烟百叶窗

该产品叶片两端周边框有毛条密封，故叶片完全密合时可达到阻绝暴风雨的效果；中空叶片结构能有效地提高室内的保温隔音效果，叶片调整角度可在 0° ~105° 之间；当配装驱动电机及智能控制系统后，能最大限度地发挥产品优点。平时可作通风换气窗，发生火灾时，接到火灾自动报警信号后会立即打开（消防优先原则），实现消防排烟功能。

4 自动消防排烟天窗

自动消防排烟天窗可全开至 90° ，确保快速驱散烟雾以及有害烟气。产品安装在楼梯上部、电梯井顶部及屋顶上。其控制直接接入建筑物的管理系统或配备备用电池，实现消防联动控制和烟雾探测器自动控制。

特性和优点：

4.1 延长撤离时间，降低了吸入烟尘以及受伤害的风险；

4.2 可见度增强，使消防人员得以快速定位火灾位置；

4.3 可防止二次着火以及防止火灾的侧向蔓延；

4.4 排除有毒的以及可能会爆炸的烟气；

4.5 防止被破坏性的热气所烫伤；

4.6 减少对建筑物内物品的损害。

5 通风天窗

通风天窗的主要通风形式为自然通风，它是利用室内外温差所形成的风压来实现换气通风效果，在自然通风不能达到预计效果时，可选择辅助风机补充动能达到排热、排烟的效果。

产品特点：

5.1 结构布置灵活，适用于任何结构屋面。

5.2 结构整体性能优越，通过设计能满足任何地区荷载要求。

5.3 能适用于各种类型的车间，具有防酸、防热、防水、防湿等功能，使用寿命长。

5.4 不存在倒灌的问题。

5.5 维护费少，与建筑物本身达到同等使用寿命。

注：本页根据靖江市春竹环保科技有限公司提供的技术资料编制。

6 CZKC 系列开窗机

CZKC 系列开窗机主要适用于工业厂房上悬、中悬、下悬天窗和侧窗，电动开启。

主机壳体为铝镁合金，机电一体化控制，齿轮铜环免润滑。

控制方式：风控、雨控、消防联动集中控制和局部控制。

开启形式有齿条开启式、拐臂开启式、推杆开启式、链条开启式，具体根据开启扇数和窗扇重量选用。

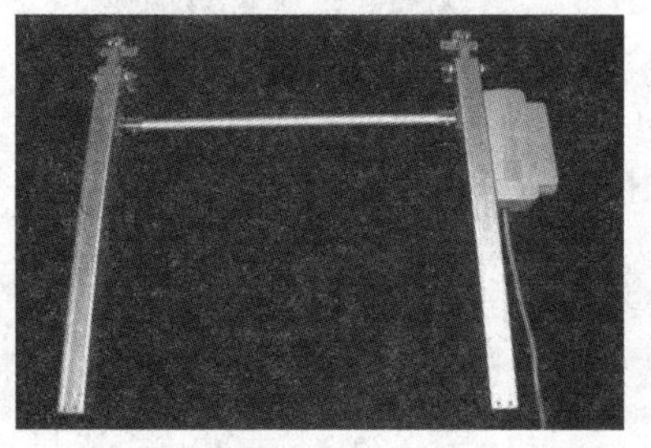

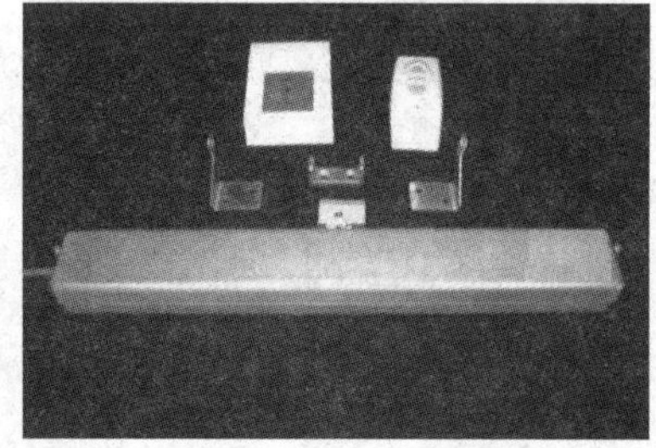

7 防烟防火阀系列

通常安装在通风、空调系统的管道上。

主要功能、特点：

7.1 平时呈常开状态，当管道内气流温度达70℃时，熔断器动作，阀门自动关闭。

7.2 输入 DC24V 电信号，阀门自动关闭，并输出关闭电信号。

7.3 手动关闭，手动复位。

7.4 手动调节阀门开启角度。

7.5 消控中心输出 DC24V 电信号可使阀门自动复位到原先开启状态。

7.6 如采用 70℃形状记忆合金温感器，当阀门关闭后，不用更换温感器，可以反复使用。

8 移动天窗

主要用于室内游泳馆、室内植物园、工业厂房、商业大厦中庭花园、酒店、别墅等场所的大型屋顶采光、通风和排烟。

性能特点：

8.1 移动天窗采用铝合金构架或钢构体系，具有免维修、完善的密封结构、能控制结露和风雨渗透等优点，并提供多种屋面结构及颜色选择。

8.2 其采光材料选择中空玻璃、多层聚碳酸酯板膜结构等。

8.3 移动天窗的结构件及滑动轨道均严格遵守现行国家建筑法规和技术标准设计。

8.4 设计由多个分格的子系统构成，每个子系统可单独启闭。

控制：可集中控制、遥控器控制、风雨感应器、光感应器实现自动控制；同时，可带有自备电源，与楼宇和消防控制系统联动，接受启闭命令。

开启形式分为：单板块开启、双板块开启、整体屋面平移开启以及整体房屋移动。

9 防火、降温、降噪系统

系统主要适用于 35kV、110kV、220kV 户内式变电站（所）或电厂机房的防火、降温和降噪工程。

产品主要有：防火隔音大门、防火百叶窗、通风吸音百叶窗、吸音墙体、低噪声风机、智能控制六种产品经设计组合而成。使主变电室或机房的防火、温控、噪声等指标达到国家现行相关标准。

注：本页根据靖江市春竹环保科技有限公司提供的技术资料编制。

硅酸钛金软风管相关技术资料

1 产品简介

北京万诚通保科技有限公司主要生产硅酸钛金不燃 A1 级系列软风管、铝箔软风管、防火布软风管、硅酸纤维布风管、金属波纹补偿器和非金属柔性补偿器等。

硅钛防火系列软风管包括硅酸钛金不燃软风管、硅氟钛金不燃软风管、硅酸钛金耐高温耐高压软风管、硅箔钛金复合软风管、硅酸钛金食品级软风管等。

硅酸钛金不燃软风管通常采用硅酸钛金 A1 级不燃纤维布料外涂硅胶热压而成，内层硅酸钛金纤维布夹钢丝支撑，具有防火、耐高温、耐低温、耐氧化、耐老化、无污染、耐压、消声、隔振、寿命长等特点，形状和长度可根据用户需要制作。

复合保温型软风管是由硅酸钛金 A1 级不燃纤维布料外涂硅胶热压而成，中间复合硅酸绝热层，内层硅酸钛金纤维布夹钢丝支撑。

硅酸钛金食品级软风管：外用硅胶钛粉玻纤布，内用食品级高温布，中间钢丝支撑。可制成符合单层和复合保温型。

2 适用范围

硅钛防火系列软风管主要用于风机盘管进出口连接、风管与风口连接、空调机组进出口连接、风机进出口连接、排烟阀（口）接口等，广泛用于建筑、航天、电力、石油、化工、冶金、烟厂、医院等行业的管道系统。

注：本页根据北京万诚通保科技有限公司提供的技术资料编制。

3 产品系列

序号	产品名称	技术参数
1	硅酸钛金不燃软风管	型号规格：WCTB001 厚度：1.2mm 适用温度：-70℃～+500℃ 工作压力：3500～6000Pa 燃烧性能：不燃 A1 级 颜色规格：根据用户要求制作
2	硅氟钛金不燃软风管	成品厚度：0.8～1.2mm 适用温度：-70℃～+400℃ 工作压力：3000～5000Pa 燃烧性能：不燃 A1 级 颜色规格：根据用户要求制作
3	硅箔钛金复合软风管	成品厚度：1.0～30mm 适用温度：-70℃～+380℃ 工作压力：2500～4000Pa 燃烧性能：不燃 A1 级 颜色规格：根据用户要求制作
4	硅酸钛金耐高温耐高压软风管	型号规格：WCTB001 厚度：1.5mm～2.0mm 适用温度：-70℃～+800℃ 工作压力：≥5000～8000Pa 燃烧性能：不燃 A1 级 颜色规格：根据用户要求制作
5	硅酸钛金食品级软风管	成品厚度：1.0～30mm 适用温度：-70℃～+380℃ 工作压力：3000～5000Pa 燃烧性能：不燃 A1 级 颜色规格：根据用户要求制作

硅氟钛金不燃软风管

硅酸钛金耐高温耐高压软风管

硅箔钛金复合软风管

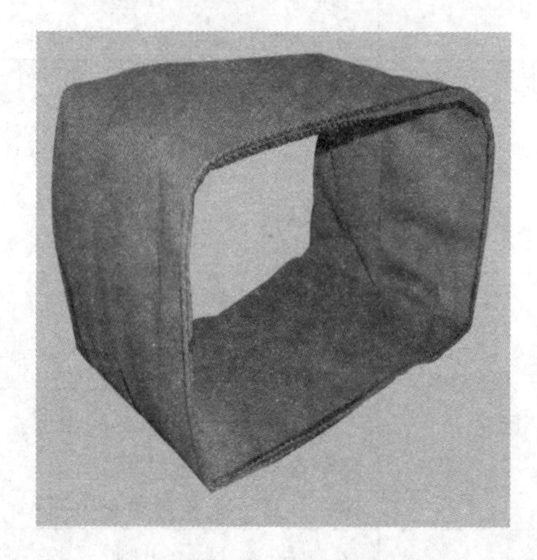

硅酸钛金不燃软风管

防火布软风管

硅酸钛金食品级软风管

注：本页根据北京万诚通保科技有限公司提供的技术资料编制。

大丰自动开启天窗相关技术资料

1 产品简介

浙江大丰实业有限公司生产的自动开启天窗曾获得中华人民共和国国家知识产权局2008年度颁发的专利证书;同年又荣获公安部消防局科学技术奖。该设备经技术监督部门的严格测试，其可靠性得到建筑、机械、控制方面的专家和消防部门的认同，是大体量建筑物中优异的活动天窗设备。

大丰自动开启天窗具有五大特点:

1. 排烟面积大。其单体规格为10m×9m，可根据客户需要增大或缩小。采用平移方式打开，排烟有效面积达95%以上。

2. 反应迅速。可在9m行程内，不大于60s天窗完全开启。

3. 节能采光良好。自动开启天窗可采用中空夹胶Low-E玻璃,节能、采光、隔热、防坠落等融为一体

4. 可靠性强。自动开启天窗同时具备电动、手动、消防联动、无源自动四种开启方式，以满足正常、异常、紧急三种状态的开启需求，尤其是无源自动开启功能，即使在消防信号未能有效送达或消防电源断开的情况下，自动开启天窗可通过无源热熔片温控自动打开。

5. 性价比高。

2 适用范围

大丰自动开启天窗可广泛用于工业与民用建筑中大体量场所的屋顶采光、通风和消防排烟。

注：本页根据浙江大丰实业有限公司提供的技术资料编制。

完全开启状态（实景拍摄）　　　　半开启状态（实景拍摄）

关闭状态（实景拍摄）

注：本页根据浙江大丰实业有限公司提供的技术资料编制。

IMX 系列模压镁板风管相关技术资料

1 产品简介

IMX 系列模压镁板风管是浙江天仁风管有限公司研发的第四代通风管道，风管板两面强度结构层以镁水泥为胶凝材料，以天然植物纤维及中碱（或无碱）玻璃纤维布为增强材料，采用半干法铺装工艺，用 1200t 的压机压制成型。再采用二次复合工艺，与芯层复合。风管板的游离氯离子含量为 0%，不返卤、泛霜。具有强度高、不燃烧、不变形、耐潮防水、安装便捷、使用寿命长等优点，是新一代的绿色节能环保产品。

2 产品系列

	IMX1	IMX2	IMX3	IMX4	IMX5	IMX6	IMX7	IMX8
	节能型通风空调风管	耐火型风管	洁净型通风空调风管	低温节能型通风空调风管	普通型通风风管	防火型风管	排烟型风管	耐火 1 小时型风管
总厚度（mm）	≥36	≥45	≥25/36	≥45	≥25	≥35	≥14	≥20
强度结构层燃烧性能	A 级	A 级	A 级			A 级	A 级 280℃	A 级
保温材料燃烧性能	不低于 B1 级	耐火≥120min	不低于 B1 级			耐火≥90min	耐温≥180min	耐火≥60min
表面强度结构层厚度（mm）	≥1							
夹芯层厚度（mm）	≥32	—	≥19/32	≥41	≥19	—	—	—
玻璃纤维布总层数	≥2 层							
热阻值［($m^2 \cdot K$)/W］	≥0.81	—	≥0.50/0.81	≥1.14	≥0.50	—	—	—
面密度（kg/m^2）	≤9	≤20	≤9	≤9	≤9	≤18	≤11	≤18
承载力（N）	≥1200	≥1500	≥1200	≥1200	≥1200	≥1500	≥1200	≥1500
尘埃粒子浓度	无显著差异	无显著差异	达洁净设计要求	无显著差异	无显著差异	无显著差异	无显著差异	无显著差异
环保性	符合建筑主体材料要求，使用范围不受限制							
漏风量［$m^3/(h \cdot m^2)$］	符合国家标准符合国标《通风与空调工程施工质量验收规范》GB 50243 规范要求							
通风耐压（Pa）	≤3000							
材料表面绝对粗糙度（mm）	0.2							
软化系数（%）	浸水 7 天，软化系数≥85							
游离（剩余）氯离子含量（%）	0							
泛卤现象	不返卤、泛霜							
规格（长×宽）(mm)	2440×1220	2440×1220	2440×1220	2440×1220	2440×1220	2440×1220	2440×1220	2440×1220
用途	民用和一般工业建筑用需保温的空调通风系统	用于核电工业防排烟系统	用于医院、药厂、食品、电子厂房的空调通风系统	用于低温送风的空调系统	用于不需隔热的通风系统	用于防烟、排烟系统	用于防烟、排烟系统	用于防烟、排烟系统

注：本页根据浙江天仁风管有限公司提供的技术资料编制。

直风管

变径风管

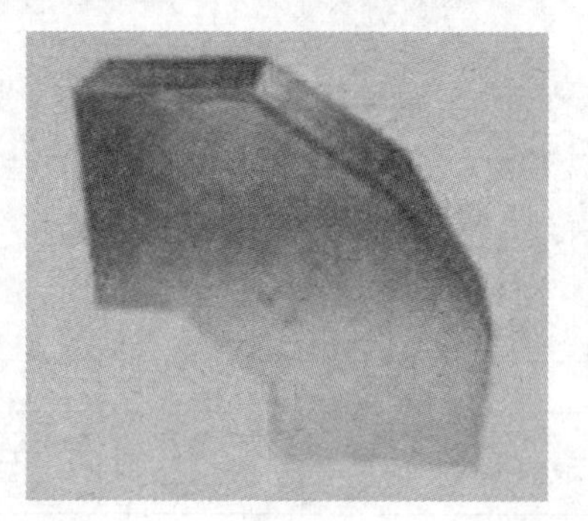

弯头风管

三通风管

3　工程应用实例

杭州万象城实图　　中国美院实图　　中国航海博物馆实图

注：本页根据浙江天仁风管有限公司提供的技术资料编制。

迈联自动排烟窗相关技术资料

1 产品简介

上海迈联建筑技术有限公司(Mega Union)是一家总部在英国的跨国企业，在英国、欧洲大陆、亚太区新加坡及中国等都有生产合作企业，其主要针对工业、商业及其相关领域，提供最佳的烟控(Smoke Control)及通风(Ventilation)系统、设备，高性能的防雨百叶系统(Performance Louvre)，建筑室外遮阳系统(Solar Shading)。

迈联自动排烟窗可分为侧开式自然排烟窗、对开式自然排烟窗和百叶式自然排烟窗。

2 产品技术说明

2.1 侧开式自然排烟窗

侧开式排烟窗

① 侧开式自然排烟窗广泛用于各种类型的建筑侧面，如购物中心、中庭式建筑等公共建筑。由于其美观时尚的框体，最小厚度尺寸，隐藏式的控制系统，可完美地融合于现代建筑的整体玻璃幕墙系统。

② 开启方式可采用下悬外开、上悬外开或平开，外部形状、表面颜色和表面处理方式均可按照设计师要求来设计。

③ 控制方式：气动控制和24V/230V电动控制。

2.2 对开式自然排烟窗

① 对开式自然排烟窗是一种时尚、高性能的自然排烟通风装置，由于其具有很高的气密性，水密性和隔噪音功能，多用于商业建筑、工业建筑及大空间的中庭屋面上。

② 开启方式为对开式，可在屋顶上形成烟囱热对流效应，用于日常的通风和火灾等紧急情况下的排烟排热。

对开式排烟窗

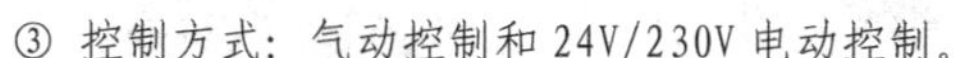
③ 控制方式：气动控制和24V/230V电动控制。

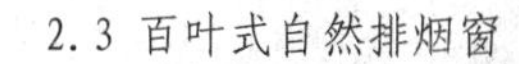
2.3 百叶式自然排烟窗

① 百叶式自然排烟窗是一种连续的百叶片式自然排烟通风装置，用于火灾初期热烟气大量有效的排放。由于其符合空气动力学设计的叶片和边框，同时符合现代建筑外观设计，使百叶式排烟窗广泛运用于商业建筑的中庭和工业建筑的屋面设计中。

② 控制方式：气动控制和24V/230V电动控制。

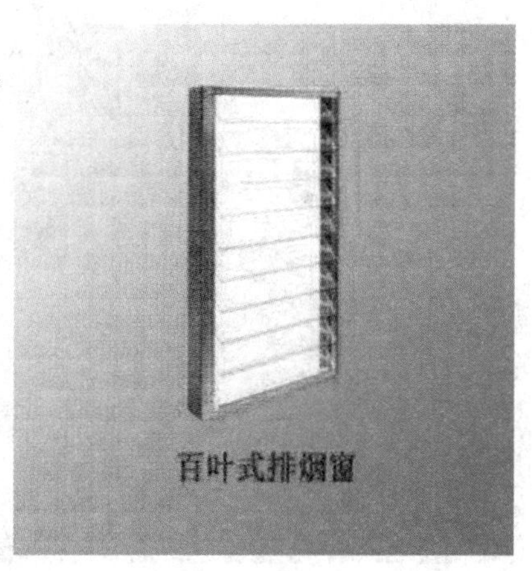
百叶式排烟窗

注：本页根据上海迈联建筑技术有限公司提供的技术资料编制。

3 迈联自动排烟窗性能特点

3.1 自动排烟窗具备防失效保护功能，保证在火灾情况下能自动打开并处于全开位置；

3.2 自动排烟窗具备与火灾自动报警系统联动的功能；

3.3 自动排烟窗具备远程控制开启功能；

3.4 自动排烟窗具备现场手动开启功能；

3.5 自动排烟窗采用不燃或难燃材料制作；

3.6 自动排烟窗具有开启可靠性能，其开启时间不大于 60s，并能在 300℃高温环境条件下开启。

4 工程应用

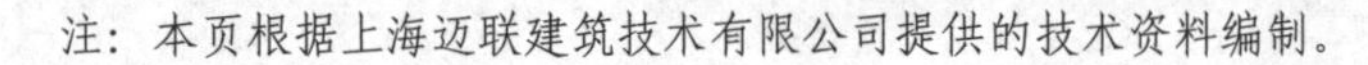

注：本页根据上海迈联建筑技术有限公司提供的技术资料编制。

广州市泰昌实业有限公司相关技术资料

1 高温消防柜式离心风机

柜式离心风机适用于宾馆、饭店、礼堂、商场、影剧院、办公楼、工业厂房与地下厂房的通风和消防排烟系统。

柜式离心风机分A型、B型两种类型。A型电机外置，可用于消防排烟；B型为内置电机，可作为通风净化设备,或空调设备的配套设备。

高温消防柜式离心风机

产品特点:

① 噪声低、风量大、效率高。

② 结构紧凑，安装方便。

③ 高温消防柜式离心风机，在280℃～300℃的环境条件下连续正常运行30min以上。

④ A型风机采用单速和双速驱动，实现通风和消防排烟一机两用。

2 高温消防轴流风机

高温消防轴流风机适用于新建、扩建和改建的各类建筑中消防排烟与通风换气的场所。

高温消防轴流风机

产品特点:

① 耐高温，在280℃～300℃的环境条件下连续正常运行30min以上。

② 噪声低、风量大、效率高、体积小。

③ 结构紧凑，安装方便，可直接与风管连接。

④ 风机采用单速和双速驱动方式，实现通风和消防排烟一机两用，节省一次投资费用。

3 轴流通风机

广州泰昌实业有限公司生产的多个系列的轴流通风机，适用于民用建筑与一般工业建筑中不含易燃易爆气体的各种场所的通风换气系统。其输送气体无腐蚀性、无显著粉尘，且气体介质温度不大于80℃。

TCT35型轴流通风机

TCSF型管道轴流通风机

TCHF型轴流通风机

4 玻璃钢屋顶通风机

玻璃钢屋顶通风机适用于大型厂房、仓库、车间、体育馆、影剧院以及学校等场所的通风换气。其分为轴流式和离心式两种类型。

产品特点:

① 具有防腐蚀性能。

② 运转可靠，拆卸维修方便。

③ 适用输送介质温度-20℃～60℃，含尘量不大于150mg/m^3，不含有过量粘性物质的气体。

轴流式屋顶通风机

离心式屋顶通风机

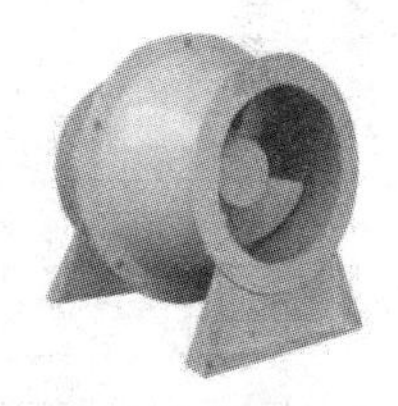

玻璃钢斜流通风机

注：本页根广州市泰昌实业有限公司提供的技术资料编制。

5 高气密防、排烟阀系列

泰昌牌高气密防、排烟系列阀门是广州市泰昌实业有限公司吸收引进国外先进技术进行开发、研制的。该系列产品采用新技术、新工艺、新材料，具有漏风量小、气密性好、阀门灵活可靠等特点，并经国家防火建筑材料质量监督检测中心检验合格。

高气密防火阀、排烟阀系列产品一览表

类别	序号	名称	型号	功能										用途
				温度关闭	手动关闭	手动开启	手动复位	电动关闭	电动开启	电动复位	远程复位	风量调节	输出信号	
防火类（常开型）	1	高气密防火阀	TCMH-70	●			●							安装在通风、空调系统的送、回风管道上，平时呈开启状态，起隔烟阻火作用
	2	高气密防火调节阀	TCMH-70 I	●	●		●					●	●	
	3	高气密电动防火调节阀	TCMHD24/0.5-70 I	●	●		●	●				●	●	
	4	高气密全自动防火调节阀	TCMHZ24/0.5-70 I	●	●		●	●		●		●	●	
	5	高气密防火风口	TCMHK24/0.5-70 I	●	●		●	●					●	安装在通风空调系统吸入口处，平时呈开启状态
防、排烟类（常闭型）	6	高气密排烟防火阀	TCMH24/0.5-280	●	●		●	●					●	安装在机械排烟系统的管道上，平时呈开启状态；管道内烟气温度达到280℃时关闭
	7	高气密全自动复合防烟排烟防火阀	TCMHZ24/0.5-70/280	●	●		●	●		●		●	●	用于通风空调系统与排烟系统合用的系统
	8	高气密排烟阀	TCMPH24/0.5			●	●		●				●	安装在机械排烟系统中，平时呈关闭状态
	9	高气密全自动排烟阀	TCMPHZ24/0.5	●	●		●	●		●			●	
	10	高气密多叶排烟口/送风口	TCMPK24/0.5			●	●		●				●	送风口安装在机械加压送风系统上；排烟口安装在机械排烟系统吸入口处；平时呈关闭状态
	11	高气密远控排烟阀（口）/送风口	TCMPYZ24/0.5	●		●	●		●		●		●	
	12	高气密全自动多叶排烟口/送风口	TCMPKZ24/0.5			●	●		●	●			●	
	13	高气密全自动板式排烟口	TCMBZ24/0.5			●	●		●	●			●	
	14	高气密远控板式排烟口	TCMBY24/0.5			●	●		●		●		●	

注：本页根据广州市泰昌实业有限公司提供的技术资料编制。

Shinelong® 显隆®

显隆防火阀、排烟阀系列产品相关技术资料

1 产品简介

上海显隆通风设备有限公司是专业开发、生产、销售中央空调末端产品防火阀系列产品和的生产型企业，其生产的防火阀、排烟防火阀、排烟阀经公安部消防产品合格评定中心指定的检验机构认证，其性能优于国家标准。

显隆防火阀、排烟阀系列产品包含防火阀、排烟防火阀和排烟阀。

2 产品技术说明

2.1 防火阀

① 安装在通风、空调系统的送、回风管上，平时呈开启状态，火灾时当管道内烟气温度达到 70℃时迅速自动关闭，以达到区域隔烟阻火的作用。

显隆防火阀系列分为 FHF WS-FK、FHF WSDc-FK 和 FHF WSDj-FYK 三种类型。

② 关断方式有温感器熔断关闭、通过控制中心发来的电气信号（DC24V），执行机构内电磁铁通电动作关闭或执行机构内的电机通电动作关闭。

阀门动作后手动复位或电机驱动复位。

③ 控制方式：手动控制、温感器控制和 DC24V 电动控制。

2.2 排烟防火阀

① 安装在机械排烟系统的管道上，平时呈开启状态，火灾时当排烟管道内烟气温度达到 280℃时关闭，并在一定时间内能满足漏烟量和耐火完整性要求，起到隔烟阻火的作用。

显隆排烟防火阀系列分为 PFHF WS-FK、PFHF WSDc-K 和 PFHF WSDj-YK 三种类型。

② 关断方式有温感器熔断关闭、通过控制中心的电气信号（DC24V），执行机构内电磁铁通电动作关闭或执行机构内的电机通电动作关闭。

阀门动作后手动复位或电机驱动复位。

③ 控制方式：手动控制、温感器控制和 DC24V 电动控制。

注：本页根据上海显隆通风设备有限公司提供的技术资料编制。

2.3 排烟阀

① 安装在机械排烟系统各支管端部（烟气吸入口）处，平时呈关闭状态并满足漏风量要求，火灾或需要排烟时手动和电动打开，起排烟的作用。

显隆排烟阀系列分为 PYF SDc-K、PYF WSDc-K 和 PYF WSDj-K 三种类型。

② 开启方式有通过控制中心的电气信号（DC24V），执行机构内电磁铁通电动作，自动开启或执行机构内的电机通电动作自动开启。

阀门动作后手动复位或直流电机驱动复位。

③ 控制方式：手动控制、温感器控制和 DC24V 电动控制。

3 产品结构

显隆防火阀、排烟防火阀、排烟阀系列产品的阀体和叶片一般采用优质镀锌钢 TOX 无焊点连接，也可根据客户要求用比较厚的钢板和不锈钢焊接制造，以特制轴固定叶片，以确保阀体的严密性。轴套采用含油铜粉沫冶金，确保叶片转动灵活。阀门还特设检查口，可观查叶片状态。

4 产品符号标记

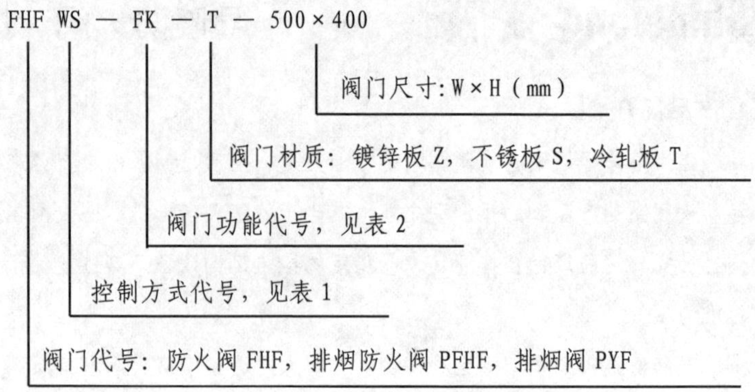

FHF WS — FK — T — 500×400

阀门尺寸：W×H（mm）

阀门材质：镀锌板 Z，不锈板 S，冷轧板 T

阀门功能代号，见表 2

控制方式代号，见表 1

阀门代号：防火阀 FHF，排烟防火阀 PFHF，排烟阀 PYF

4.1 控制方式代号用表 1 的规定字母表示。

表 1 阀门控制代号用表

代号		控制方式
W		温感器控制自动关闭
S		手动控制关闭或开启
D	D_c	电控电磁铁关闭或开启
	D_j	电控电机关闭或开启

4.2 阀门功能代号用表 2 的规定字母表示。

表 2 阀门功能代号用表

代号	功能特点
F	具有风量调节功能
Y	具有远距离复位功能
K	具有阀门关闭或开启后，阀门位置信号反馈功能

注：本页根据上海显隆通风设备有限公司提供的技术资料编制。

江苏奇佩建筑装配科技有限公司相关技术资料

1 产品简介

江苏奇佩建筑装配科技有限公司是专业从事装配式建筑综合管线支吊架整体方案的集成服务商。公司为建筑机电安装支撑系统提供研发、咨询、设计、制造、销售、指导安装等服务。

公司产品系列化齐全，覆盖面广，包括型钢系列、托臂系列、连接件系列、底座系列、管夹系列以及配件系列。

其中型钢可根据应用环境分为：轻型钢系列、中型钢系列、重型钢系列。轻型钢主要用于系统的横梁、悬臂、立柱等，采用Q235B或高耐腐新材料冷弯成型。中、重型钢主要依据荷载采用不同钢板经一体化成型等工艺加工而成，或依据载荷采用国家标准H型钢经专业选配加工而成。

管夹系列分为：P型管夹、单立管夹、双立管夹、可调管夹、U型管夹、立式管夹、滑动管托以及固定管托等，管径覆盖范围DN15～DN2000。

预埋槽道可分为：SY热轧预埋槽道-带齿、预埋C型钢SYK-41、锚固槽道、定制弧形槽道以及外置槽道等。

1. SY热轧预埋槽道-带齿由全尺寸钢坯热轧而成，内部齿牙提供更好的抗滑移性能，具有全方向承载力、良好的耐疲劳性，通过了爆破和冲击极限荷载验证，目前适用范围更广。

2. 定制弧形槽道：槽道可完成凸形或凹形，弯曲弧度可严格按照图纸要求，可应用于地铁隧道、高铁隧道、地下管廊、弯曲墙壁等。

3. 外置槽道：广泛应用于高铁领域，其作用是固定隧道内的接触网架。

2 适用范围

江苏奇佩提供的装配式支吊系统适用于民用建筑、工业建筑、各类交通轨道、城市地下管廊等多个领域。

在通用的装配式支吊架领域，可应用于柔性龙门、单悬臂、刚性多层龙门、跨式支撑、立管固定等多种形式。

公司提供的抗震支吊架系统，符合《建筑机电工程抗震设计规范》GB 50981-2014，适用于防排烟风道、事故通风风道及相关设备和其他各专业管道系统。在单一提供抗震支吊架产品的同时，我公司还提供项目抗震支架系统设计方案，BIM深化设计，系统性优化设计，现场组安装等全面服务。

奇佩的装配式支吊系统同样适用于地下综合管廊支架，公司提供包括预埋式配套、预埋式整体、后锚固式、后锚固式整体和定制化等一系列产品、设计和服务。

针对地铁和轨道交通领域，公司同样可提供完善的装配式支撑系统解决方案。

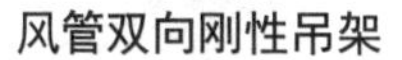

风管双向刚性吊架

综合多专业抗震支吊架

注：本页根据江苏奇佩建筑装配科技有限公司提供的技术资料编制。

专有发明专利及产品应用图例，见表1所示。

专有发明专利及产品应用图例

种类	通用紧固产品		专利紧固产品	
步骤	内容与操作方法	产品简图	内容与操作方法	产品简图
1	将方块螺母与塑料联接件组合在一起		SimFix- 凸缘槽锁扣保证锁扣与螺母水平保持一致	
2	移动方块螺母至需要位置（大致位置），用专用承重垫片、螺栓装入各种联接件		凸缘槽锁扣对准花孔放入	
3	将已装入连接件移动到理想所需位置，预压拧紧		用扳手延顺时针方向转动螺栓，直到拧紧。	
4	所有配件同上3项程序预装		所有配件同上3项程序预装	

3 工程应用

管廊应用（预埋式）

厂房应用（砖混结构）

管廊应用（后锚固式）

厂房应用（钢架结构）

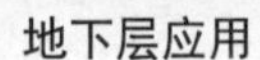

地下层应用

机房应用

注：本页根据江苏奇佩建筑装配科技有限公司提供的技术资料编制。

CC-1 系列彩钢板复合风管相关技术资料

1 产品简介

CC-1 系列彩钢板复合风管是灵汇技术股份有限公司研发的最新产品，其是以 0.3mm ~ 0.75mm 双面彩涂钢板为表面加强层，聚苯乙烯绝热材料或不燃离心玻璃纤维、改性酚醛、热固型聚苯乙烯（宝丽酚）等材料为中间夹心层，采用机械化自动复合流水线工艺制成，板材外表面彩涂钢板面由瓦楞型加强压槽并覆保护膜，提高风管的抗压强度。法兰连接采用整模 PVC 槽型封闭法兰或铝合金断桥隔热法兰，卡式速装连接。CC-1 系列彩钢板复合风管制作工艺中包含灵汇技术股份有限公司的多项专利技术，风管的生产实行机械化、自动化、工厂化，大幅度提高风管成品质量，是新一代绿色节能产品。

2 产品系列

技术指标 \ 型号	CC-1			
	聚苯乙烯复合风管	玻纤复合风管		改性酚醛复合风管
	双面彩钢板	双面彩钢板	单面彩钢板	双面彩钢板
总厚度（mm）	25/30/40	25/30/40	25/30/40	25/30/40
绝热材料燃烧性能	难燃 B_1 级	不燃 A 级	不燃 A 级	难燃 B_1 级
绝热材料种类	阻燃型聚苯乙烯	离心玻璃棉	离心玻璃棉	改性酚醛
内/外表面彩钢板厚度（mm）	0.30 ~ 0.50	0.30 ~ 0.50	0.3 ~ 0.50	0.30 ~ 0.50
绝热层厚度（mm）	25/30/40	25/30/40	25/30/40	25/30/40
绝热层导热系数 λ [W/（m·K）]（平均温度 24℃时）	≤0.035	≤0.034	≤0.034	≤0.030
绝热层热阻值 R [（m^2·K）/ W]	-/≥0.81/≥1.14	-/≥0.81/≥1.14	-/≥0.81/≥1.14	-/≥0.81/≥1.14
产烟特性等级	s3	s1	s1	s1
燃烧滴落物/微粒等级	d0	d0	d0	d0
烟气毒性等级	t1	t0	t0	t2
漏风量 [m^3/（h·m^2）]	符合国标 GB50243 规范要求			
通风耐压（Pa）	≤2500			
风管板材标准规格(长×宽)(mm)	6050×1200	6050×1200	6050×1200	6050×1200
用　途	可用于民用建筑和电厂、纺织、汽车等工业建筑的通风、空调工程；以及医药、食品、化妆品、电子等洁净工程	可用于民用建筑和一般工业建筑的通风、空调、消防工程	可用于民用建筑和一般工业建筑的通风、空调	可用作消防风管以及医药、食品、化妆品、医疗、电子等洁净工程的通风、空调风管

注：本页根据灵汇技术股份有限公司提供的技术资料编制。

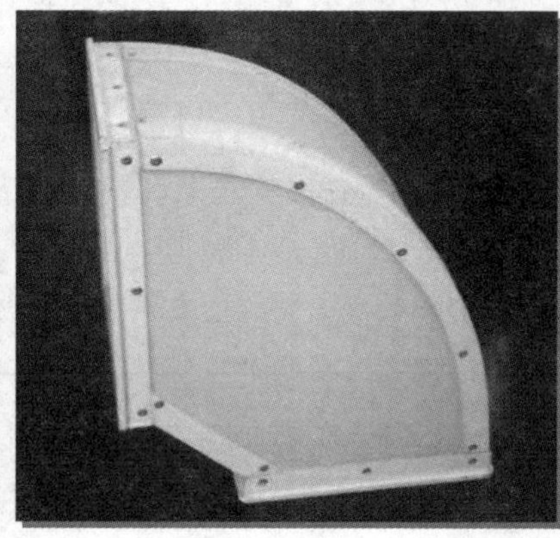

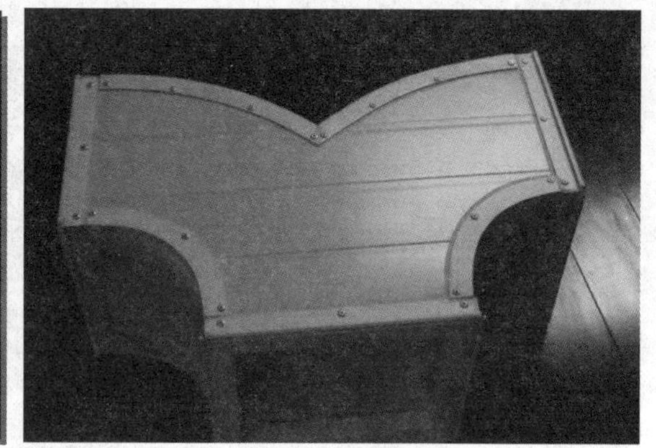

码放整齐的各种风管、管件

弯头风管

三通风管

3 工程应用实例

注：1. 本页根据灵汇技术股份有限公司提供的技术资料编制。

2. 当双面金属板复合风管用于消防防排烟风管时，其内壁金属板厚度可根据现行国家标准《通风与空调工程施工质量验收规范》GB 50243的规定加工。

MLF 防火排烟风管相关技术资料

1 产品简介

迈莱孚建筑安全科技（上海）有限公司（以下简称迈莱孚）总部设在上海，下设有医药、电信、烟草、地铁、核电等多个专属事业部，并在北京、广州、成都、郑州等地成立了分公司。迈莱孚专注于投资、开发、生产和销售防火、防爆及抗爆等建筑安全产品与系统，针对公共建筑、工业建筑等，提供 MLF 铁皮风管防火包覆系统、M.L.F 自撑式防火排烟管道、MLF 钢结构防火保护、MLF 被动防火隔墙系统、MLF 被动防火吊顶系统、MLF 玻璃幕墙防火裙墙系统、MLF 轻质防爆隔墙系统、MLF 泄爆排压系统。

2 产品特性

2.1 MLF 防火板材技术性能（见表 1）。

表 1 MLF 防火板材技术性能

技术性能 \ 板材	固壁板®	固的板®
材料成分	硅酸盐水泥、灌木纤维，不含石棉	
燃烧性能	A 级不燃材料	A 级不燃材料
密度 [kg/m³]	约 950	约 800
pH 值	约 9	约 11
导热系数 （W/m·K）	0.21	0.14
含水率（空气状态下） （%）	4～10	4～8
膨胀系数（25℃～100℃）[m/(m·K)]	-7.5×10^{-6}	纵向 2.4×10^{-6} 横向 2.8×10^{-6}
100%含水饱和率的膨胀量 (mm/m)	0.39	0.50
表面状况	正面平滑，背面打磨	
防霉防蛀功能	在正常使用情况下，具有防霉防蛀功能	

2.2、MLF 防火板材的力学指标（见表 2）。

表 2 MLF 防火板材力学指标

力学指标 \ 板材	MLF®
弹性强度 （N/mm²）	纵向 5000 横向 4000
抗弯强度 （N/mm²）	纵向 9.5 横向 6.5
抗拉强度 （N/mm²）	纵向 5.0 横向 3.6
抗压强度 （N/mm²）	6.71

3 防排烟系统产品

3.1 MLF 自撑式防火排烟管道

MLF 自撑式防火排烟管道主要用于防排烟系统。

注：本页根据迈莱孚建筑安全科技（上海）有限公司提供的技术资料编制。

3.2 MLF 铁皮风管防火包覆系统

MLF 铁皮风管防火包覆系统主要适用于有耐火极限要求的管道系统。

4 防排烟系统产品在高端公共建筑中的应用案例

4.1 MLF 铁皮风管防火包覆系统的应用案例

迈莱孚研发、生产的铁皮风管防火包覆系统已在深圳平安国际金融中心、上海中心大厦、广州东塔、和平饭店等地标性超高层摩天大楼或高端酒店等中的通风与空调系统、防排烟系统得到应用。

4.2 MLF 自撑式防火排烟管道的应用案例

MLF 自撑式防火排烟管道不但被用于地标性超高层建筑（如上海环球金融中心）的防排烟系统，也被国际著名豪华酒店集团用于高端酒店项目的防排烟系统中（如成都香格里拉酒店等）。同时，迈莱孚与瑞安、新世界、新鸿基、世茂、九龙仓、恒隆、嘉里等取得相互间信任并建立起良好的战略合作关系。

深圳平安国际金融中心

上海中心大厦

上海和平饭店

成都香格里拉酒店

注：本页根据迈莱孚建筑安全科技（上海）有限公司提供的技术资料编制。

荣夏科技

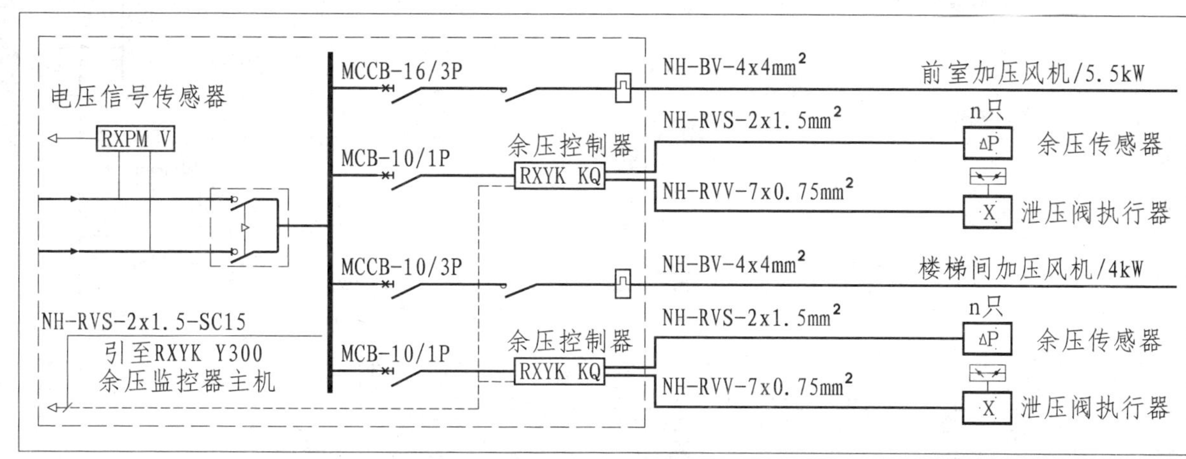

加压送风机控制箱系统图

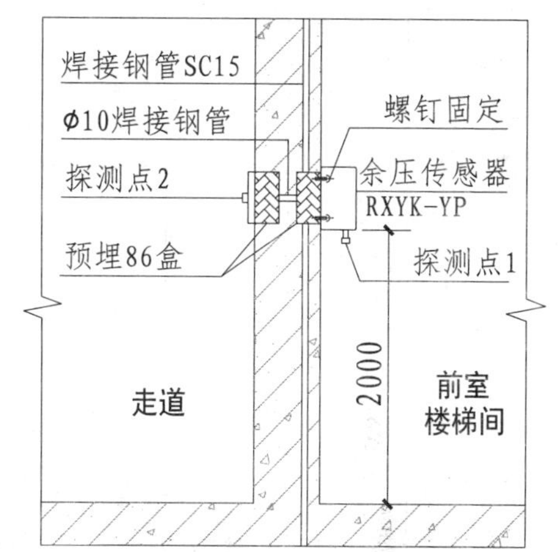

余压传感器安装剖面图

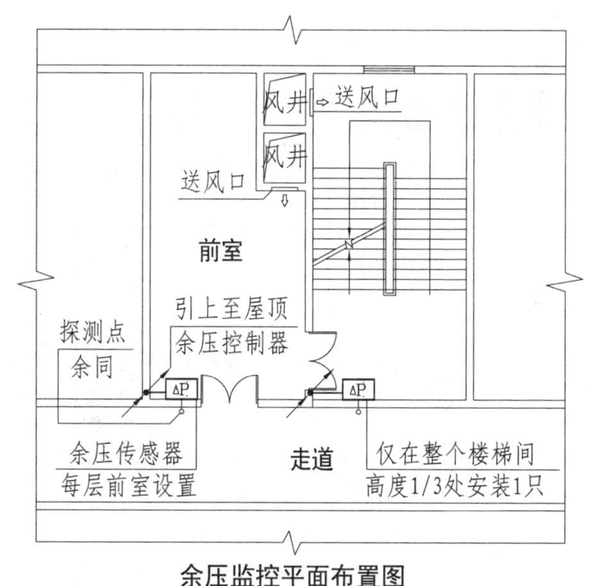

余压监控平面布置图

设计说明：

1. 本工程根据中华人民共和国国家标准《建筑防烟排烟系统技术标准》GB 51251-2017及《建筑设计防火规范》 GB 50016-2014的规定，设置疏散通道余压监控系统。
2. 对于前室、封闭避难层（间），由于余压控制区域为多个上下不贯通的空间，需要在每层前室设RXYK-YP余压传感器，余压传感器的探测点一侧设于前室，另一侧设于走道，余压设定值为25～30Pa，当系统控制区域超压时，系统联动控制泄压阀执行器，根据实际余压值与设定值的差异调节泄压阀，以保证前室正压为设定值。
3. 对于楼梯间，由于余压控制区域为一个空间且上下贯通，RXYK-YP余压传感器仅在整个建筑楼梯间高度的1/3处安装一只，余压传感器的探测点一侧设于楼梯间，另一侧设于走道，余压设定值为40～50Pa，当系统控制区域超压时，系统联动控制泄压阀执行器，根据实际余压值与设定值的差异调节泄压阀，以保证楼梯间正压为设定值。
4. RXYK KQ余压控制器接收到超压报警后，以 PID控制方式控制泄压阀执行器来连续调节泄压阀进行泄压，调节余压在安全范围内，RXYK KQ余压控制器能显示与其连接的余压传感器监测区域内的余压，超过规范规定值时应能报警。
5. RXYK Y300余压监控器（主机）应能记录与其连接的余压控制器和余压传感器的状态信息，当出现故障报警时应能发出声光报警。
6. 余压传感器与余压控制器之间使用二总线通讯（自带DC24V电源），线径：NH-RVS-2x1.5mm²-SC15。
7. 系统的施工按照批准的工程设计文件和施工技术方案进行，不得随意变更。如确需变更设计时，应由设计单位负责更改并经审图机构审核批准。

注：本页根据江苏荣夏安全科技有限公司提供的技术资料编制。

荣夏科技

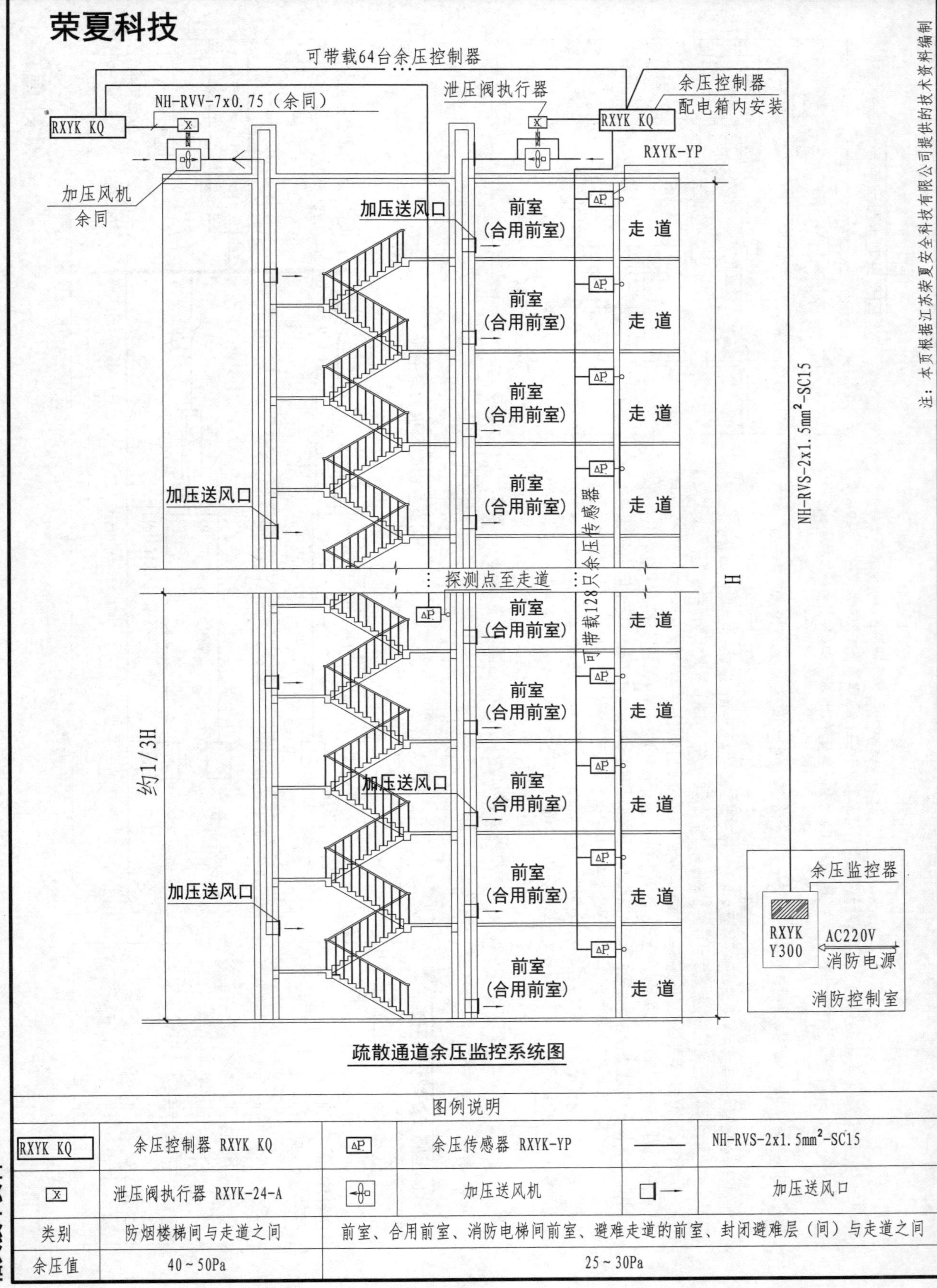

疏散通道余压监控系统图

图例说明

RXYK KQ	余压控制器 RXYK KQ	ΔP	余压传感器 RXYK-YP	——	NH-RVS-2x1.5mm²-SC15
x	泄压阀执行器 RXYK-24-A		加压送风机	□→	加压送风口
类别	防烟楼梯间与走道之间	前室、合用前室、消防电梯间前室、避难走道的前室、封闭避难层（间）与走道之间			
余压值	40～50Pa	25～30Pa			

注：本页根据江苏荣夏安全科技有限公司提供的技术资料编制

北京首控
BEIJING SHOUKONG

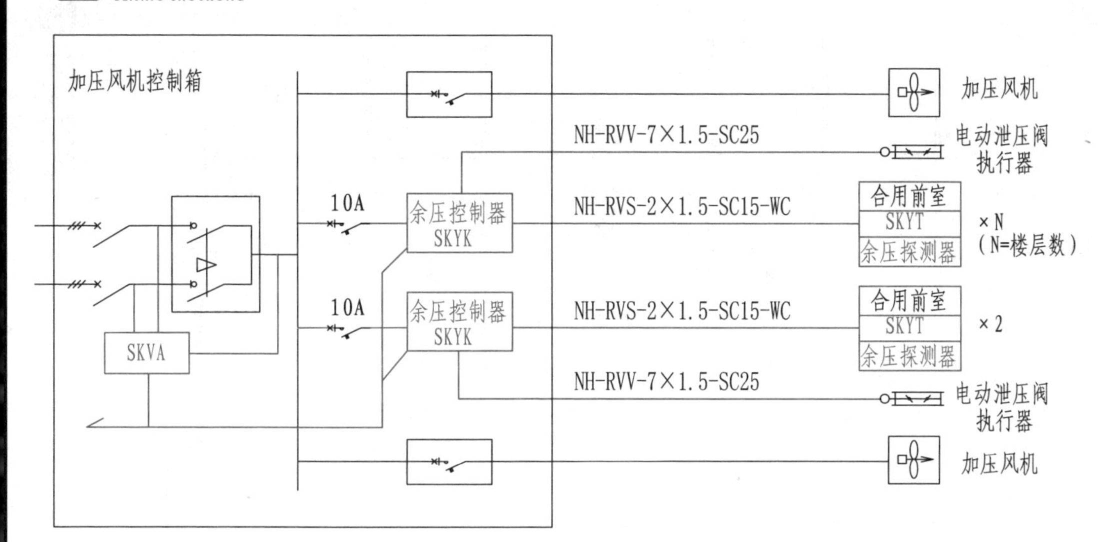

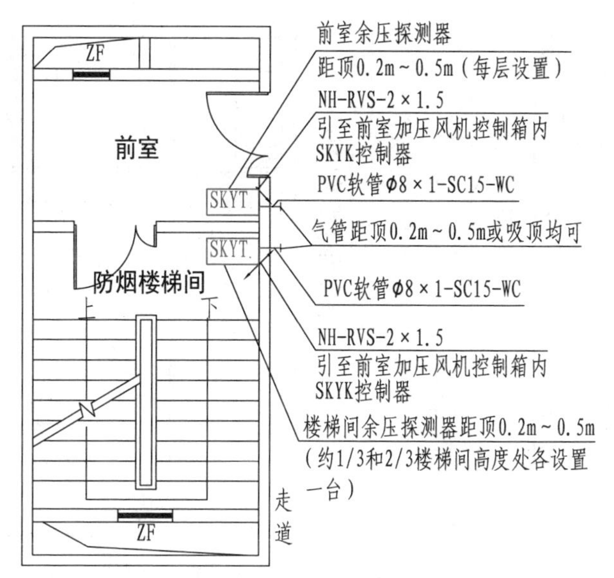

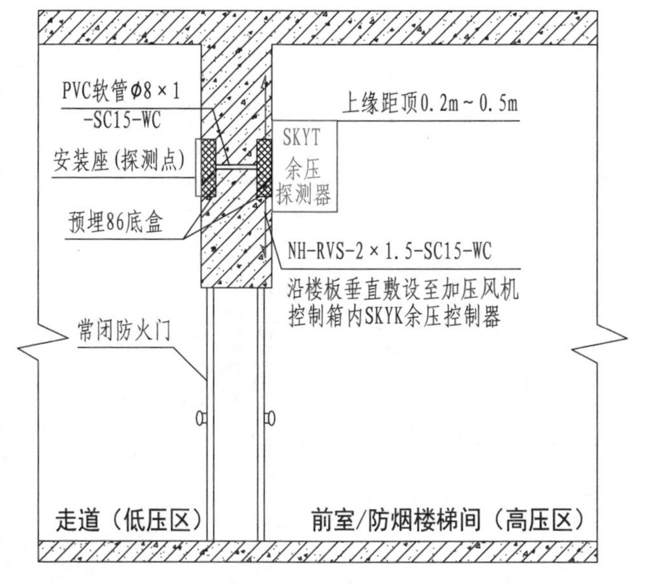

设计说明:

1. 依据《建筑设计防火规范》GB 50016、《建筑防烟排烟系统技术标准》GB 51251，设置SKYK余压监控系统；
2. 余压值超过规范要求最大值时，SKYT余压探测器发出报警信号给SKYK余压控制器，动态步进式调整电动阀开启角度进行泄压，并进行声光报警，余压值降至规范要求区间值时，SKYT探测器发出信号给SKYK控制器关闭电动阀停止泄压；
3. SKYK控制器导轨安装在加压风机控制箱内，汉字液晶实时显示并存储各类故障报警和动作状态信息≥10000条；SKYK控制器并联接入加压风机控制箱内消防电源监控系统总线，所有信息实时上传至消控室SKDY消防电源监控器，便于值班人员掌握系统运行情况；
4. SKYT探测器汉字液晶实时显示余压值和温度值，测量余压范围-100～100Pa，具有余压校验和温度补偿功能；
5. SKYT探测器有唯一地址码，由SKYK控制器通过无极性二总线NH-RVS-2×1.5(T接)，通信并集中提供DC24V供电，沿楼梯间、前室楼板垂直敷设至加压风机控制箱内SKYK控制器；
6. 前室每层均设SKYT探测器，楼梯间在约1/3和2/3高度处各设一台SKYT探测器；气管座采用阻燃材料，以86盒面板式固定在墙面上或根据现场情况吸顶安装；
7. 智能余压监控系统的施工，按照批准的工程设计文件和施工技术方案进行，不得随意变更；确需变更设计时，应由设计单位负责更改并经图审机构审核。

注：本页根据北京首控电气有限公司提供的技术资料编制。

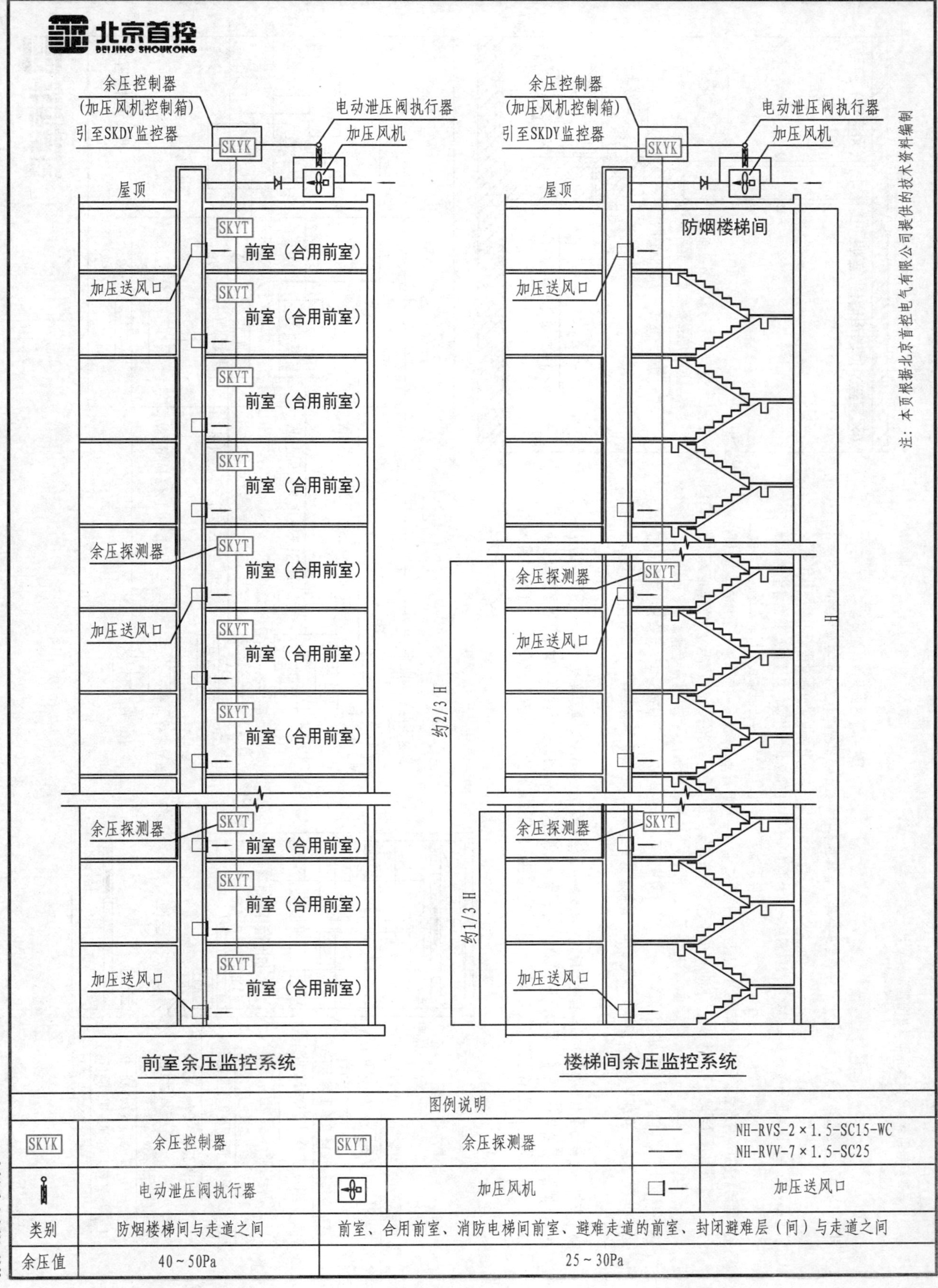

图例说明

SKYK	余压控制器	SKYT	余压探测器	—— ——	NH-RVS-2×1.5-SC15-WC NH-RVV-7×1.5-SC25
(symbol)	电动泄压阀执行器	(symbol)	加压风机	□—	加压送风口
类别	防烟楼梯间与走道之间	前室、合用前室、消防电梯间前室、避难走道的前室、封闭避难层（间）与走道之间			
余压值	40～50Pa	25～30Pa			

注：本页根据北京首控电气有限公司提供的技术资料编制

北晟辉煌防火阀、排烟阀系列产品相关技术资料

1 产品简介

北京北晟辉煌通风设备有限公司是专业致力于生产、研发、销售中央空调末端产品风口、风阀、防火阀、排烟防火阀、排烟阀、消声器、风机系列产品的生产型企业，经公安部消防产品合格评定中心指定的检验机构认证，其性能优于国家标准。

北晟辉煌防火阀、排烟防火阀和排烟阀系列产品关键元件温度熔断执行器全部选用国内同行专利之最的第一品牌（东灵）执行器拉力测试最低标准为50kg，48h，叶片无需借助弹簧等外力复位。

2 产品技术说明

2.1 防火阀

① 安装在通风、空调系统的送、回风管上，平时常开，火灾时管道内温度达到70℃时迅速熔断关闭，起到切断热气流或火焰通过通风空调管路，阻止火灾时火势的蔓延。

北晟辉煌防火阀系列分为FHF WSDc-FK、FHF WSDc-FK 类型。

② 感器熔断关闭阀门，动作后输出电信号（DC24V）至控制中心，可联动风机，使风机关闭，手动复位。

③ 控制方式：手动控制、温感器控制和DC24V电动控制。

2.2 排烟防火阀 PFHF WSDc-K

① 安装在机械排烟系统的管道上，平时呈开启状态，火灾时当排烟管道内烟气温度达到280℃时温度熔断自动关闭，并在一定时间内能满足漏烟量和耐火完整性要求，起到隔烟阻火的作用及阻断有毒高温烟气通过风管蔓延扩大。

② 温感器熔断关闭阀门，（DC24V），动作后输出关闭信号（DC24V）至控制中心，可联动风机，使风机关闭，手动复位。

注：本页根据北京北晟辉煌通风设备有限公司提供的技术资料编制。

2.3 排烟阀

北晟辉煌防火阀系列分为 PYF SDc-K、PYF SDc-YK 类型。

① 安装在机械排烟系统各支管端部（烟气吸入口）处，平时呈关闭状态并满足漏风量要求，火灾或需要排烟时手动和电动打开，起排烟的作用。带有装饰扣或进行过装饰处理的阀门称为排烟口。

② 开启方式有通过控制中心的电气信号（DC24V），执行机构内电磁铁通电动作，自动开启或执行机构内的电机通电动作自动开启。阀门动作，可连锁风机开启，手动复位或直流电机驱动复位。

③ 控制方式：手动控制、DC24V 电动控制，远距离缆绳控制。

3 产品结构

北晟辉煌防火阀、排烟防火阀、排烟阀系列产品在传统工艺上进行了改进，阀体和叶片采用优质镀锌钢板，也可根据客户要求用比较厚的钢板制造，叶片搭接处采用子母槽结构，漏风量低，气密性能更好，特制铜轴套与叶片连接处增加了不锈钢弹片使叶片与轴套连接更加紧密灵活。双重密封工艺确保了产品的严密性。

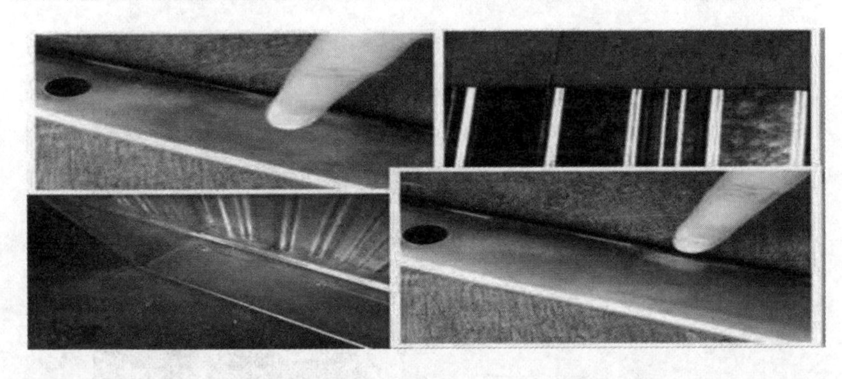

注：本页根据北京北晟辉煌通风设备有限公司提供的技术资料编制。

4 产品符号标记

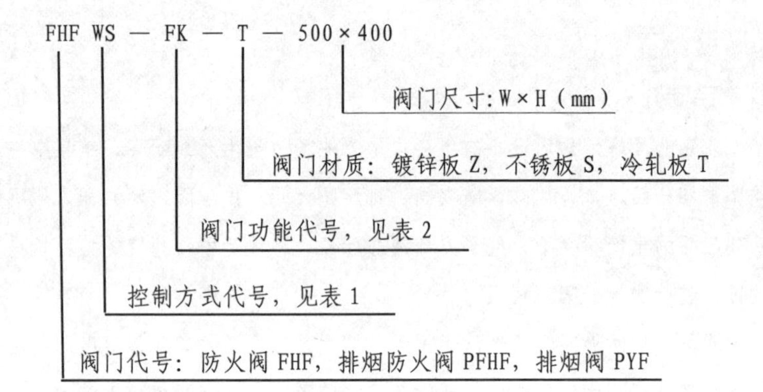

4.1 控制方式代号用表 1 的规定字母表示。

表 1 阀门控制代号用表

代号		控制方式
W		温感器控制自动关闭
S		手动控制关闭或开启
D	Dc	电控电磁铁关闭或开启
	Dj	电控电机关闭或开启

4.2 阀门功能代号用表 2 的规定字母表示。

表 2 阀门功能代号用表

代号	功能特点
F	具有风量调节功能
Y	具有远距离复位功能
K	具有阀门关闭或开启后，阀门位置信号反馈功能

参编企业、联系人及电话

参编企业（排名不分先后）

企业	联系人	电话
上海华电源信息技术有限公司	陈殿坤	13901930638
宁波合力伟业消防科技有限公司	解　宏	13957841119
靖江市春竹环保科技有限公司	陈玉美	13814461795
北京万诚通保科技有限公司	刘建霞	18611446485
浙江大丰实业有限公司	丰　华	0574-62888889
浙江天仁风管有限公司	支　亮	13805745540
上海迈联建筑技术有限公司	盛伟军	13916625087
广州市泰昌实业有限公司	李德品	020-84048342
上海显隆通风设备有限公司	陆　巍	021-64130068
镇江奇佩支吊架有限公司	刘纪才	13601922340
灵汇技术股份有限公司	王必松	13605809477
迈莱孚建筑安全科技（上海）有限公司	湛　直	13818872828
江苏荣夏安全科技有限公司	夏慧钧	13606110378
北京首控电气有限公司	张　晋	13601220680
北京北晟辉煌通风设备有限公司	崔进清	15010591848

国标图集正版验证

为鼓励国标图集用户购买正版图集，2009年7月以后出版的国家建筑标准设计图集均贴有防伪验证标签。刮开标签上的涂层，即可看到16位防伪验证码和对应条码，可在指定官方平台通过扫描条码或手工输入16位防伪验证码后，进行正版验证、注册积分获得增值服务、年终积分换礼等。以下为官方平台登录途径：

1、关注"国家建筑标准设计"微信公众号（扫描右侧二维码）
2、登录国家建筑标准设计网（www.chinabuilding.com.cn）

扫描二维码 图集正版验证

咨询电话：（010）68799100
发行电话：（010）68318822
盗版举报电话：（010）68799100
网上书店：https://jzbzsj.tmall.com

国家建筑标准设计网

www.chinabuilding.com.cn

主办单位：中国建筑标准设计研究院

（受住房和城乡建设部委托，组织编制管理国家建筑标准设计；建筑、电气、人防工程标准规范及规程的编制和归口管理单位）

主要内容：为建设行业提供标准化设计信息及资源服务

1、国家建筑标准设计图集相关信息权威发布；
2、国家建筑标准设计宣传、推广、应用；
3、为建设行业广大标准设计用户提供技术资源研究、探讨、交流平台；
4、国家建筑标准设计图集的售前、售后咨询服务；
5、行业动态跟踪报导；
6、国标电子书库在线使用；
7、国家建筑标准设计图集在线购买、正版认证、积分换礼、享受增值服务。

图集简介

15K606《〈建筑防烟排烟系统技术标准〉图示》国家建筑标准设计图集为新编图集，是根据中国计划出版社 2018 年 7 月第 1 版第 1 次印刷出版的国家标准《建筑防烟排烟系统技术标准》GB 51251-2017 编制的。

本图集总体是以国家标准《建筑防烟排烟系统技术标准》GB 51251-2017 的条文为依据，按《建筑防烟排烟系统技术标准》GB 51251-2017 条文顺序，通过图示、注释的形式表示出来，力求简明、准确地反映《建筑防烟排烟系统技术标准》GB 51251-2017 的原意。同时图集以附录的形式，一方面提出了对防排烟系统的施工与调试、验收与维护的要求；另一方面列举了一些典型场所的排烟系统的计算示例。目的是便于使用者更好地理解标准和执行标准。

本图集是由《建筑防烟排烟系统技术标准》GB 51251-2017 的主编单位公安部四川消防研究所牵头编制的，并经公安部消防局及地方消防审查部门的专家以及建筑设计单位的专家审查。本图集由公安部四川消防研究所负责具体解释工作。

本图集可供全国各地区从事建筑设计和建筑防烟排烟系统设计、施工、监理、验收及维护管理等人员使用，同时可供消防监督人员配合标准使用；也可供科研教学人员和在校学生参考使用。

相关图集介绍：

17R417-2 《装配式管道支吊架（含抗震支吊架）》国家建筑标准设计图集为修编图集，代替 **03SR417-2**《装配式管道吊挂支架安装图》。

本图集适用于民用建筑、一般工业建筑中室内管道的装配式支吊架（含抗震支吊架）的工程安装，其中装配式抗震吊架适用于抗震设防烈度 6～8 度地区。当管沟、管廊内的管道介质和参数与本图集使用条件一致时，可参考使用本图集的有关内容。其中室内管道类型包括：

① 普通管道：空调冷热水管、给排水管道，管径≤DN300，温度≤65℃。

② 热力管道：供暖热水管道，管径≤DN300，温度≤150℃；蒸汽管道，管径≤ DN300，工作压力 ≤1.6MPa，温度≤250℃。

③ 医用和工业气体管道：管径≤DN150，工作压力≤1.6MPa，常规、常用。

图集不适用于管道固定支吊架。

本图集主要内容包括总说明、装配式抗震吊架、装配式承重支吊架、装配式滑动支吊架、装配式导向支吊架、装配式防晃吊架以及选型算例等。根据现行国家标准，对原图集修编的内容有以下几个方面：

① 增加了装配式抗震吊架的图、表；
② 增加了装配式滑动支吊架的图、表；
③ 增加了装配式导向支吊架的图、表；
④ 增加了装配式防晃吊架的图、表；
⑤ 增加了选型算例；
⑥ 修订、补充并完善了装配式承重支吊架的图、表；
⑦ 修订并完善了常用构件示意图。

国标平台
官方订阅号

国家建筑标准设计
官方服务号

定　价：113.00 元